乡村振兴人才培养系列教材
图说现代农业高质量发展关键技术丛书

图说猪病

范俊娟　姜凤丽　主编

U0965278

中国农业大学出版社
·北京·

内容简介

本书由具有20多年教学经验的教师和从业20多年的企业高管及技术人员合力编写。编者从积累的近万张图片中精选出41种猪常见疾病的典型图片300多幅和6个视频。本书的编写体例符合养猪者对猪病的认识规律，从猪场发病情况、临床症状、病理剖检变化认识猪病，如何综合分析和鉴别诊断猪病，如何针对猪病安全用药等方面组织编写，通俗易懂，方便养猪者按图索骥。

本书内容包含猪传染病、寄生虫病和常见普通病的防治。图文并茂，文字简洁、易懂，科学性、先进性和实用性兼顾，可供基层兽医技术人员、养殖场技术人员和养殖户使用，也可作为农业院校相关专业师生的参考(培训)用书。

图书在版编目(CIP)数据

图说猪病 / 范俊娟，姜凤丽主编. -- 北京 ：中国农业大学出版社，2025. 2

ISBN 978-7-5655-3182-8

Ⅰ. ①图… Ⅱ. ①范… ②姜… Ⅲ. ①猪病－防治－高等职业教育－教材 Ⅳ. ①S858.28

中国国家版本馆CIP数据核字(2024)第042444号

书　　名　图说猪病
作　　者　范俊娟　姜凤丽　主编

策划编辑　林孝栋　康昊婷　　**责任编辑**　康昊婷　吕亦聪
封面设计　郑　川　李尘工作室
出版发行　中国农业大学出版社
社　　址　北京市海淀区圆明园西路2号　　**邮政编码**　100193
电　　话　发行部 010-62733489，1190　　读者服务部 010-62732336
　　　　　　编辑部 010-62732617，2618　　出　版　部 010-62733440
网　　址　http://www.caupress.cn　　**E-mail** cbsszs@cau.edu.cn
经　　销　新华书店
印　　刷　运河(唐山)印务有限公司
版　　次　2025年6月第1版　　2025年6月第1次印刷
规　　格　148 mm×210 mm　　32开本　　6.875印张　　188千字
定　　价　29.00元

图书如有质量问题本社发行部负责调换

编审人员

主　编　范俊娟　姜凤丽

副主编　唐国标　王　振　董德武

　　　　贺永明　路卫星　王景春

主　审　刘衍芬

前言 Preface

目前国内猪场集约化、规模化、连续式的生产方式使生产效率大大提高，但是猪病也多发生，多种疾病混合感染，非典型性疾病、营养代谢性疾病和中毒性疾病增多，这不仅直接影响了养猪场的经济效益，而且在疾病防治过程中使用大量的药物，已经成为药残亟待解决的问题。因此，加强对猪病的防控，意义非常重大，而对猪病进行有效防控的前提是对疾病进行正确的诊断。当前，在学习和贯彻党的二十大精神、建设农业强国的背景下，现代畜牧业尤其生猪养殖行业在非洲猪瘟等重大疫病的影响下正面临巨大挑战，同时这一产业也正向集约化、现代化和智能化的方向快速发展，精于猪产业生产管理、疫病防控的“新农人”培育迫在眉睫。对此，我们组织了多年来一直从事猪病防治的专家和学者编写了本书，以帮助养殖场饲养管理人员做好猪病的早期预防工作，降低养殖成本，获取最大的经济效益。

本书由具有20多年教学经验的教师和从业20多年的企业高管及技术人员合力编写。编者从积累的近万张图片中精选出41种猪常见疾病的典型图片300多幅和6个视频。本书的编写体例符合养猪者对猪病的认识规律，从猪场发病情况、临床症状、病理剖检变化认识猪病，如何综合分析和鉴别诊断猪病，如何针对猪病安全用药等方面组织编写，通俗易懂，方便养猪者按图索骥。全书共分猪传染病、寄生虫病和常见普通病的防治等三部分内容。本书图文并茂，文字简洁、易懂，科学性、先进性和实用性兼顾，可供基层兽医技术人员、养殖场技术人员和养殖户使用，也可作为农业院校相关专业师生的参考（培训）用书。

需要特别说明的是，本书所用药物及其使用剂量仅供读者参考，不可照搬。由于编者的水平有限，书中的不足之处在所难免，恳请广大读者和同仁批评指正，以便再版时改正。

辽宁农业职业技术学院　范俊娟

2024年5月

目录 Contents

第一章

猪传染病的防治

第一节　猪传染病的传染和流行过程

一、传染和传染病

（一）传染和传染病的概念

病原微生物侵入猪机体，在一定部位生长繁殖并引起不同程度的病理反应过程称为传染。由特定病原微生物引起的，具有一定潜伏期和临床表现并具有传染性的疾病称为传染病。

（二）传染病的发展阶段

不同传染病在临床上的表现存在差别，但其发病时的病程经过具有一定的规律性，一般分为潜伏期、前驱期、明显（发病）期和转归期四个阶段。

1. 潜伏期

从病原体侵入机体开始直到该病临床症状开始出现的这段时间称为潜伏期。不同传染病的潜伏期长短差异很大。如炭疽的潜伏期为 1～14 d，多为 1～5 d；猪瘟的潜伏期为 2～21 d，多为 5～7 d 等。

了解传染病潜伏期的主要意义是：潜伏期与传染病的传播特性有关，潜伏期短的传染病通常来势凶猛、传播迅速；帮助判断感染的时间并查找感染的来源和传播方式；确定传染病封锁和解除封锁的时间以及在某些情况下对猪的隔离观察时间；确定免疫接种的类型，如处于传染病潜伏期内猪需要被动免疫接种，周围猪则需要紧急疫苗接种等；有助于评价防治措施的临床效果，如实施某措施后需要经过该病潜伏期限的观察，比较前后病例数变化便可评价该措施是否有效；从流行病学的角度看，对处于潜伏期的猪更要引起注意，因为它们是危害最大的传染源。

2. 前驱期

从潜伏期到呈现症状这段时间称为前驱期。不同传染病的前驱期长短有一定差异，有时同种传染病不同病例的前驱期也不同，但该期通常只有数小时到一两天。临床上患病猪主要表现出体温升高、食欲减退、精神异常等一般症状，特征性症状不明显，很难确诊。

3. 明显（发病）期

从前驱期到该病典型症状充分表现出来的这段时期称为明显（发病）期。该段时间是传染病发展和病原体增殖的高峰阶段，典型临床症状和病理变化也相继出现，因而进行临床诊断比较容易，在诊断上具有重要意义。同时，由于患病猪体内排出的病原体数量多、毒力强，故应加强对发病猪的隔离，防止病原微生物的散播和蔓延。

4. 转归期

转归期为传染病发展的最后结局阶段。如果病原体的致病能力增强，或猪体的抵抗力减弱，则以猪的死亡告终。如果猪体获得了免疫力，抵抗力逐渐增强，机体则逐步恢复健康，表现为临床症状逐渐消退，体内的病理变化逐渐消失，逐步恢复正常的生理机能。在疾病转归期，机体能够在一定时期内保留免疫学反应，同时在机体也存在病原微生物，但这种免疫学反应和带菌（毒）现象存在时间的长短与传染病的种类有关。

二、猪传染病的流行过程

(一)传染病流行过程的基本环节

1.传染源

传染源是指体内有某种病原体寄居、生长、繁殖，并能排出体外的猪机体。具体地说就是受感染的猪，包括患病猪和病原携带猪。

(1)患病猪　是最重要的传染源，但不同发病阶段患病猪作为传染源的意义也不相同。处于前期和临床明显期的猪排出病原体的数量多，尤其是急性感染病例排出的病原体数量更大、毒力更强，因此作为传染源的作用也最大。潜伏期和恢复期的猪是否可作为传染源，则随病种不同而异。处于潜伏期的猪机体通常病原体数量较少，并且不具备排出的条件，但少数传染病如口蹄疫和猪瘟等在潜伏期的后期就能够排出病原体。在恢复期，大多数传染病患病猪已经停止病原体的排出，即失去传染源作用，但也有部分传染病如猪痢疾、猪气喘病和布鲁氏菌病等在恢复期也能排出病原体。

(2)病原携带猪　是指外表无症状但能携带并排出病原体的猪，是更具危险性的传染源。不同传染病的病原携带状态排出病原体的数量虽然远不如患病猪多，但由于缺乏临床症状并在群体中自由活动而不易被发现，因而是非常危险的传染源。在临床上，病原携带猪又分为潜伏期病原携带猪、恢复期病原携带猪和健康病原携带猪三种。

①健康病原携带猪。是指过去没有患过某种传染病但却能排出该病病原体的猪。一般认为这是隐性感染或条件性病原体感染的结果。这种携带状态通常只能靠实验室方法检出，而且持续时间短、病原排出的数量少。然而，由于巴氏杆菌、沙门菌病、猪气喘病、猪丹毒和猪痢疾等健康病原携带猪在某些地区或养殖场内数量较多，常常构成重要的传染源。

②潜伏期病原携带猪。这一时期大多数传染病不具备排出病原体的条件，因而不能作为传染源。但少数传染病如狂犬病、口蹄疫和

猪瘟等,在潜伏期的后期能够排出病原体。

③恢复期病原携带猪。是指某些传染病的病程结束后仍能排出病原体的猪,如猪痢疾、萎缩性鼻炎、巴氏杆菌病、沙门菌病等。这种携带状态持续的时间有时较短,但有时则成为慢性病原携带猪。因此,对这类传染病的控制应延长隔离时间,才能收到预期的效果。

2. 传播途径

病原体由传染源排出后,通过一定的方式再侵入其他易感猪所经历的途径称为传播途径。明确传染病传播途径的目的主要是能够针对不同的传播途径采取相应的措施,防止病原体从传染源向易感猪不断扩散和传播,保护易感猪不受感染,这是防治传染病的重要环节之一。

传播途径可分为水平传播和垂直传播两大类型,前者是指病原体在猪群体之间或个体之间横向的传播方式;后者则是指病原体从亲代到其子代的传播方式。

(1)水平传播　水平传播方式又分为直接接触传播和间接接触传播两种。

①直接接触传播。是指在没有外界因素参与的前提下,通过传染源与易感猪直接接触,如交配、舔咬等所引起的病原体传播。在猪传染病中,仅通过直接接触传播的病种较少,狂犬病最具代表性。但在发生传染病或处于病原体携带状态时,种用猪之间则经常因配种而传播病原体。通过直接接触方式传播的传染病在流行病学上通常具有明显的流行线索。

②间接接触传播。是指病原体必须在外界因素的参与下,通过传播媒介侵入易感猪的传播。大多数传染病,如口蹄疫、猪瘟等以间接接触传播为主,也可以通过直接接触传播,这类传染病被称为接触性传染病。传播媒介是指将病原体从传染源传播给易感猪的各种外界因素。传播媒介可以是生物(媒介者),也可以是物体(媒介物或污染物)。间接接触传播一般有以下几种途径。

A. 经空气传播。空气作为传染病传播因素主要有两种情况:一是由于患病猪呼吸道内渗出液的不断刺激,猪在咳嗽或喷嚏时通过强气流把病原体和渗出液从狭窄的呼吸道喷射出来，并形成飞沫飘浮于空气中。经飞散于空气中带有病原体的微细泡沫的传染称为飞沫传染。所有呼吸道传染病均可通过飞沫传播，如结核病、猪气喘病等；二是飞沫蒸发后，会变成主要由蛋白质、细菌或病毒组成的飞沫核。直径在1～2 μm的飞沫核被吸入后有一半左右沉积在肺泡内引起感染；三是随患病猪分泌物、排泄物和处理不当的尸体以及较大的飞沫而散播的病原体，在外界环境中可形成尘埃。随着流动空气的冲击，附着有病原体的尘埃也可悬浮在空中被易感猪吸入造成感染。经空气传播的传染病一般具有以下流行特征：由于传播途径易于实现，病例常连续发生，且新出现的病例多是传染源周围的易感猪；在易感猪集中时则可形成暴发性流行；在缺乏有效预防措施时，通过空气传播的传染病具有周期性流行和季节性升高现象，如冬春季节发病率升高等；流行强度常常与猪的饲养密度、易感猪的比例、猪舍的通风条件以及卫生消毒状况有密切关系。

B.经污染的饲料和饮水以及物体传播。多种传染病，如口蹄疫、猪瘟、沙门菌病、炭疽等都可经消化道感染，其传播媒介主要是被污染的饲料和饮水。通过饲料和饮水的传播过程容易建立，因为患病猪的分泌物、排出物或尸体等很容易污染饲料、牧草、饲槽、水桶，或通过污染用具、车船、猪圈舍等污染饲料和饮水，一旦易感猪摄入这种染有病原体的饲料和饮水便会感染发病。

C.经污染的土壤传播。随患病猪排泄物、分泌物或其尸体一起落入土壤而能在其中长时间存活的病原微生物，称为土源性病原微生物，如炭疽杆菌、气肿疽梭菌、破伤风梭菌、猪丹毒杆菌等。能够经土壤传播的传染病的流行病学特征是：由于该类病原体在外界环境中抵抗力很强，一旦它们进入土壤便可形成难以清除的持久污染区，因此应特别注意患病猪的排泄物、污染的环境和物体以及尸体的处理，防止病原体污染土壤。

D.经活的媒介者传播。主要是指节肢动物、野生动物和人类。节肢动物中的蚊、蝇、虱、蚤等和蜘蛛纲的蜱、螨等能传播传染病。节肢动物传播传染病的方式主要有机械性传播和生物性传播两种。通过节肢动物传播的传染病一般具有传染病流行的地区范围与传播该传染病的节肢动物分布和活动范围一致；发病率升高的季节与某种节肢动物的数量、活动性，以及病原体在该节肢动物体内发育繁殖的季节相一致；新生的和新引进的猪发病率高，老龄猪则多因免疫力高而发病率低。

人类活动范围广，与猪的关系密切，许多情况下可成为猪病原体的机械携带者。如人类虽然不感染猪瘟病毒，但却能机械性传播这些病原体。

除此之外，医源性传播、管理源性传播等人为性传播因素对猪传染病的发生和流行也具有实际意义。医源性传播是指兽医人员使用被病原体污染的体温计、注射针头等器械以及被外源性病原体污染的生物制品等，或没有按照严格的防疫卫生要求操作，将病原体带入猪群而造成的传染病传播。管理源性传播是指由于管理不善，饲养管理人员缺乏防病意识，防疫卫生制度不健全，不注意日常卫生消毒等造成传染病的暴发或蔓延。如平时进出不同的猪圈舍；车辆、人员进出猪场舍时不消毒；粪便、污物和病死猪尸体不能及时清除或处理不当等。在进行人工授精或胚胎移植时，病原体也可通过精液或胚胎带入猪体内而引发传染病。

(2)垂直传播　一般可归纳为下列两种途径。

①经胎盘传播。是指产前被感染的妊娠畜能通过胎盘将其体内病原体传给胎儿的现象。可经胎盘传播的传染病有猪瘟、猪细小病毒感染、伪狂犬病、衣原体病、日本乙型脑炎、布鲁氏菌病、钩端螺旋体病等。

②经产道传播。是指存在于妊娠猪阴道和子宫颈口的病原体在分娩过程中造成新生胎儿感染的现象。可经产道传播的病原体主要有大肠杆菌、葡萄球菌、链球菌、沙门菌和疱疹病毒等。

猪传染病的传播途径比较复杂，每种传染病都有自己特定的传播途径，如皮肤霉菌病只能通过破损的皮肤伤口感染；口蹄疫、猪瘟等传染病可经接触、饲料、饮水、空气或媒介猪等传播。研究和分析传染病的传播方式及传播途径的目的就是采取针对性的措施切断传染源与易感猪间的联系，使传染病的流行能够迅速平息或终止。

3.猪群体的易感性

猪易感性是指猪个体对某种病原体缺乏抵抗力、容易被感染的特性。猪群体易感性是指一个猪群体作为整体对某种病原体感受性的大小和程度。易感性的高低取决于群体中易感个体所占的比例和机体的免疫强度，决定传染病能否在猪群体中流行以及流行的严重程度。导致猪群体易感性升高的主要因素有：一定地区饲养猪种类或品种；群体免疫力降低；新生猪或新引进猪的比例增加；免疫接种程序的紊乱或接种的猪数量不足；免疫接种所使用的生物制品质量不合格；年龄及性别因素；饲养管理因素也可以造成猪群的免疫力下降、易感性升高。如饲料质量差、营养成分不全、饥饿、寒冷、暑热、运输和疾病状态等因素均可导致机体的抵抗力降低。导致群体易感性降低的主要因素有：有计划的预防接种；传染病流行增强了猪的群体免疫力；病原体的隐性感染提高了猪群体的免疫力；抗病育种可选育抵抗力强的猪品系；年龄因素，随着猪日龄的增长，猪群的年龄抵抗力明显增强，如幼龄猪对大肠埃希菌、沙门菌等易感性较高，而成年猪的易感性逐渐降低。

(二)猪传染病的流行过程特征

1.猪传染病的流行强度

在猪传染病流行过程中，一定时间内发病率的高低、传播速度和范围以及病例间的联系程度等通常具有以下几种表现形式。

(1)散发性　是指猪发病数量不多，在一定时间内呈散在性发生或零星出现，而且各个病例在时间和空间上没有明显联系的现象。这种形式的主要原因：一是猪群对某种传染病的免疫水平相对较高；二是某种传染病通常主要以隐性感染形式出现；三是某种传染病的传播需要特定的条件，如破伤风等。

(2)地方流行性　是指猪的发病数相对较多，在一定地区或猪群中，传染病流行范围较小并具有局限性传播的特性，如猪气喘病、猪丹毒等通常就是采取这种流行形式。

(3)流行性　是指在某一时间内一定猪群中某种传染病的发病率

超过预期水平的现象，且在较短的时间内传播的范围比较广。流行性是一个相对的概念，仅说明传染病的发病率比平时升高，不同地区、不同传染病流行时，其发病率的高低并不一致。

(4)暴发　是指在局部范围的一定猪群中，短期内突然出现较多病例的现象。实际上，暴发是流行的一种特殊形式。

(5)大流行性　是指某些传染病具有来势猛、传播快、受害猪比例大、波及面广的流行现象。此类传染病的流行范围可达几个省、几个国家，甚至几个大洲，如口蹄疫等病在一定的条件下均可采取这种方式流行。

2.猪传染病流行的季节性

猪传染病流行的季节性是指某些猪传染病经常发生于一定的季节，或在一定季节内出现发病率明显升高的现象。传染病流行的季节性分为三种情况：

(1)严格季节性　指病例只集中在一年内的少数几个月，其他时间几乎没有病例发生的现象。传染病流行的严格季节性与这类疾病的传播媒介活动性有关，如日本乙型脑炎只流行于每年的6—10月等。

(2)季节性升高　指一些传染病，如钩端螺旋体病、传染性胃肠炎、气喘病、流感、口蹄疫等在一年四季均可发生，但在一定季节内发病率明显升高的现象。传染病流行的季节性升高主要是季节变化能够直接影响病原体在外界环境中的存活时间、猪机体的抗病能力以及传播媒介的活动性。

(3)无季节性　指一年四季都有病例出现，并且无显著性差异的传染病流行现象。一些慢性或潜伏期长的传染病，如结核病等发病时通常无季节性差异。

传染病流行的季节性变化受猪群的密度、饲养管理、病原体的特性、传播媒介以及其他生态因素变化的影响。了解传染病季节性升高的原因及影响，便于更有效地采取防治措施。

3.猪传染病流行的周期性

猪传染病流行的周期性是指在经过一个相对恒定的时间间隔后，

某些传染病如口蹄疫等可以再次发生较大规模流行的现象。传染病周期性流行出现的原因主要是：

(1)某些传染病的传播机制容易实现，猪群受到感染的机会多。

(2)某些传染病在一次流行后，猪获得的免疫力会随着时间的推移而降低，相反，易感猪数量增多，从而引起再度流行。

第二节　猪传染病的综合防治

一、猪传染病综合防治的原则和内容

(一)现代防疫工作的理念

1. 群防群治的理念

在猪传染病的综合防治过程中应确立群体保健、防疫、诊断及治疗措施，而不是个体防治的观点，所采取的措施要从群体出发，要有益于群体。但这并不否认对猪个体的情况予以重视，因为在猪群体中，个体的价值虽然低，通过个体防治可以从中得到启发。因此，应根据本场实际制定免疫程序，一些重要的细菌性猪传染病应在猪传染病发生之前给予药物预防。

2. 长远规划的理念

集约化养殖场兽医防疫工作是一项长期的任务，必须有一个长远的计划，有计划地分期完成各项防疫措施，使疫病防疫体系不断完善。

3. 多病因论的理念

猪传染病的发生往往涉及多种因素，通常是多种因素相互作用的结果。因此，诊断猪传染病，不仅应查明致病的病原，还应考虑外界环境、管理条件、应激因素、营养状况、免疫状态等因素，用环境、生态及流行病学的观点进行分析研究，从设施、制度、管理等方面，采取综合措施，才能有效地控制猪传染病的发生。

4. 多学科协作的理念

兽医、畜牧、生态、机械设备等学科应密切配合，场址选择、场舍建筑、种群引进、种源净化等方面均应考虑防疫问题。

（二）猪传染病综合防治的原则

1. 健全机构的原则

县以上农牧部门是兽医行政机构，县级人民政府和乡级人民政府应当采取有效措施，加强村级防疫员队伍建设，还可根据动物防疫工作需要，向乡、镇或者特定区域派驻兽医机构，共同担负猪传染病的预防与扑灭工作。兽医防疫工作是一项系统的工程，它与农业、商业、外贸、卫生、交通等部门都有密切的关系，只有依靠政府的统一领导、协调，从全局出发，大力合作，统一部署，全面安排，才能有效及时地把兽医防疫工作做好。

2. 预防为主的原则

猪生产过程中，搞好综合性的防疫措施是极其重要的。随着集约化畜牧业的发展，"预防为主"方针的重要性显得更加突出，否则兽医防疫工作将会陷入完全被动的局面，畜牧生产也会走向危险的境地。

3. 法规建设的原则

我国于 1991 年实施了《中华人民共和国进出境动植物检疫法》，1998 年 1 月开始实施了《中华人民共和国动物防疫法》，2021 年 1 月 22 日进行了第二次修订。这些兽医法规对我国猪防疫和检疫工作的方针和基本原则做了明确而具体的叙述，它们是兽医工作者开展防疫、检疫工作的法律依据。

4. 调查监测的原则

由于不同传染病在时间、地区及猪群中的分布特征、危害程度和影响流行的因素有一定的差异，因此要制定适合本地区或养殖场的传染病防治计划或措施，必须在对该地区展开流行病学调查和研究的基础上进行。

5. 突出重点的原则

猪传染病的控制或消灭需要针对流行过程的三个基本环节采取综合性防治措施。但在实施和执行综合性措施时，必须考虑不同传染病的特点及不同时期、不同地点和猪群的具体情况，突出主要因素和主导措施，即使为同一种猪传染病，在不同情况下也可能有不同的主导措施，在具体条件下究竟应采取哪些主导措施要根据具体情况而定。

(三)猪传染病综合防治的基本内容

猪传染病的流行是由传染源、传播途径和易感猪三个相互联系的环节形成的一个复杂的过程。因此，采取适当的措施来消除或切断三个环节的相互联系，就可以使猪传染病的流行终止。在采取具体防疫措施时，必须从"养、防、检、治"四个方面采取综合性的防疫措施，方可有效控制猪传染病的发生和蔓延，具体包括以下内容：

1. 认真选址，合理规划与布局

养殖场场址应建在地势高，地面干燥，排水方便，水源充足，水质良好，交通和供电方便，离公路、河道、村镇、工厂 500 m 以外的上风处，尤其是应远离其他养殖场、屠宰场、畜产品加工厂。四周应有天然屏障或开挖防疫沟，种植防疫林带等。

2. 设置完善的消毒设施，建立严格的兽医卫生消毒制度

养殖场大门和生产区大门入口处，要设置宽同大门，长为机动车轮一周半的消毒池，并建立人员过往消毒通道。所有人员，车辆未经消毒严禁入门，非生产人员不得擅自进入生产区，工作服与胶鞋禁止穿出场外并在指定地点存放，工作服每周要清洗消毒一次。

3. 搞好预防接种和药物预防

预防接种是猪传染病综合防治的重要技术环节，特别是对于病毒性猪传染病尤为重要，规模化养殖场预防接种应做到有计划地进行，制定出适合本地区或本养殖场的合理免疫程序。制定免疫程序的依据主要有：①养殖场的发病史，依此确定疫苗免疫的种类和免疫时机；

②养殖场原有免疫程序和免疫使用的疫苗种类，是否能有效地防治猪传染病，若不能则要改变免疫程序或疫苗；③搞好母源抗体监测，确立首免日龄，避免母源抗体的干扰；④免疫途径：不同疫苗或同一疫苗使用不同的免疫途径，可以获得截然不同的免疫效果；⑤季节与疫病发生的关系。一些受季节影响比较大的猪传染病应随着季节变化确定免疫程序；⑥了解疫情，若有疫情存在，必要时应进行紧急预防接种，对于重大疫情，本场还没有接种的，也应考虑免疫接种，以防万一；对于烈性传染病，应考虑死苗和活苗兼用，同时了解死苗和活苗的优缺点及其相互关系，合理搭配使用。⑦选用的疫苗应是正式厂家生产的疫苗，对于两次以上免疫疫苗，所用的疫苗要尽量不一样，以增加疫苗免疫的覆盖性。

4. 建立疫情监测制度

建立疫情监测制度是及时发现、预防、控制猪疫病的重要技术手段。兽医人员应每天定时深入栏舍巡视，检查内外的卫生状况，观察猪的精神状态，运动、采食、饮水等是否正常，再结合饲养员的饲养记录，及时将有异常的动物剔出，隔离观察，进行确诊和处理。死亡的猪应及时解剖和化验，并做好记录分析，以了解疫情动态，对于某些重大疫病如猪瘟等，应用血清学方法进行定期疫情监测，以便检出病猪，掌握疫情动态。从场外引进的猪，要严格进行检疫，隔离观察 20～30 d，确认无病后方可合群饲养。

二、消　毒

消毒是指通过物理、化学或生物学方法杀灭或清除环境中病原体的技术或措施。目的是消灭被传染源散播于外界环境中的病原体，切断传播途径，阻止猪传染病的蔓延。

（一）消毒的种类

根据消毒的目的不同，可将消毒分为预防性消毒、随时消毒和终末消毒。

1. 预防性消毒

预防性消毒是指在日常饲养管理过程中，对畜舍、空气、场地用具和饮水或猪群等进行定期消毒，以达到预防一般猪传染病的目的。

2. 随时消毒

随时消毒是指在发生猪传染病后到解除封锁期间，疫源地内有传染源存在，为了及时消灭刚由传染源排出的病原体，而进行的反复消毒。消毒对象是患病猪及带菌（毒）猪的排泄物、分泌物以及被其污染的畜舍、用具、场地和物品等。

3. 终末消毒

终末消毒是指疫源地内的患病猪解除隔离、痊愈或死亡后，或者在疫区解除封锁时，为了消灭疫区内可能残存的病原体，而进行的一次全面彻底的大消毒。消毒对象是传染源污染和可能污染的所有畜舍、饲料、饮水、用具、场地及其他物品等。

（二）消毒的方法

消毒的方法可概括为物理消毒法、化学消毒法和生物学消毒法。

1. 物理消毒法

物理消毒法是指通过机械性清扫、冲洗、通风换气、高温、干燥、照射等物理方法对环境和物品中病原体的清除或杀灭。

（1）机械性清除　主要是通过清扫、洗刷、通风、过滤等机械方法消除病原体。本法是一种普通而又常用的方法，但不能达到彻底消毒的目的，作为一种辅助方法，须与其他消毒方法配合进行。

（2）日光消毒、紫外线消毒　日光消毒是利用阳光光谱中的紫外线、热线及其他射线进行消毒的一种常用的方法。其中紫外线具有较强的杀菌能力，阳光的灼热和蒸发水分造成的干燥也有杀菌作用。本法对于草地、运动场、畜栏、饲养用具及环境等的消毒有实际意义。在实际工作中常采用紫外灯产生紫外线进行空气消毒，消毒时灯管与污染物体表面的距离不得超过 1.5 m。消毒时间应根据污染的程度确定，通常为 0.5～2 h，但随着照射时间的适当延长，可以增强消毒效果。各种病原体对紫外线的抵抗力由小至大的顺序为革兰氏阴性杆菌、革兰氏阳性杆菌、病毒、细菌芽孢，抵抗力较强的病原体需要的照射量或照射时间应适当延长。

(3)焚烧　是一种简单易行、可靠的消毒方法。常在发生烈性猪传染病，如炭疽、气肿疽时，对病畜尸体及其污染的垫草、草料等进行焚烧，对厩舍墙壁、地面可用喷灯进行喷火消毒。金属制品可用火焰烧灼和烘烤进行消毒。

(4)干热灭菌法　包括火焰烧灼灭菌法和烘烤灭菌法，该两种方法的灭菌效果明显、使用操作也比较简单。当病原体抵抗力较强时，可通过火焰发射器对粪便、场地、墙壁、笼具、其他废弃物品进行烧灼灭菌，或将猪的尸体以及传染源污染的饲料、垫草、垃圾等进行焚烧处理；全进全出制猪圈舍中的地面、墙壁、金属制品也可用火焰烧灼灭菌。

(5)湿热灭菌法　包括煮沸消毒、高压蒸汽消毒和间歇蒸汽消毒等。

①煮沸消毒　是最为常用而且效果确实的消毒方法。一般病原菌的繁殖型在60～70 ℃经30～60 min或100 ℃的沸水中5 min内即可死亡。多数芽孢在煮沸15～30 min内即可死亡，煮沸1～2 h可以消灭所有的病原体。常用于耐煮的金属器械、木质和玻璃器具、工作服等的消毒。在煮沸金属器械和玻璃器械时，可加1%～2%小苏打或0.5%肥皂等碱性物质，以提高沸点，增强杀菌效果。塑料、皮革制品易变形，不能煮沸消毒。

②高压蒸汽消毒　相对湿度80%～100%的热空气消毒能携带许多能量，遇到消毒物品时凝集成水，并放出大量热能，从而达到消毒目的，其效果较好。农村可用蒸笼进行。在实验室主要利用高压蒸汽消毒，通常在121 ℃维持30 min，就可杀死细菌和芽孢。病死猪化制站也利用高压蒸汽消毒。

2.化学消毒法

化学消毒法是指用化学药物杀灭病原体的方法，常使用化学药品的溶液或蒸汽进行消毒，在防疫工作中最为常用。选用消毒药时应优先考虑杀菌谱广，有效浓度低，作用快，效果好；对人畜无害；性质稳定，易溶于水，不易受有机物和其他理化因素影响；使用方便，价廉，易于推广；无味，无臭，不损坏被消毒物品；使用后残留量少或副作用小等因素。临床实践中常用的消毒剂种类很多，根据其化学特性分为：酚类、醛类、醇类、酸类、碱类、氯制剂、氧化剂、碘制剂、染料类、重金属盐和表面活性剂等。

3. 生物消毒法

在兽医防疫实践中，常用该法将被污染的粪便堆积发酵，利用嗜热细菌繁殖时产生高达70%以上的热量，经过1～2个月将病毒、细菌（芽孢除外）等病原体杀死，既达到消毒的目的，又保持了肥效。但该法不适用于炭疽、气肿疽等芽孢菌引起的猪传染病，这类猪传染病的粪便应焚烧或深埋。

三、猪传染病的隔离与封锁

（一）隔离

隔离是指将患病猪和疑似感染猪控制在一个有利于防疫和生产管理的环境中进行单独饲养和防疫处理的一种措施。它是控制和扑灭猪传染病的重要措施之一，一般适用于二、三类动物疫病的控制和扑灭，也是发生一类传染病实行强制性封锁前采取的措施。其目的是控制传染源，防止猪继续受到传染，控制猪传染病蔓延，以便将疫情控制在最小范围内就地扑灭。根据诊断检疫结果，可将全部受检猪分为患病猪群、可疑感染猪群和假定健康猪群三类，以便分别对待。

1. 患病猪群

患病猪群是指有典型症状或类似症状，或其他诊断方法检查为阳性的猪。对检出的患病猪应立即送往隔离栏舍或偏僻地方进行隔离。如患病猪数量较多时，可隔离在原猪舍内，而将少数疑似感染猪移出观察。对有治疗价值的，要及时治疗；对危害严重、缺乏有效治疗办法或无治疗价值的，应扑杀后深埋或销毁。对患病猪要设专人护理，禁止闲散人员出入隔离场所。饲养管理用具要专用，并经常消毒，粪便发酵处理，对人畜共患病还要做好个人防护。

2.可疑感染猪群

可疑感染猪群是指在发生某种猪传染病时，与患病猪同群或同舍，并共同使用饲养管理用具、水源等的猪。这些猪有可能处在潜伏期中或有排菌（毒）危害，故应经消毒后转移隔离（应与患病猪分别隔离），限制活动范围，详细观察，及时分化。有条件时可进行紧急预防接种或药物预防。根据该种猪传染病潜伏期的长短，经一定时间观察不再发病后，要在猪舍消毒后解除隔离。

3.假定健康猪群

假定健康猪群是指与患病猪有过接触或患病猪邻近畜舍的猪，临床上没有任何症状假定健康的猪。对假定健康猪应及时进行紧急预防接种，加强饲养管理和消毒等，以保护猪群的安全。

（二）封锁

封锁是指当某地或养殖场暴发法定一类传染病和外来传染病时，为了防止传染病扩散以及安全区健康猪的误入而对疫区或其猪群采取划区隔离、扑杀、销毁、消毒和紧急免疫接种等强制性措施。

根据《中华人民共和国动物防疫法》的规定，当确诊为一类动物疫病时，当地县级以上地方人民政府兽医主管部门应当立即派人到现场，划定疫点、疫区、受威胁区，调查疫源，及时报请本级人民政府对疫区实行封锁。疫区范围涉及两个以上行政区域的，由有关行政区域共同的上一级人民政府对疫区实行封锁，或者由各有关行政区域的上一级人民政府共同对疫区实行封锁。必要时，上级人民政府可以责成下级人民政府对疫区实行封锁。封锁的目的是保护广大地区畜群的安全和人民的健康，把猪传染病控制在封锁区之内，发动群众力量就地扑灭。封锁行动应通报邻近地区政府采取有效措施，同时逐级上报国家畜牧兽医行政机关或世界动物卫生组织，并由其统一管理和发布国家猪疫情信息。

封锁区的划分必须根据该猪传染病的流行规律、当时的流行情况和当地的条件，按“早、快、严、小”的原则进行。“早”是早封锁，“快”是行动果断迅速，“严”是严密封锁，“小”是把疫区尽量控制在最小范围内。封锁是针对传染源、传播途径、易感猪群三个环节采取的措施。根据我国有关兽医法规的规定，具体措施如下：

1. 封锁的疫点应采取的措施

（1）当某地暴发法定A类或一类传染病、外来传染病以及人畜共患病时，其疫点内的所有猪，无论其是否实施过免疫接种，在兽医行政部门的授权下，宰杀感染特定传染病的猪及同群感染猪，并在必要时宰杀直接接触猪或可能传播病原体的间接接触猪，尸体一律焚烧或深埋处理。扑杀政策是猪传染控制上采取的一项最严厉的强制性措施，也是兽医学中特有的传染病控制方法。

（2）严禁人、猪、车辆出入和猪产品及可能污染的物品运出。在特殊情况下人员必须出入时，需经有关兽医人员许可，经严格消毒后出入。

（3）对病死猪及其同群猪，县级以上农牧部门有权采取扑灭、销毁或无害化处理等措施，畜主不得拒绝。

（4）疫点出入口必须有消毒设施，疫点内用具、圈舍、场地必须进行严格消毒，疫点内的猪粪便、垫草、受污染的草料必须在兽医人员监督指导下进行无害化处理。

2. 封锁的疫区应采取的措施

（1）交通要道必须建立临时性检疫消毒卡，备有专人和消毒设备，监视猪及其产品移动，对出入人员、车辆进行消毒。

（2）停止集市贸易和疫区内猪及其产品的采购。

（3）未污染的猪产品必须运出疫区时，需经县级以上农牧部门批准，在兽医防疫人员监督指导下，经外包装消毒后运出。

（4）非疫点的易感猪，必须进行检疫或预防注射。

3. 受威胁区及其应采取的措施

疫区周围地区为受威胁区，其范围应根据传染病的性质、疫区周围的山川、河流、草场、交通等具体情况而定。受威胁区应采取如下主要措施。

（1）对受威胁区内的易感猪应及时进行预防接种，以建立免疫带。

(2)管好本区易感猪,禁止出入疫区,并避免饮用疫区流过来的水。

(3)禁止从封锁区购买猪和猪产品,如从解除封锁后不久的地区买进猪或其产品,应注意隔离观察,必要时对产品进行无害处理。

(4)对设于本区的屠宰场、加工厂、猪产品仓库进行兽医卫生监督,拒绝接受来自疫区的活猪及其产品。

(5)解除封锁　疫区内(包括疫点)最后一头病猪扑杀或痊愈后,经过该病一个潜伏期以上的检测、观察、未再出现病猪时,经彻底消毒清扫,由县级以上农牧部门检查合格,经原发布封锁令的政府发布解除封锁令后,并通报毗邻地区和有关部门。疫区解除封锁后,病愈猪需根据其带毒时间,控制在原疫区范围内活动,不能将它们调到安全区去。

四、免疫接种和药物预防

(一)免疫接种

免疫接种是指给猪接种各种免疫制剂(菌苗、疫苗、类毒素及免疫血清),使猪个体和群体产生对猪传染病的特异性免疫力。它是使易感猪转化为不易感猪的一种手段。有计划、有组织地进行免疫接种,是预防和控制猪传染病的重要措施之一,在某些猪传染病,如猪瘟等病的防治过程中,免疫接种更具有关键性的作用。根据免疫接种的时机不同,可分为预防接种和紧急接种两类。

1.预防接种

预防接种是指在经常发生某些猪传染病的地区,或有某些猪传染病潜在的地区,或受到邻近地区某些猪传染病经常威胁的地区。为了防患于未然,平时有计划地给健康猪群进行的免疫接种。预防接种常用的免疫制剂有疫(菌)苗、类毒素等。由于所用免疫制剂的品种不同,接种方法也不一样,有皮下注射、肌内注射等。随着集约化猪场的发展，饲养数量显著增加。因此预防接种方向也由逐头打预防针改为简便的饮水免疫和气雾免疫，如猪肺疫弱菌苗的饮水免疫，均获得了良好的免疫效果，而且节省了大量的人力。接种后一般经1～3周产生免疫力。可获得持续数月至1年以上的免疫力。

（1）调查研究，做好宣传并进行有计划的预防接种　预防接种应首先对本地区近年来猪曾发生过的猪传染病流行情况进行调查了解。然后有针对性地拟定年度或周期预防接种计划，确定免疫制剂的种类和接种时间，按所制订的各种猪免疫程序进行免疫。如某地区为预防猪瘟、猪丹毒、猪肺疫等传染病，要求每年全面地定期接种两次，在两次间隔期间，每月或每半月检查一次，对新生仔猪（一月龄以上）和新从外地引进的猪只，进行及时的补种，以提高防疫密度。

（2）应注意预防接种反应　对于猪机体来说，生物制剂都是异物，经接种后总有一个反应过程，但反应的强度和性质有所不同。有的程度轻微，不会对猪机体带来危害，只要精心护理，就会恢复，但有些不良反应或剧烈反应则应引起注意。所谓不良反应就是指经预防接种后引起持久的或不可逆的组织、器官损害或功能障碍而致的后遗症。接种反应的类型可分为：

①正常反应。是指由制品本身的特性而引起的反应，其性质和反应强度因制品而异。如有些制品是活菌苗或活疫苗，接种后实际是一次轻度感染，也会发生某种局部反应或全身反应。

②严重反应。和正常反应没有本质上的区别，但程度、轻重或发生反应的猪数量超过正常比例。引起严重反应的原因或是某一批生物制品质量较差；或是使用方法不当，如接种剂量过大，接种技术不正确，接种途径错误等；或是个别猪对某种生物制品过敏。这类反应通过严格控制制品质量和按照说明书使用可以减少到最低程度，只有个别特殊的猪才会发生。

③合并症。是指与正常反应性质不同的反应。主要包括超敏感（血清病过敏休克、变态反应）、扩散为全身感染和诱发潜伏感染等。

（3）几种疫苗的联合应用　这是预防接种工作的发展方向。由于一定地区、一定季节内某种猪流行的传染病种类较多，往往在同一时间需要给猪接种两种或两种以上的疫苗，以分别刺激机体产生保护性抗体。这种免疫接种可以大大提高工作效率，很受养殖者和基层兽医防疫人员的欢迎，但在当前仍以常规疫苗为主的形势下，疫苗联合使用时应考虑到疫苗的相互作用。从理论上讲，在增殖过程中不同病原微生物可通过不同的机制彼此相互促进或相互抑制，当然也可能彼此互不干扰。前两种情况对弱毒苗的联合免疫接种影响很大，主要是因为弱毒活苗在产生免疫力之前需要在机体内进行一定程度的增殖，因此选择疫苗联合免疫接种时，应根据研究结果和试验数据确定哪些弱毒苗可以联合使用，哪些疫苗在使用时应有一定的时间间隔以及接种的先后顺序等。生物制品厂生产的联合疫苗都经过实验检验，相互之间不会出现干扰作用。

（4）制定合理的免疫程序　所谓免疫程序，就是对某种猪，根据其常发的各种猪传染病的性质、流行病学，母源抗体水平，有关疫（菌）苗首次接种的要求以及免疫期长短等，制定该种猪从出生经青年到成年或屠宰配套接种程序。目前国际上还没有一个可供统一使用的疫（菌）苗免疫程序，各国都在实践中总结经验，制订出了合乎本地区、本牧场具体情况的免疫程序，而且还在不断研究改进中。

（5）预防接种失败的原因　免疫失败是指经某病疫苗接种的猪群，在该疫苗有效免疫期内，仍发生该猪传染病；或在预定时间内经检测免疫力达不到预期水平，即预示着有发生该猪传染病的可能。造成疫苗接种失败的原因如下：

①仔猪体内存有高度的被动免疫力（母源抗体），可能中和了疫苗。

②环境条件恶劣、寄生虫侵袭、营养不良等应激，影响了猪的免疫应答。

③霉菌毒素中毒等引起的免疫抑制。

④猪群中已潜伏着传染病。

⑤活苗因保存、运输或处理不当而死亡；或使用超过有效期的疫苗。

⑥可能疫苗不含激发该猪传染病保护性免疫所需的相应抗原，即

疫苗的毒(菌)株或血清型不对。

⑦使用饮水法或气雾法接种时，疫苗分布不匀，使部分猪未接触到或因剂量不足而仍然易感。

2.紧急接种

紧急接种是指在发生猪传染病时，为了迅速控制和扑灭猪传染病的流行，而对疫区和受威胁区尚未发病的猪进行的应急性免疫接种。紧急接种从理论上讲应使用免疫血清，或先注射血清，2周后再接种疫(菌)苗，即所谓共同接种较为安全有效。但因免疫血清用量大，价格高，免疫期短，且在大批猪急需接种时常常供不应求，因此在防疫中很少应用，有时只用于种畜场、良种场等。实践证明，在疫区和受威胁区有计划地使用某些疫(菌)苗进行紧急接种是可行而有效的。如在发生猪瘟和口蹄疫等急性猪传染病时，用相应疫苗进行紧急接种，可收到很好的效果 。

应用疫(菌)苗进行紧急接种时，必须先对猪群逐头逐只地进行详细的临床检查，逐头测温，只能对无任何临床症状的猪进行紧急接种，对患病猪和处于潜伏期的猪，不能接种疫(菌)苗，应立即隔离治疗或扑杀。但应注意，在临床检查无症状而貌似健康的猪中，必然混有一部分处于潜伏期的猪，在接种疫(菌)苗后不仅得不到保护，反而易促进其发病，造成一定的损失，这是一种正常的不可避免的现象。但由于这些急性猪传染病潜伏期短，而疫(菌)苗接种后又能很快产生免疫力，因而发病后不久即可下降，疫情会得到控制，多数猪会得到保护。

3.环状免疫带建立

环状免疫带建立通常是指某些地区发生急性、烈性传染病时，在封锁疫点和疫区的同时，根据该病的流行特点对封锁区及其外围一定区域内所有易感染猪进行的免疫接种。建立免疫带的目的主要是防止传染病扩散，将传染病控制在封锁区内就地扑灭。

4.免疫隔离屏障建立

免疫隔离屏障建立通常是指为防止某些传染病从有传染病的国家向无该病的国家扩散，而对国界线周围地区的猪群进行的免疫接种。

紧急接种是综合防治措施的一个重要环节，必须与其中的封锁、检疫、隔离、消毒等环节密切配合，才能取得较好的效果。

（二）药物预防

1. 药物预防的概念及意义

药物预防是为了预防某些猪传染病，在猪群的饲料或饮水中加入某种安全的药物进行群体的化学预防，在一定的时间内可以使受威胁的易感猪不受猪传染病的危害，这也是预防和控制猪传染病的有效措施之一。这种群体的利用药物预防的方法又称化学预防。

群体防治对某些猪传染病在一定条件下采用，可收到良好的效果。在饲料或饮水中添加化学药物预防猪传染病具有重要意义：一是能够对整个养殖场的传染病进行群防群治，便于宏观调控；二是经济方便，对于细菌性感染性传染病，不需要兽医花很多时间和精力对每头（只）猪进行注射或内服给药；三是可以减少应激，降低应激性疾病的发生；四是通过长期连续或定期间断性混饲或混饮用药，对在养殖场扎根的某些顽固性细菌性传染病进行根治。

2. 药物内服给药剂量

内服剂量通常是以每千克体重使用药物重量来表示。猪一次内服剂量的多少与猪的体重成正比。

第三节　猪场重大传染病的防治

一、猪　瘟

猪瘟俗称烂肠瘟，又称古典猪瘟，是由猪瘟病毒引起猪的一种高度接触性、热性传染病。临床以急性经过，高热稽留，死亡率高和小血管变性引起的出血、梗死和坏死等变化为特征。

(一)发病特点

1.流行病学

该病在自然条件下只感染猪，不同年龄、性别、品种的猪和野猪都易感。病猪是主要传染源，病猪排泄物和分泌物，病死猪尸体和脏器，急宰病猪的血、肉、内脏、废水、废料污染的饲料、饮水都可散播病毒。该病主要通过消化道和呼吸道感染，也可通过结膜感染。此外，患病和弱毒株感染的母猪也可以经胎盘垂直感染胎儿。该病一年四季均可发生，一般以春、秋多发。目前，我国猪瘟的流行和发病有一些变化，表现在以下三个方面：一是呈波浪式、周期性小规模发病，经过缓慢，散在发生较多，不像从前那样大流行；二是呈现出非典型性、隐性、温和型、慢性猪瘟及无名高热增多，症状显著减轻、具有多样性、病程长，病理变化不典型，死亡率较低，必须通过实验室诊断；三是表现母猪流产、死胎、木乃伊胎等繁殖障碍，新生仔猪发病、死亡和免疫耐受增多。新疫区发病率、死亡率均很高，为 90%以上，老疫区则均较低，因猪群有一定的免疫性，免疫母猪、新产仔猪哺乳期内很少发病。

2.临床症状

该病潜伏期一般为 5～7 d，短的 2 d，长的可达 21 d。根据病程长短可分为以下五种类型：

(1)最急性型　多见于流行初期，发病突然，高热稽留，全身痉挛，四肢抽搐，皮肤和可视黏膜发绀，有出血斑点，很快死亡。病程不超过 5 d，死亡率为 90%～100%。

(2)急性型　病猪表现呆滞，弓背，怕冷，低头垂尾。食欲减退或废绝。体温升高达 41～42 ℃，持续不退，脓性结膜炎，两眼有黏性或脓性分泌物。先便秘，后腹泻，粪便呈灰黄色，偶见带血带脓；全身皮肤（主要腹下、鼻端、耳和四肢内侧等少毛部位）出血、发绀非常明显。母猪流产，公猪包皮内积尿液，用手挤压可流出浑浊恶臭液体。哺乳仔猪发生急性猪瘟时的主要表现为神经症状，如磨牙、痉挛、角弓反张或倒地抽搐，最终死亡。病程为 1～2 周，死亡率为 50%～60%。

(3)慢性型　发病初期病猪食欲不振，精神沉郁，体温升高，通常在 40～41 ℃，并持续数周不降，便秘与腹泻交替发生，被毛粗乱，皮肤有紫斑或坏死痂；腹部蜷缩，行走无力。妊娠母猪一般不表现症状，但病毒可通过胎盘传染给胎儿，引起死胎、早产等。病猪日渐消瘦，后期常因衰竭而死亡。病程 1 个月以上，死亡率为 10%～30%。

(4)温和型　体温一般为 40～41 ℃，少数 41 ℃以上，鼻干，口渴，减食，尿黄。便秘呈长期性，粪便混有血液、黏液或伪膜。部分病猪四肢下及腹下呈淤血斑，称为紫斑蹄、紫斑症；耳朵、尾巴干枯，甚至坏死脱落，称为干耳病、干尾巴。口腔、咽喉、软腭、扁桃体出现坏死点或溃疡，称为烂喉病。发育停滞，后肢瘫痪，行站不稳，部分猪跗关节肿大。

(5)迟发型(繁殖障碍型)　是先天性猪瘟病毒感染的结果。母猪妊娠时感染低毒猪瘟病毒，可致流产、死胎、木乃伊胎、畸形胎、弱仔，有些弱仔可存活半年。子宫内感染的仔猪皮肤常见出血，且仔猪死亡率高。

胚胎感染低毒猪瘟病毒，如产下正常仔猪，则终生有高水平的病毒血症，而不能产生对猪瘟病毒的中和抗体，这是典型的免疫耐受现象。感染猪在出生后几个月可表现正常，随后发生轻度食欲不振、精神沉郁、结膜炎、皮炎、下痢和运动失调。病猪体温正常，大多数存活 6 个月以上，但最终不免死亡。临床症状表现如图 1 至图 6 所示。

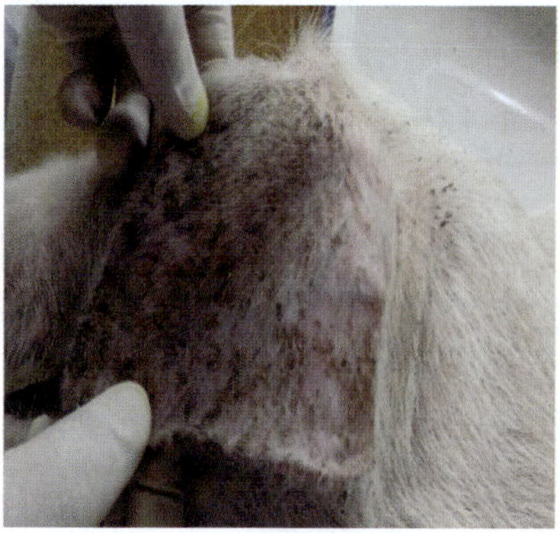
图 1　猪耳部皮炎

图 2　病猪因发烧怕冷而积堆

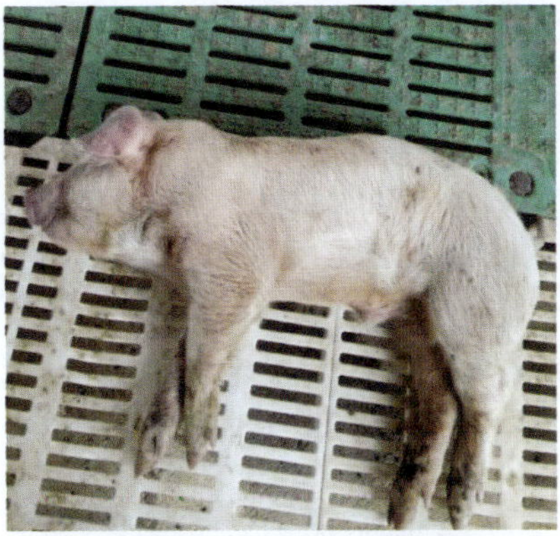

图 3 病猪消瘦，耳朵和鼻盘发青紫

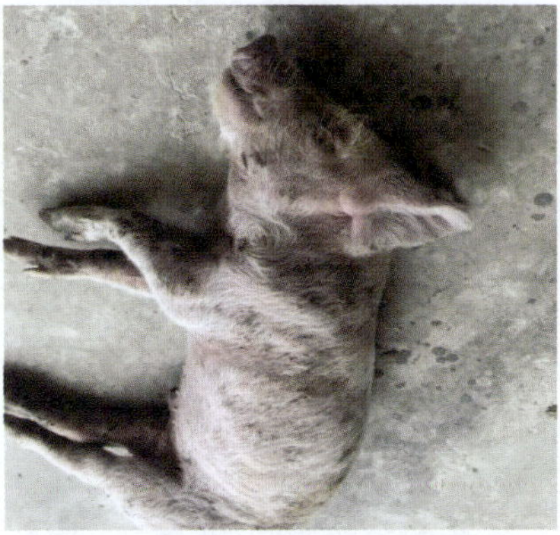

图 4 病猪消瘦毛长，皮肤青紫

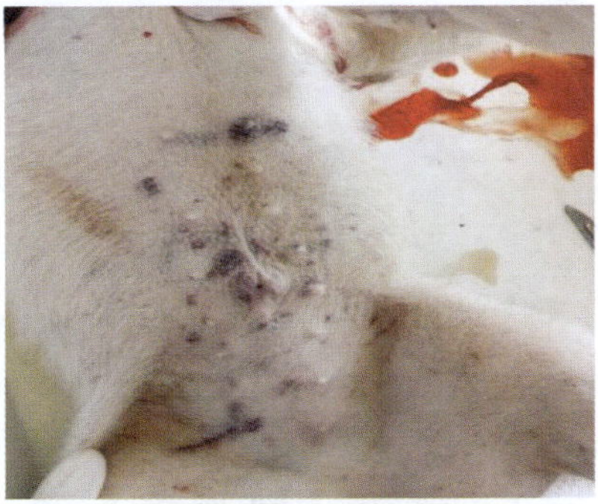

图 5 腹部皮肤有淤血斑

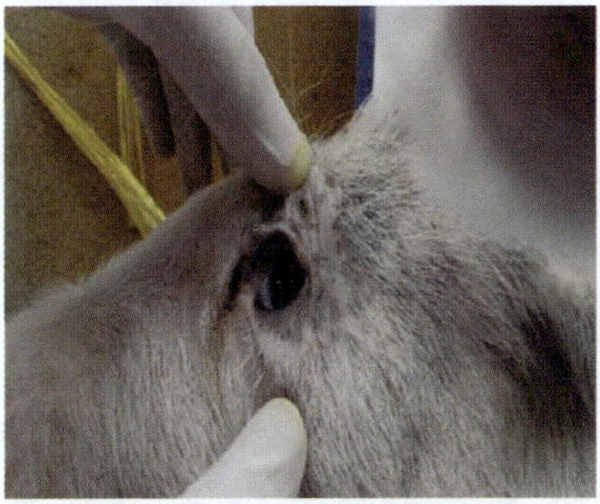

图 6 病猪有眼眵

3.剖检变化

(1)最急性型 多无特征性变化，仅见浆膜、黏膜和肾脏等处有少量的点状出血，淋巴结轻度肿胀、潮红或出血病变，血液凝固不良。

(2)急性型 全身皮肤、浆膜、黏膜和内脏器官有不同程度的出血。肝脏有出血点或出血斑。全身淋巴结肿胀、充血、出血、外表呈现紫黑色，切面如大理石花纹。脾脏不肿胀，边缘常可见到紫黑色突起(出血性梗死)，有时很多的梗死灶连接成带状，一个脾出现几个或十几个梗死灶，检出率为30%～40%。肾脏色较淡，呈土黄色，表面点状出血非常普遍，量少时出血点散在，多时则布满整个肾脏表面，如麻雀蛋模样，出血点，颜色较暗，切面肾皮质和髓质均只有点状和绒状出血，肾乳头、肾盂常见有严重出血。喉头黏膜及扁桃体出血，膀胱黏膜有散在的出血点。胃、肠黏膜呈卡他性炎症，大肠的回盲瓣处形成纽扣状溃疡。

（3）慢性型　出血和梗死变化不明显，但回肠末端、盲肠和结肠常有特征性的坏死和溃疡变化，呈纽扣状。此外肠胃的变化也很常见，表现为从肋骨、肋软骨联合到肋骨近端有半硬的骨结构形成的明显横切线。结肠出血水肿，腹膜出血，淋巴结出血。

（4）温和型　肾、膀胱、淋巴结等脏器少见出血；扁桃体充血、水肿、化脓性坏死、溃疡。脾梗死、胆囊肿胀，出血、溃疡，胃底有片状充血、出血。

（5）繁殖障碍型　经先天感染，死产胎儿全身水肿，头、肩、前肢状似水牛，胸腔积液、腹水增多，头、四肢畸形；小脑、肺发育不全，肝有坏死灶；弱仔死亡后可见内脏器官和皮肤出血。剖检变化如图 7 至图 28 所示。

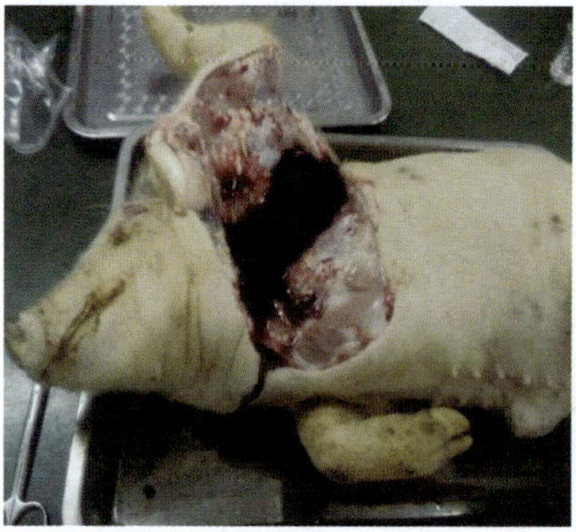

图 7　血液凝固不良

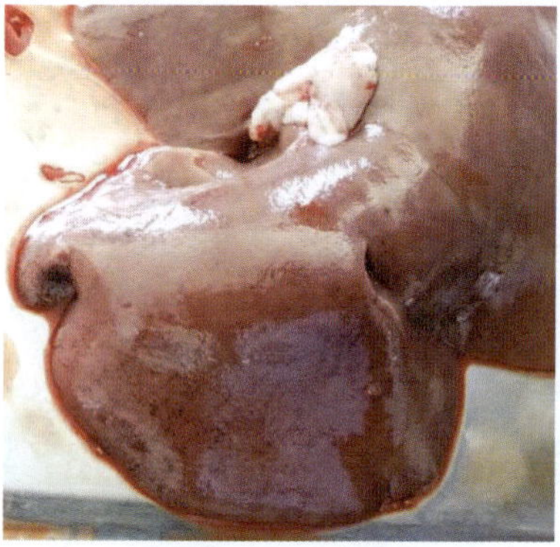

图 8　肝脏有出血斑和出血点

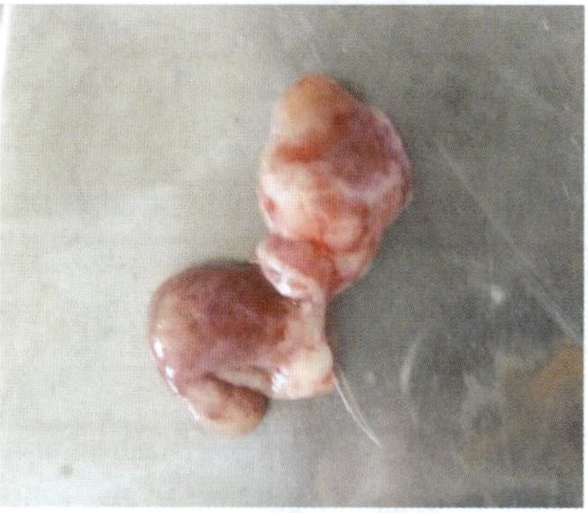

图 9　淋巴结出血

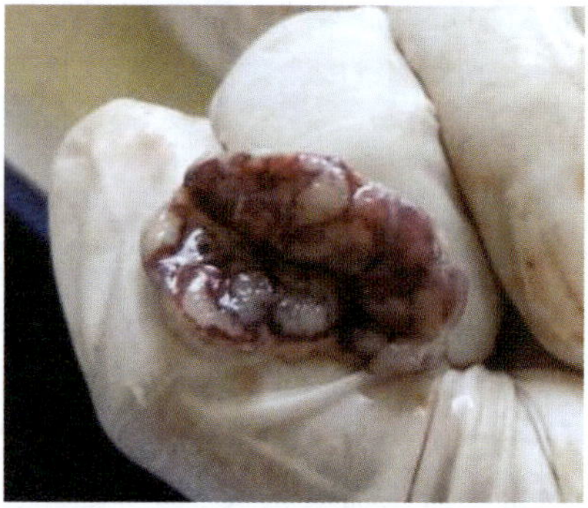

图 10　淋巴结切面出血呈车轮状

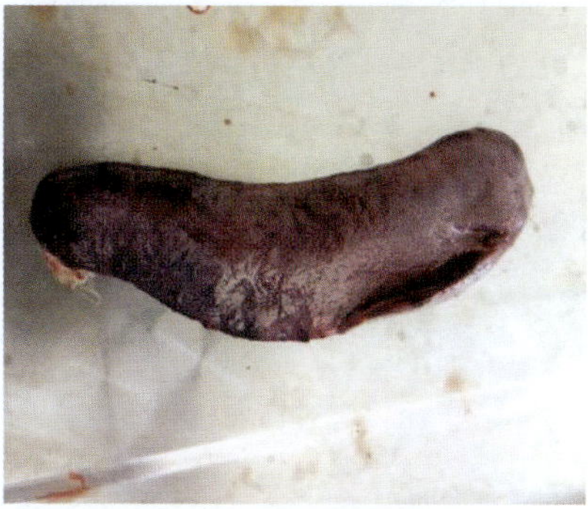

图 11 脾脏边缘梗死

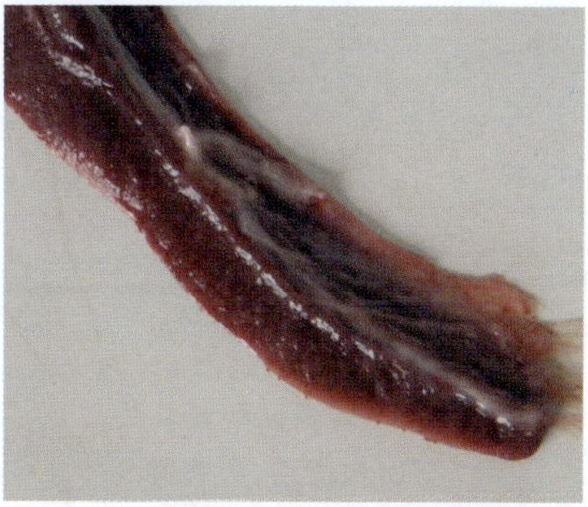

图 12 发病初期，脾脏边缘轻微梗死

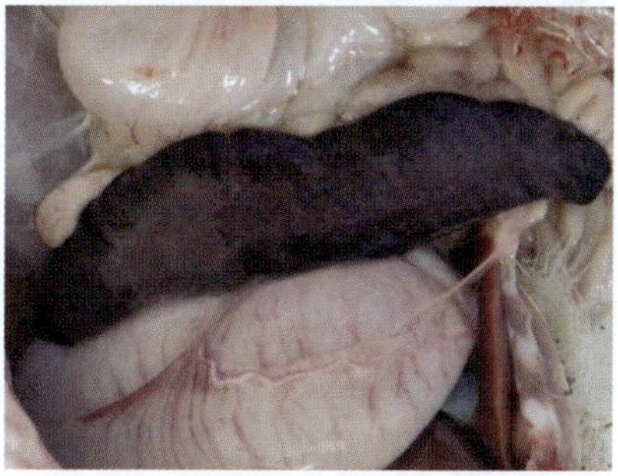

图 13 脾脏增生变形，边缘梗死

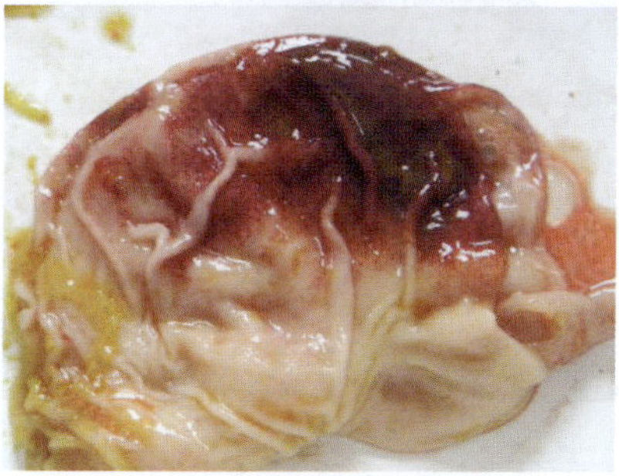

图 14 胃底黏膜严重出血

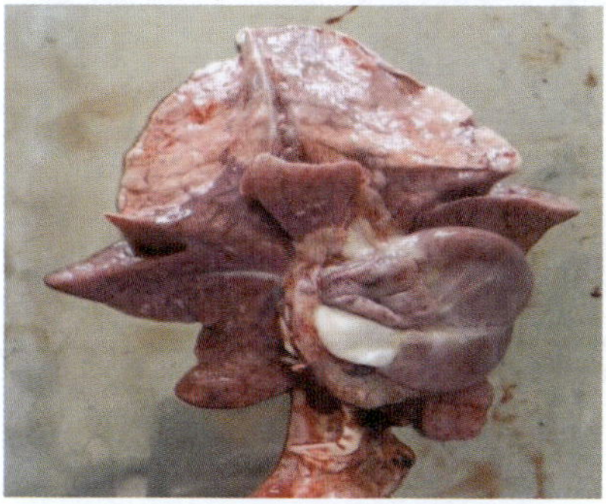

图 15 心肌松软，心脏衰竭，心外壁出血

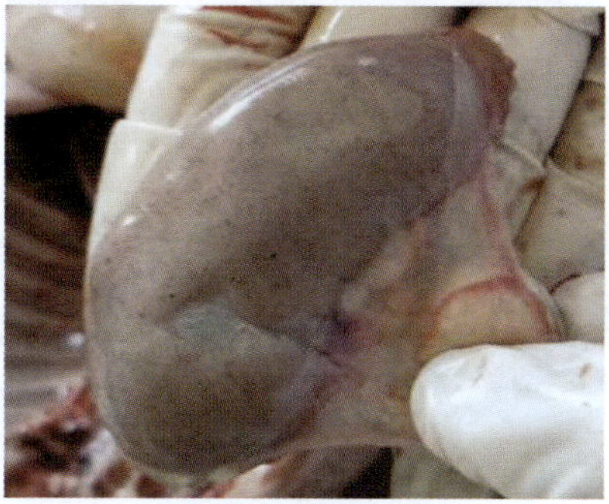

图 16 肾有出血斑点，有囊肿，称麻雀卵肾

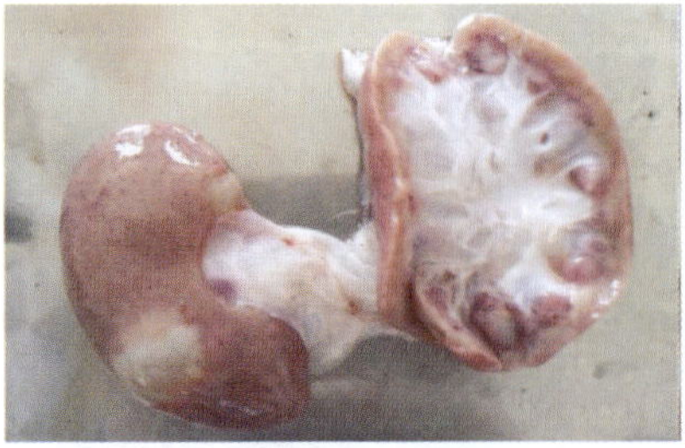

图 17 肾表面和肾乳头有出血斑点，肾囊肿

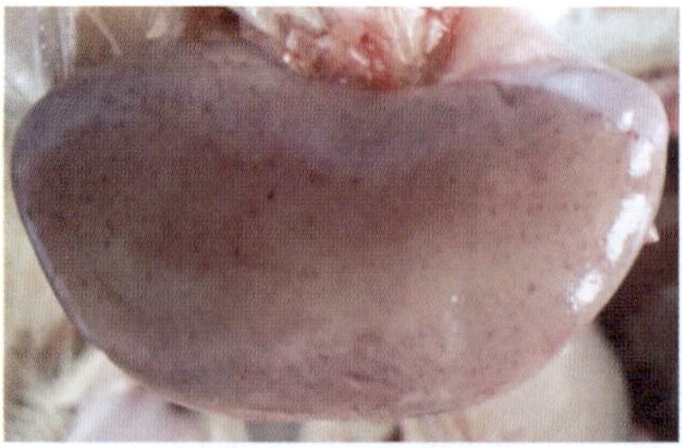

图 18 肾表面有出血点

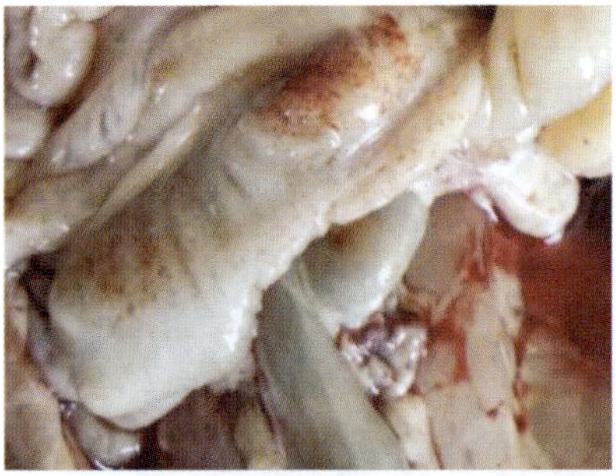

图 19 结肠浆膜面有出血点

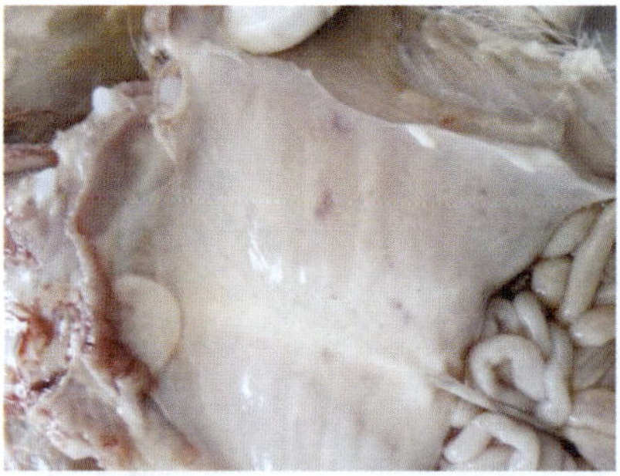

图 20 腹膜有出血斑点

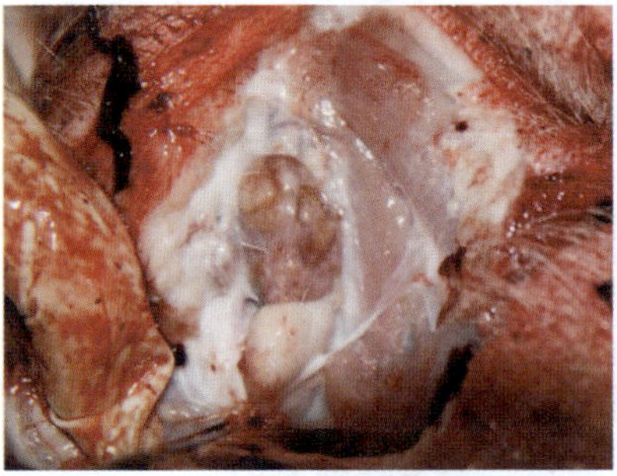

图 21 淋巴结出血

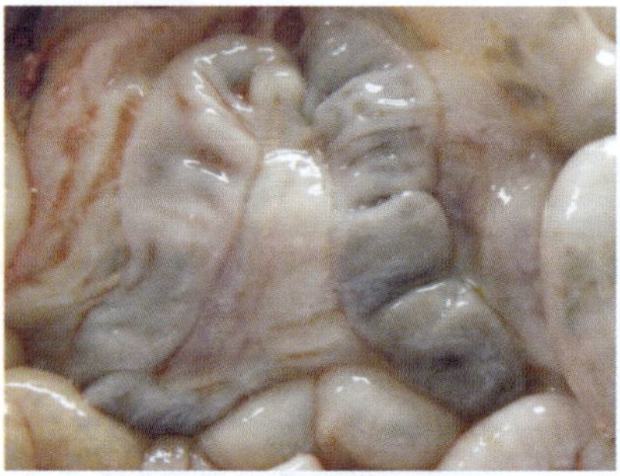

图 22 结肠浆膜水肿

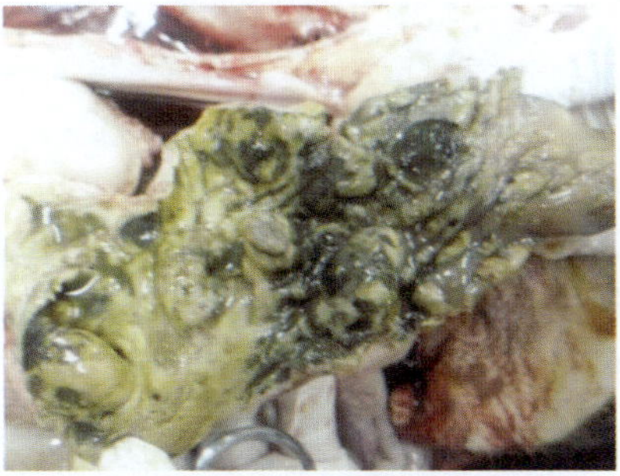

图 23　慢性猪瘟盲肠纽扣状肿

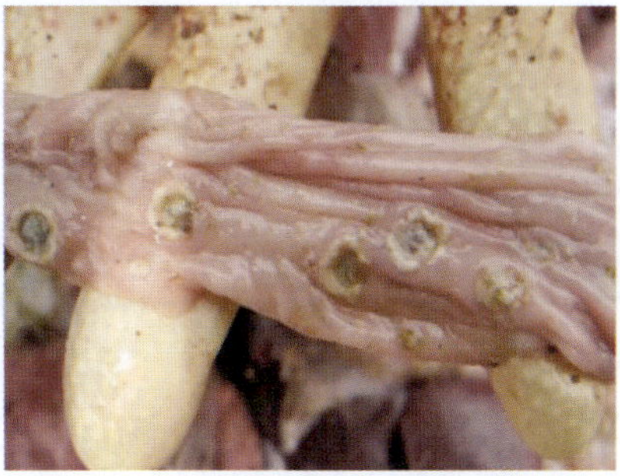

图 24　慢性猪瘟结肠纽扣状肿

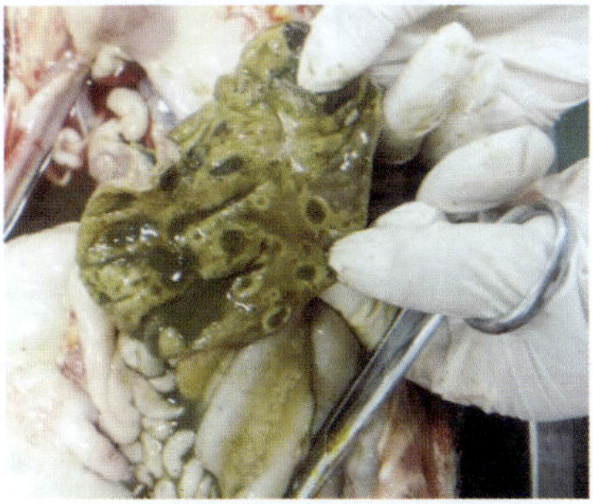

图 25　慢性猪瘟盲肠纽扣状肿

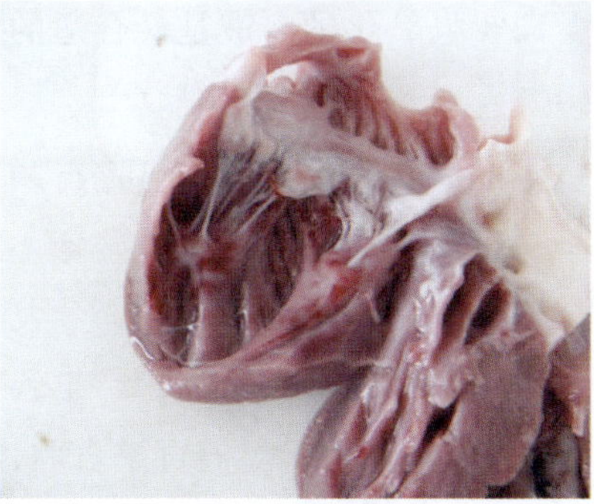

图 26　心内膜出血

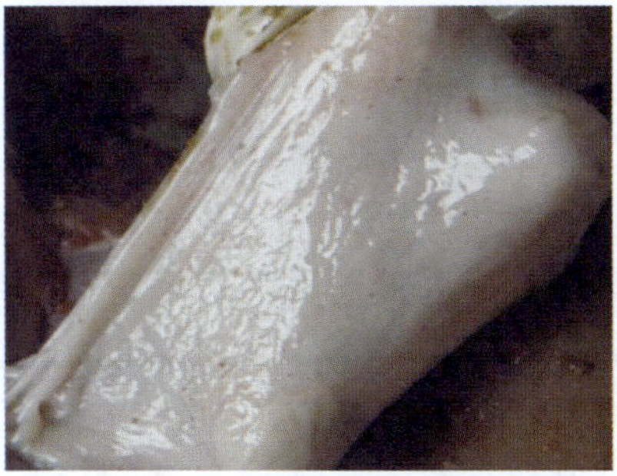

图 27　膀胱黏膜出血点

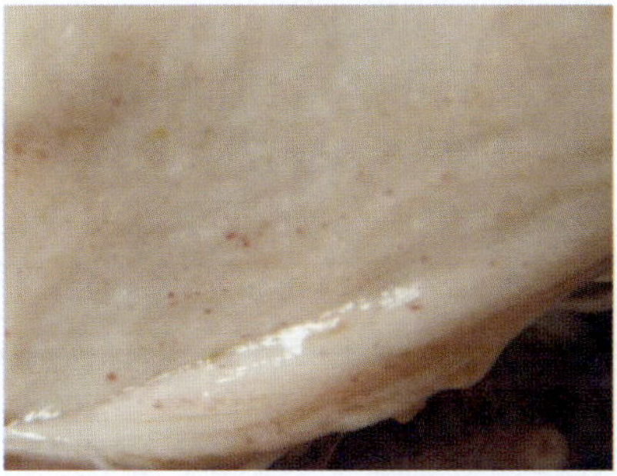

图 28　膀胱黏膜新鲜的出血点

（二）诊断

1. 猪瘟病毒

猪瘟病毒是黄病毒科瘟病毒属的成员之一，呈球形，核衣壳为二十面体立体对称，有囊膜。猪瘟病毒有 3 个基因型和 11 个基因亚型，目前认为猪瘟病毒只有 1 个血清型，但病毒株的毒力有强、中、弱之分。猪瘟病毒对外界抵抗力较强，在尿、血液和腐败尸体中能存活 2～3 d，骨髓中能存活 15 d，78 ℃经 1 h 才能致死，日光直射 9 h 仍不能杀死，在腌猪肉中能存活 80 d。升汞、石炭酸等杀灭猪瘟病毒的效力不大，2%氢氧化钠溶液是最合适的消毒药。

2. 临床鉴别诊断

根据猪瘟发病特点可进行初步诊断，确诊须进行实验室诊断。

（三）防治

1. 注重生物安全，防止病原侵入与传播

把好引种关，提倡自繁自养，必须引进猪种时，应注射猪瘟兔化弱毒苗，待产生免疫后，才可引进，进场后应单独饲养在隔离舍 2～3 周，再进行混群。防止将带毒母猪以及持续感染病猪引入猪场，通过严格的检疫和淘汰带毒母猪，建立健康繁殖母猪群。

发生猪瘟时，应立即上报疫情，及时确诊，立即隔离或捕杀病猪，尸体焚烧或化制。发病地区严禁向疫区外运送活猪、畜产品及饲料等，停止生猪市场交易。对污染的环境和用具可用 2%～3%氢氧化钠溶液进行彻底消毒。疫区内的假定健康猪及受威胁区的易感猪，使用猪瘟兔化弱毒苗进行紧急预防接种，每头 5～8 头份，虽在注苗后 3～5 d 可能出现部分猪只死亡，但 7～10 d 后可平息。有条件的可在疫情控制后进行普查，淘汰隐性带毒猪，控制传染源。

2. 科学制订免疫计划，认真执行免疫程序，定期检测免疫效果

目前猪瘟兔化弱毒苗在世界广泛使用，对控制和消灭猪瘟起了重要作用，它也是我国用于猪瘟预防注射的唯一疫苗，完全能够抵抗猪

瘟病毒的侵害，适当加大剂量还能减轻或抑制母源抗体干扰。

（1）免疫程序 目前除猪瘟兔化弱毒疫苗，还有乳兔组织苗、牛体反应苗、乳猪肾细胞苗、绵羊肾细胞苗、睾丸细胞苗、猪睾丸细胞传代细胞苗，使疫苗的产量和质量大幅提高。我国新型猪瘟标记疫苗即猪瘟病毒 E2 充足杆状病毒灭活疫苗获得新兽药证书【（2017）新兽药证书 57 号】。猪瘟的免疫程序应根据本场及本地情况进行选择，目前普遍使用猪瘟兔化弱毒苗，推荐几种免疫程序。猪瘟清净区，种公、母猪每年春秋各免疫 1 次，每头 3 头份。后备种公、母猪，选定后配种前免疫 1 次，每头 3 头份。仔猪 20～25 日龄首免，60～65 日龄二免，每次每头 2 头份；猪瘟污染区，种公、母猪每年春秋各免疫 1 次，每头 3 头份。后备种公、母猪，选定后配种前免疫 1 次，每头 3 头份。经产母猪产后 20 d 和产前 30 d 各免疫 1 次，每次每头 3 头份。新生仔猪“超前免疫”，出生后接种每头 1 头份，注射疫苗后 1～2 h 才准吃初乳，35～40 日龄二免，每头 2 头份。仔猪出生后“超前免疫”，可避免母源抗体对疫苗的干扰，而达到较好的防疫效果，可考虑推广应用，但本方法在实际应用中有一定难度，在生产管理过程中应严格控制吃初乳的时间，否则难以达到理想效果。

由于猪瘟疫苗的剂量要求，特别建议在猪瘟疫区，尽可能使用单苗，而不用联苗，以免由于疫苗剂量不够，造成非典型，甚至典型猪瘟流行。

（2）免疫效果监测 应用间接血凝等简单易行的方法进行血清学监测，有助于了解是否感染了猪瘟强毒，或者掌握疫苗的保护情况。通过对仔猪母源抗体的监测，可以制定恰当的免疫时期，防止疫苗中和母源抗体或出现空白期。猪群通常在强化免疫后 15 d 左右进行抗体监测，当间接血凝抗体低于 1∶16 时应补注疫苗，如果免疫良好则不必盲目多次免疫。

3. 科学的饲养管理，改善生态环境条件，切断传播途径

加强猪场的兽医卫生监督等系列措施，舍内定期消毒，出入猪场、猪舍应进行消毒，一般情况下杜绝进入舍内参观。

二、非洲猪瘟

非洲猪瘟是由非洲猪瘟病毒感染猪而引起的一种急性接触性、广泛出血性、烈性传染病，各个年龄段的猪均易感，发病后死亡率可高达100%。该病被世界动物卫生组织列为法定上报的动物疫病，我国也将其列为一类动物疫病。该病自2018年8月在我国辽宁省暴发以来，随后在多地相继暴发，给我国养猪业带来巨大经济损失。目前还没有针对非洲猪瘟的有效疫苗可以使用。

（一）发病特点

1.流行病学

该病在自然条件下只感染家猪、野猪（疣猪、灌木猪）和软蜱，病猪是主要传染源，病猪排泄物和分泌物，病死猪尸体和器官、血、废水、受污染的饲料、猪肉制品以及直接接触设施（车辆、衣服、靴子、注射器）等都可散播病毒。该病感染途径可通过直接或者间接接触传染源而被感染，也可被感染了非洲猪瘟病毒的软蜱叮咬而感染。病毒可经消化道、呼吸道、血液传播到全身各组织脏器从而引起猪只的全身性感染。该病自1921年在肯尼亚首次暴发，随后已经扩散到全球50多个国家和地区，呈现出全球流行的趋势。

2.临床症状

该病潜伏期通常为3～5 d，长的可达19 d。非洲猪瘟的临诊症状很难和猪瘟区别，根据毒力和感染途径不同可表现为最急性型、急性型、亚急性型和慢性型。

（1）最急性型　发病突然，高热稽留，无症状突然死亡。病程不超过5 d，死亡率达100%。

（2）急性型　食欲减退或废绝。体温升高达40～42 ℃，持续不退，病猪因发烧怕冷而积堆，全身皮肤（主要腹下、鼻端、耳和四肢内侧等少毛部位）出血、发绀非常明显。眼鼻有黏液或脓性分泌物。粪便表面有血液和黏液覆盖，或腹泻，粪便带血。步态僵直，呼吸困难，病程延长则出现神经症状。病程 6～9 d，死亡率为 90%～100%。

(3)亚急性型　症状与急性型相同，但病情较轻，病死率较低，持续时间较长。发病初期病猪食欲不振，精神沉郁，体温升高，通常在 40～41 ℃。呼吸窘迫，湿咳。关节疼痛、肿胀。病程为 7～20 d，死亡率为 30%～70%。

(4)慢性型　低烧 40～40.5 ℃，伴随呼吸困难、消瘦或发育迟缓。关节肿胀，局部皮肤溃疡、坏死。病程为 1 个月以上，死亡率小于 30%。

3. 剖检变化

非洲猪瘟最典型的剖检变化是：脾脏显著肿大，一般情况下是正常脾脏的 3～6 倍，呈暗红色，质地变脆。肾脏包膜斑点状出血。淋巴结肿大出血，类似于血凝块。其他剖检变化包括心脏、肺脏、肝脏、膀胱、胃等组织脏器出血、水肿。病猪血液凝固不良，母猪流产，胎衣有出血点和坏死点。临床症状表现和剖检变化如图 29 至图 62 所示。

图 29　非洲猪瘟造成猪大批死亡

图 30　病猪皮肤发红

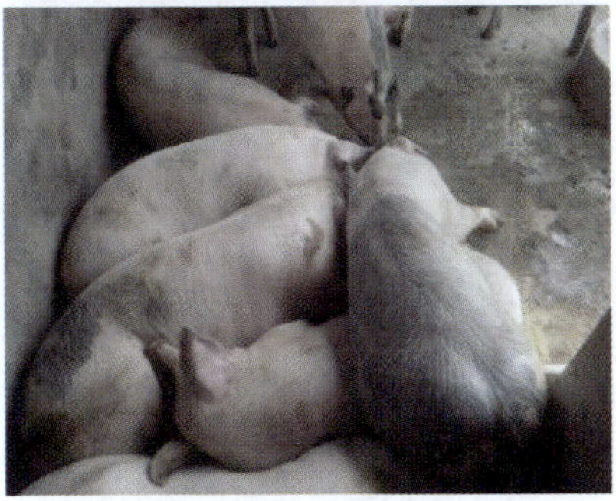

图 31　病猪因发烧怕冷而积堆

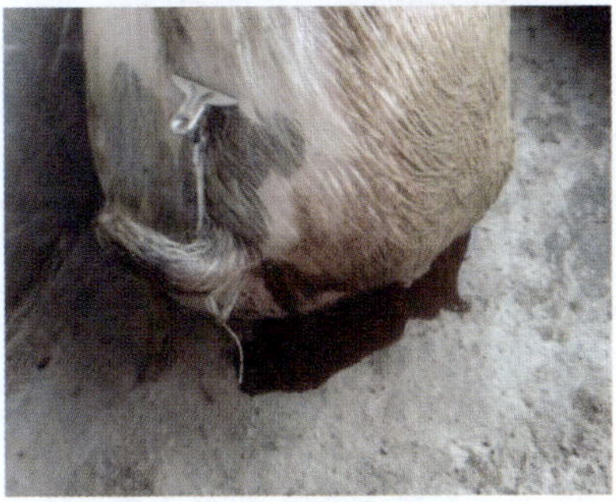

图 32　病猪便红褐色血便

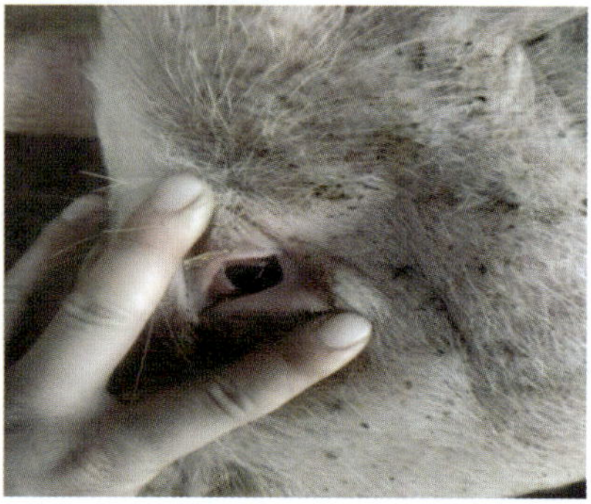

图 33　病猪眼结膜充血、潮红

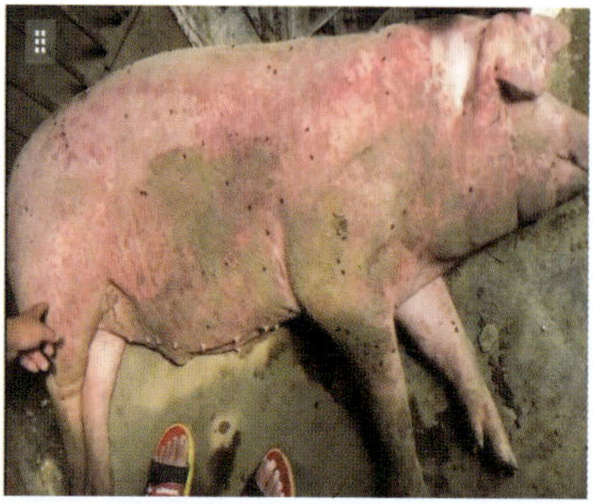

图 34　病猪全身皮肤发红，出血斑

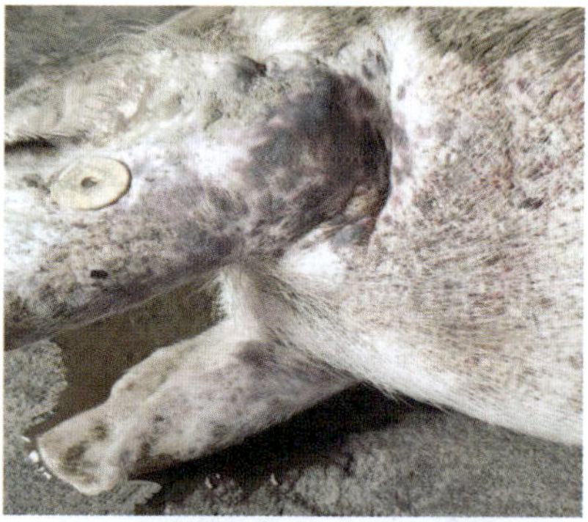

图 35　病猪皮肤紫色，有出血斑

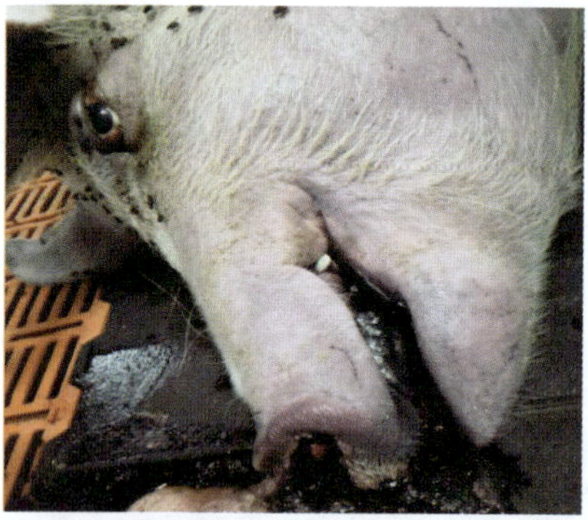

图 36　病猪吐血，眼结膜充血、出血

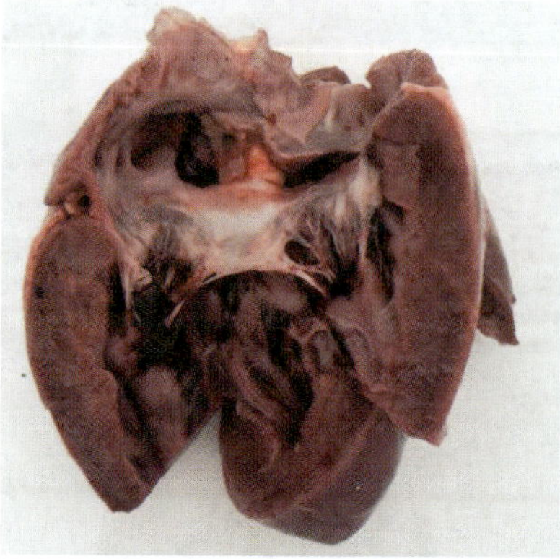

图 37　心瓣膜出血，形成大量血栓

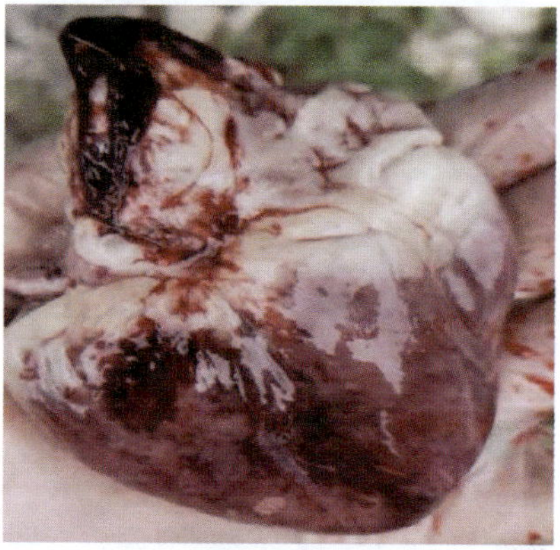

图 38　心冠脂肪和心肌出血

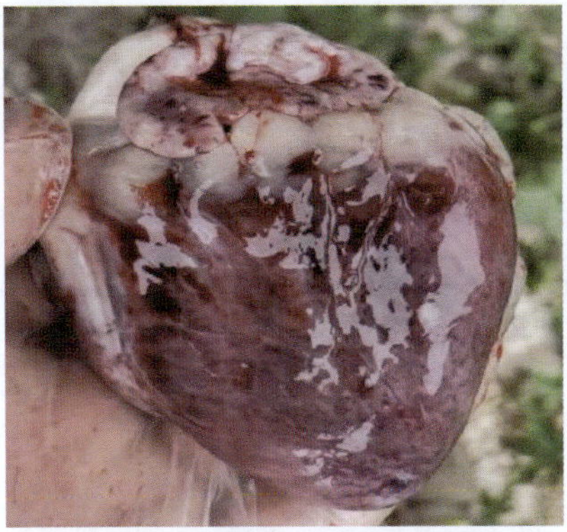

图 39 心肌有出血斑和出血点

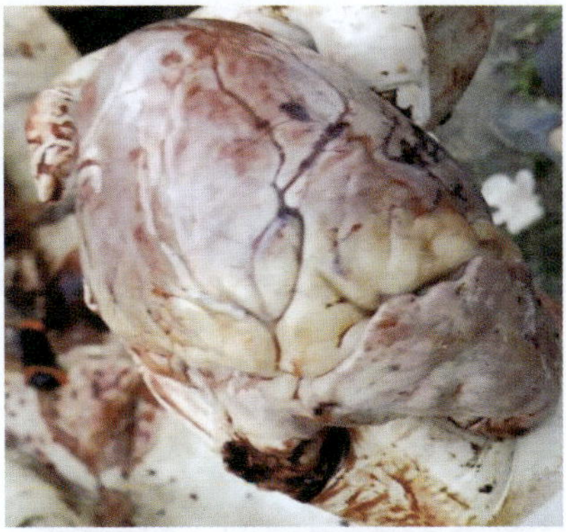

图 40 心肌外壁出血

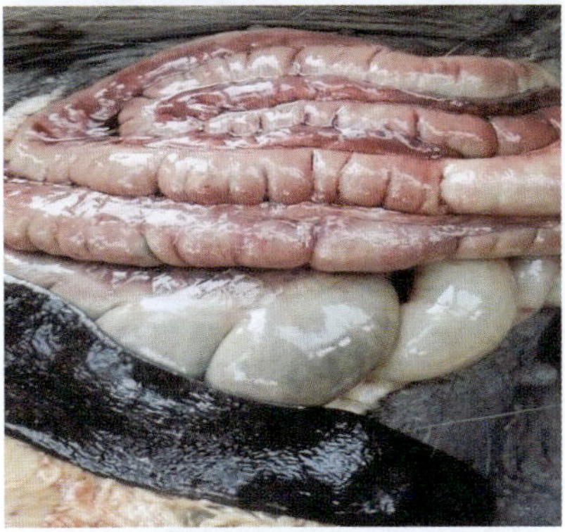

图 41 结肠浆膜出血，脾脏肿大

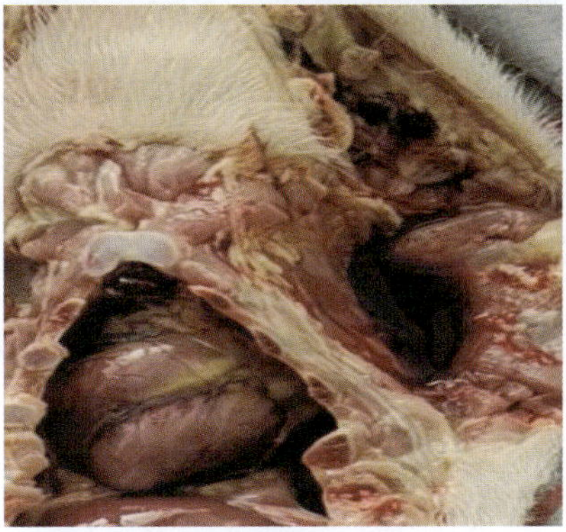

图 42 血液凝固不良

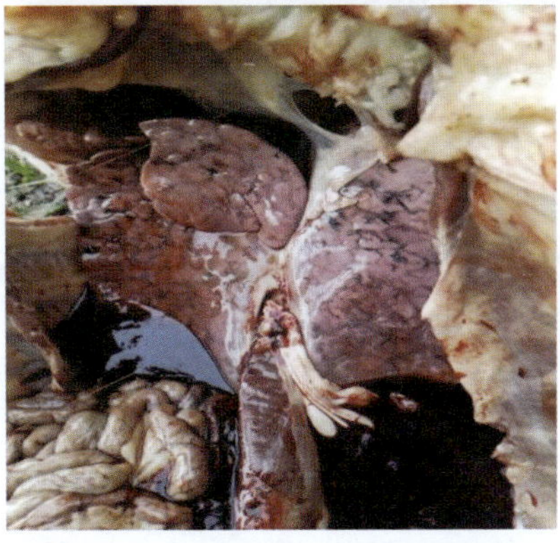

图 43 肺脏出血，血液凝固不良

图 44 肺脏切面有大量出血灶

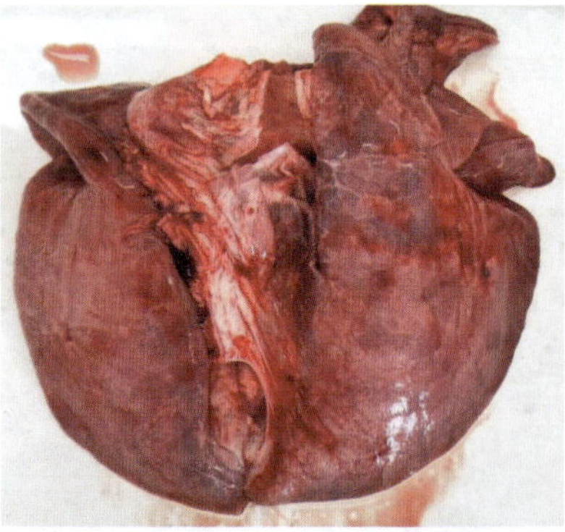

图 45　肺脏充血、出血，呈鲜红色

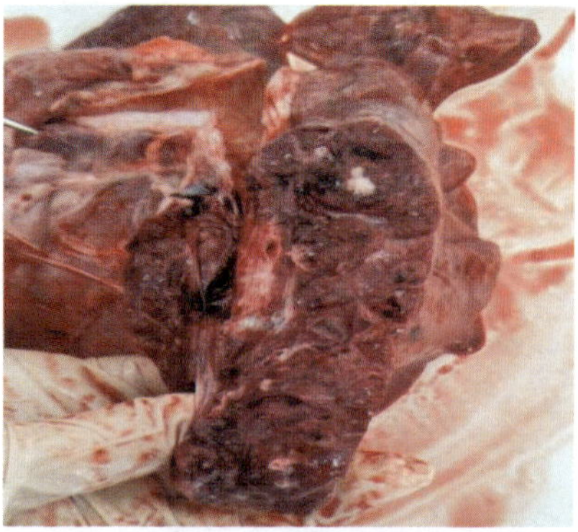

图 46　肺脏切面严重出血，渗出大量血沫

图 47　肝脏表面有红褐色出血斑

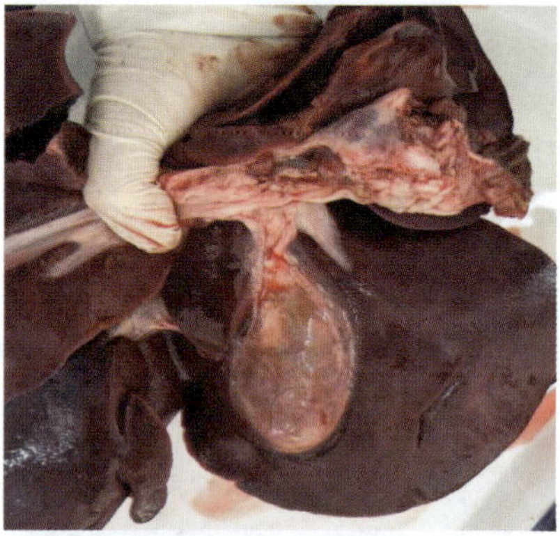

图 48　胆囊充盈，胆囊外壁出血

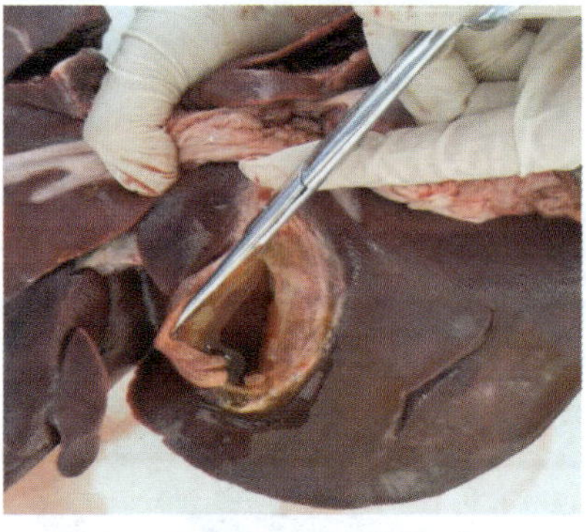

图 49　胆囊壁肿胀、增厚、出血，胆汁呈橙红色

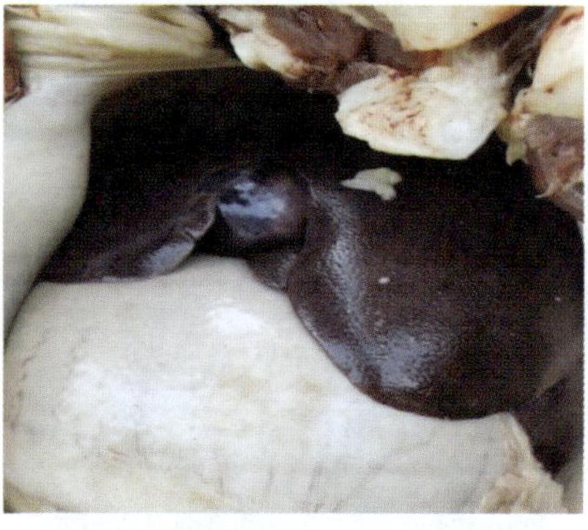

图 50　胆囊充盈肿大，呈蓝黑色，突出于肝脏表面

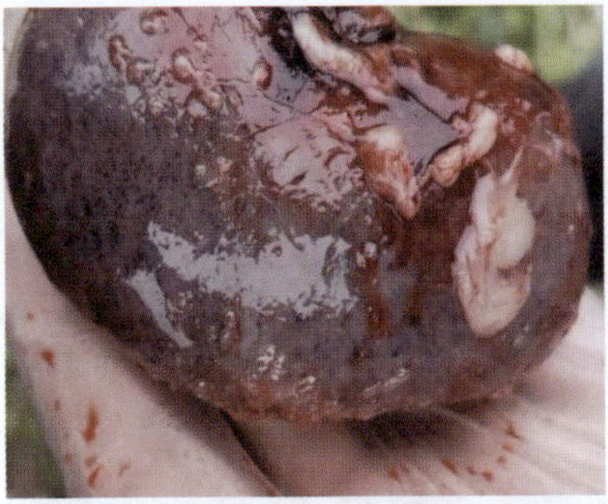

图 51　肾脏表面有大量出血斑和出血点

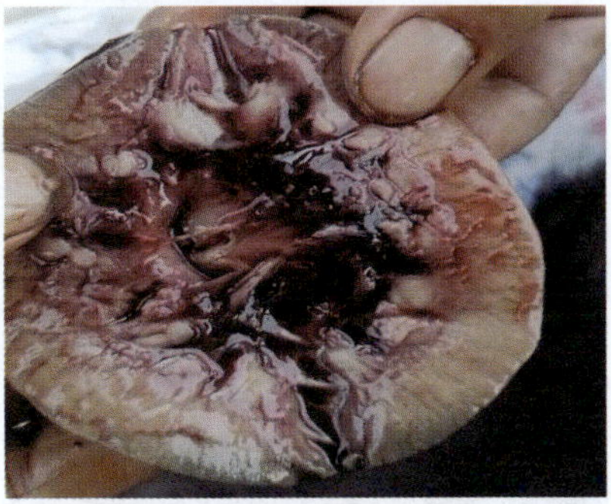

图 52　肾盂和肾乳头严重出血

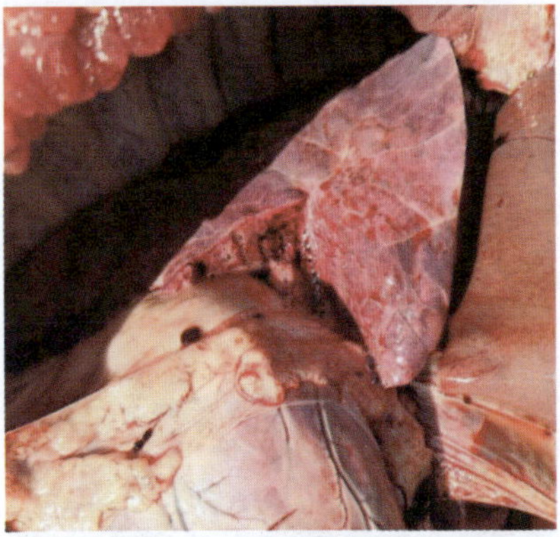

图 53　肺严重出血，切面流出大量血沫

图 54　脾脏切面渗出大量血液，质地如泥

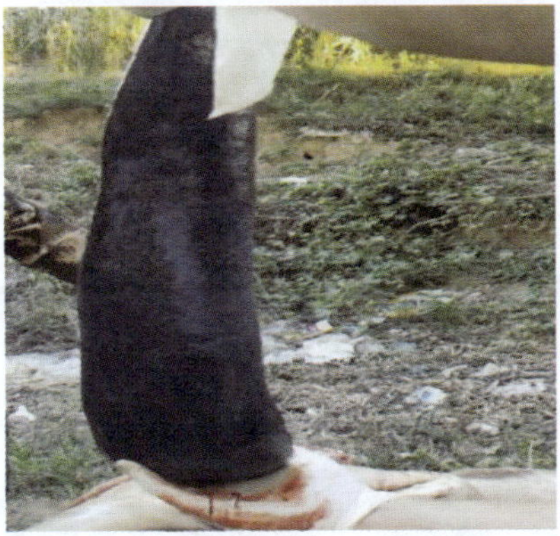

图 55　脾脏严重肿大，呈紫黑色

图 56　脾脏肿大，呈紫黑色，淋巴结出血

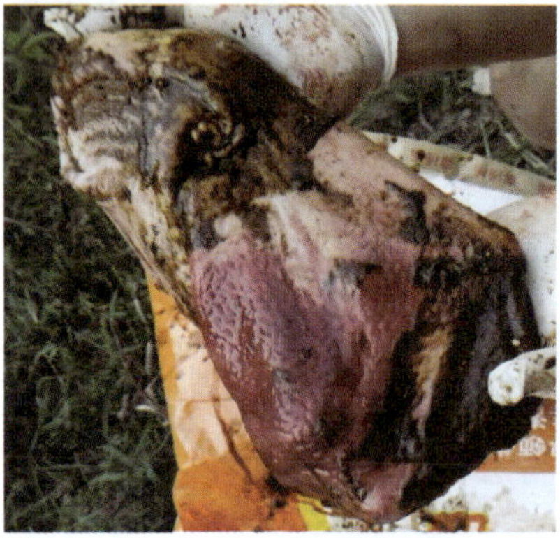

图 57　胃壁严重出血

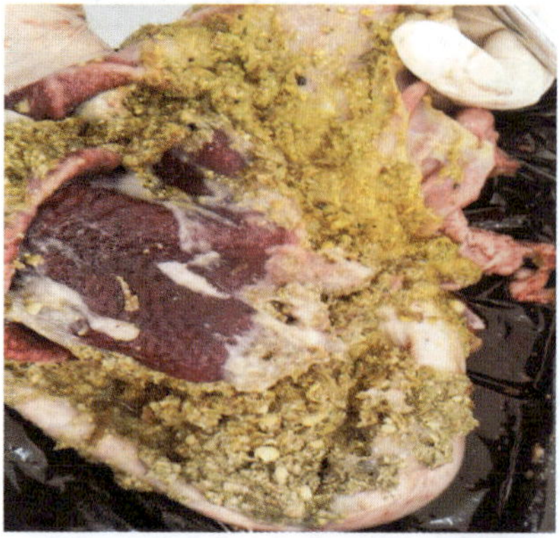

图 58　胃黏膜出血，表面有大量黏液

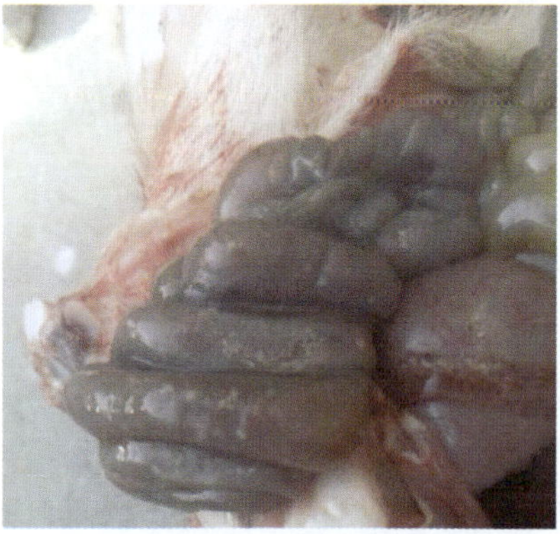

图 59　结肠出血

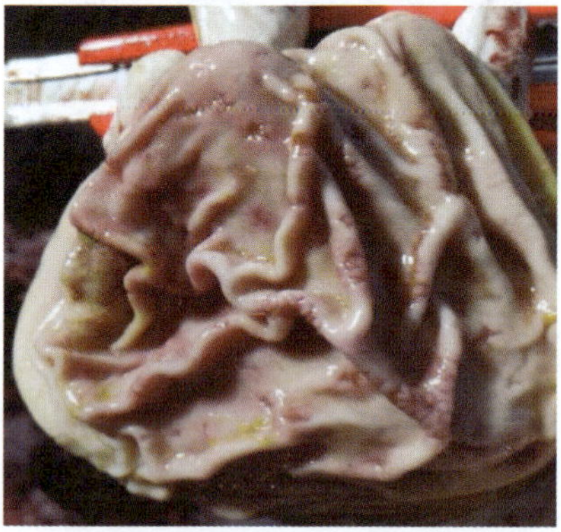

图 60　胃黏膜充血，有大量溃疡灶

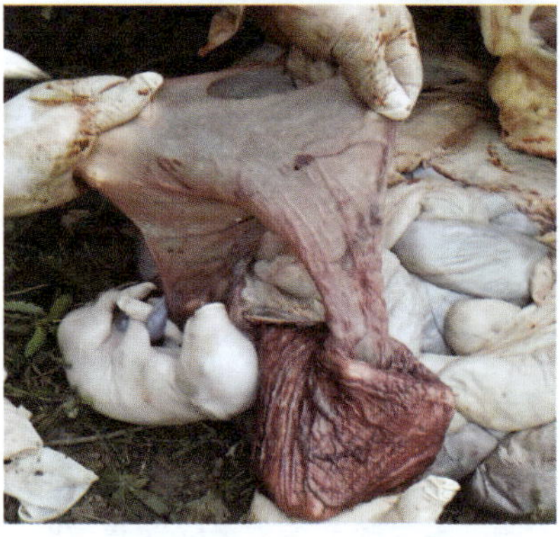

图 61　母猪流产，胎衣有白色坏死点

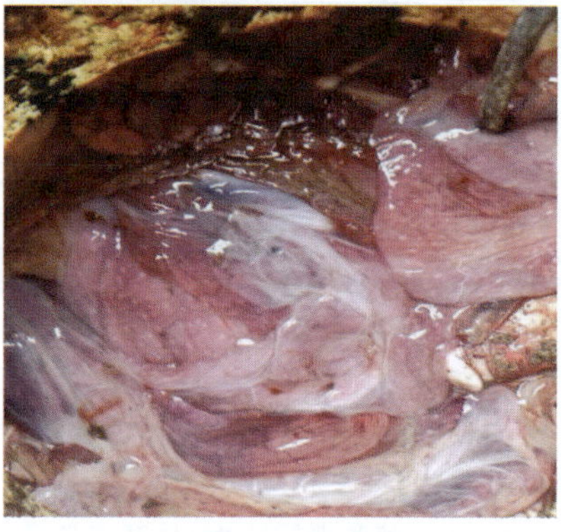

图 62　胎衣充血、出血，有白色坏死点

（二）诊断

1. 非洲猪瘟病毒

非洲猪瘟病毒（ASFV）是非洲猪瘟相关病毒科的唯一成员，成熟病毒粒子为二十面体对称，直径 260～300 nm，有囊膜。该病毒耐低温，对高温敏感，不同温度条件下存活时间不同：25～37 ℃可存活数周，56 ℃可存活 70 min，60 ℃可存活 20 min，在 4 ℃条件下可以存活 1 年以上，在冷冻猪肉中可存活数年，高温条件下可有效杀死病毒。

2. 临床鉴别诊断

该病与猪瘟的症状相似，临床上很难鉴别，需依据（GB/T 18648—2020）《非洲猪瘟诊断技术》由专业实验室检测确诊。当发生疑似非洲猪瘟疫情时，应及时向当地兽医部门报告。兽医人员应按照《非洲猪瘟防治技术规范》要求进行采样，在严格防护条件下，低温运送至指定部门进行确诊。

（三）防治

1. 生物安全措施

非洲猪瘟是一种危害严重的跨地区传染病，目前无可用疫苗，防控难度和压力巨大，只能依靠扑杀和无害化处理等严格的生物安全措施来消灭和控制该病。良好的生物安全措施可以降低非洲猪瘟的侵入风险，这不仅适用养殖场，也适用活畜交易市场、屠宰场、动物运输环节等。防治措施包括：坚持“自繁自养，全进全出”的管理制度。加强饲养管理，做好卫生消毒工作，降低各种应激因素的影响。建立完善的生物安全体系，严格控制传染源，病死猪及产出的死胎、胎衣等应做无害化处理。

2. 疫苗

自 20 世纪 60 年代以来，ASF 疫苗研制历经近 60 年的艰难探索，然而成果较少。国内外研究机构先后尝试了灭活疫苗、亚单位疫苗、核酸疫苗、病毒活载体疫苗、减毒活疫苗、基因缺失疫苗在内的各种类型疫苗研发，但最终的效果却差强人意。

三、口蹄疫

口蹄疫俗称口疮、蹄癀，是一种由口蹄疫病毒引起偶蹄动物的急性、热性、高度接触性传染病，该病自然感染主要发生于偶蹄兽，家畜中以黄牛（奶牛）最易感，水牛、牦牛、绵羊、山羊次之，猪也易感，人对该病也具有易感性。该病是世界性的传染病，传播迅速、流行猛烈、发病率高、死亡率低，尤其在亚洲、非洲和中东及南美流行严重。

（一）发病特点

1. 流行病学

该病一年四季均可发生，但在不同地区的流行具有一定的季节差异，有淡旺季之分。每年秋末开始，冬季加剧，春季减缓，夏季平息（11 月至翌年 2 月为最剧烈），6—8 月为淡季，但大型猪场可四季发生，发生呈跳跃式，集中于大型猪场仓库，城郊猪场，交通沿线。病猪是该病的主要传染源，病猪的水疱皮、水疱液、粪、尿、乳、精液、组织液和唾液均含病毒。主要传播途径为呼吸道、消化道、损伤的黏膜和皮肤。此外，患病猪的产品如肉、血、骨、皮、蹄等可能长期带有病毒，如处理不当，可将疫病传入另一地区或国家。

2. 临床症状

口蹄疫临床症状以发热和口、蹄部出现水疱为共同特征。表现程度与动物种类、品种、免疫状态和病毒毒力有关。猪口蹄疫潜伏期一般 1～2 d，以蹄部水疱为主。在蹄冠、蹄踵、蹄叉等皮肤处有米粒大、蚕豆大的水疱，不久水疱破裂后形成出血性糜烂面，1 周左右痊愈。如继发感染，严重者可侵害蹄叶，使蹄壳脱落，患肢不能着地，常卧地不起。哺乳仔猪多呈急性胃肠炎和心肌炎而突然死亡，且健壮乳猪多发，病死率达 60%～80%。

3. 剖检变化

除口腔和蹄部的水疱和烂斑外，在咽喉、气管、支气管可见圆形烂斑和溃疡，真胃和肠黏膜有出血性炎症。肺出血、充血，心肌病变具有特征性，心包膜有弥散性或点状出血心肌坏死，心肌松软似煮肉样，心内外膜、心肌切面有灰白色或淡黄色斑点或条纹，好似老虎身上的斑纹，俗称虎斑心。症状表现和剖检变化如图 63 至图 71 所示。

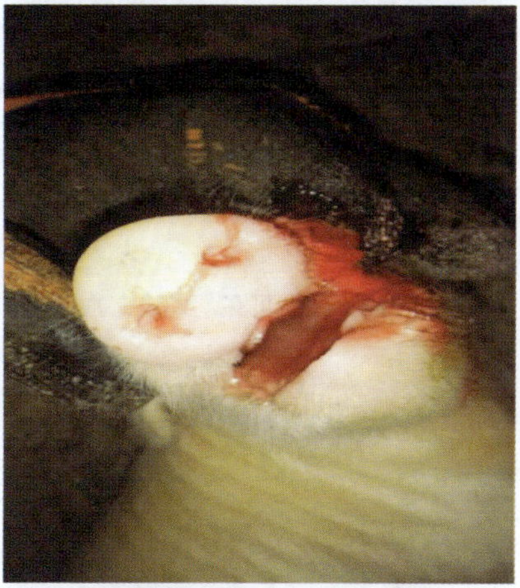

图 63　乳猪从口鼻流出大量血沫

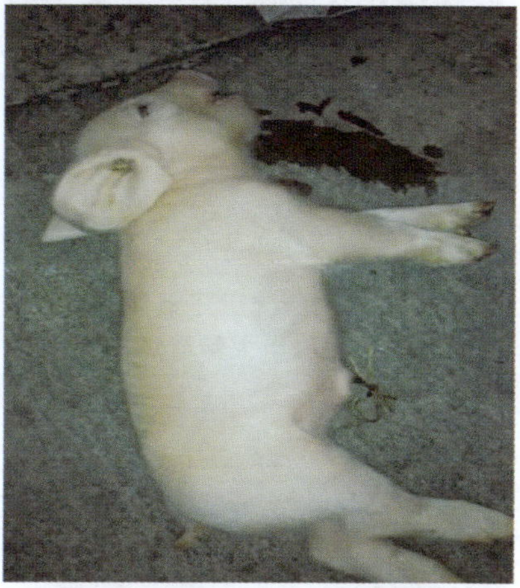

图 64　乳猪突然倒地抽搐，口吐血沫，死亡

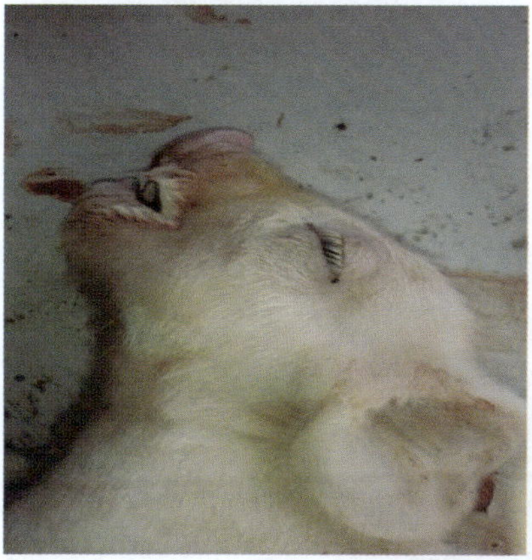

图 65　乳猪口吐血沫，鼻盘呈青紫色

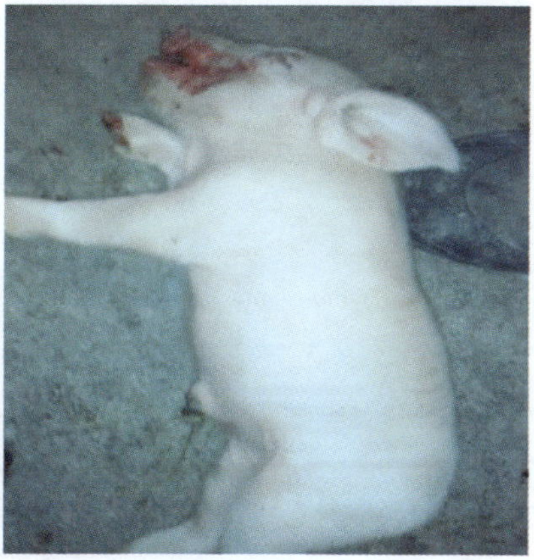

图 66　膘情好和健壮的乳猪多发

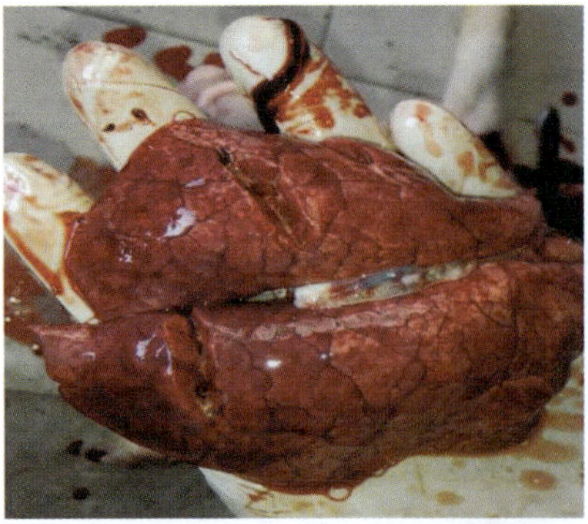

图 67　病死乳猪肺脏严重充血出血，切面流出大量血沫

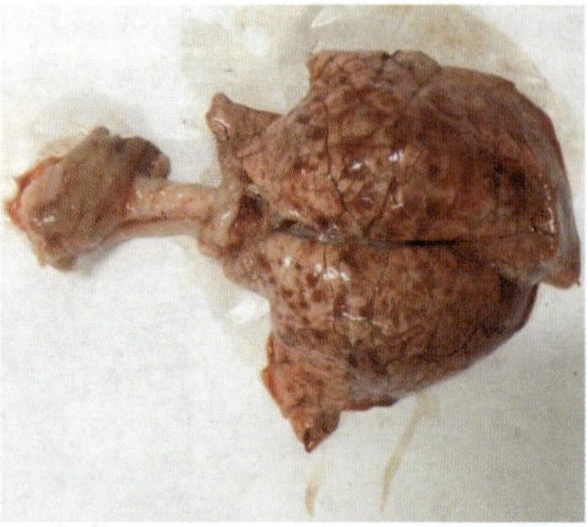

图 68　活猪剖检可见，肺脏充血出血

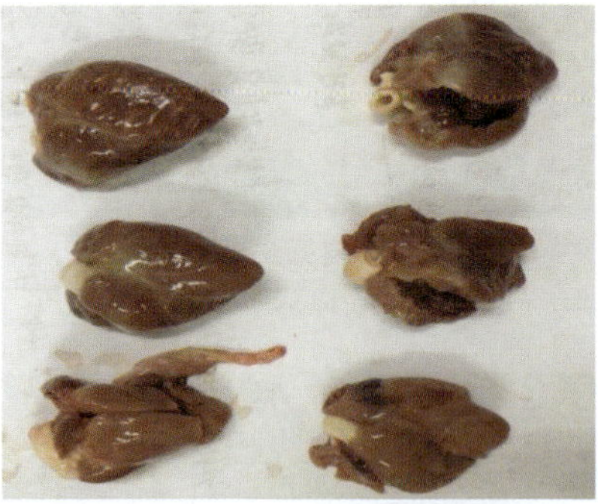

图 69　心肌不同程度的坏死

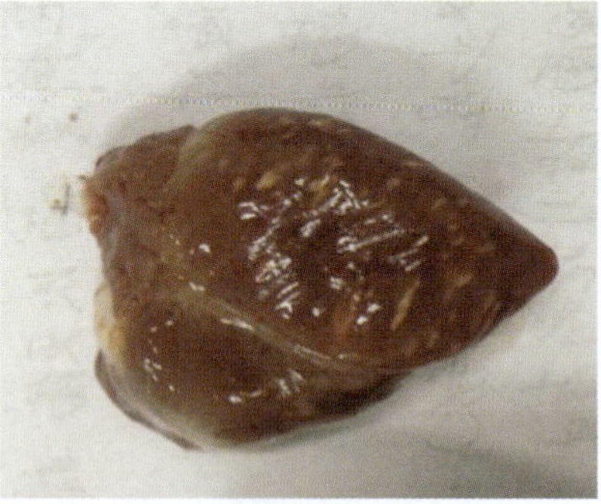

图 70　心脏条纹状脂肪变性，俗称虎斑心

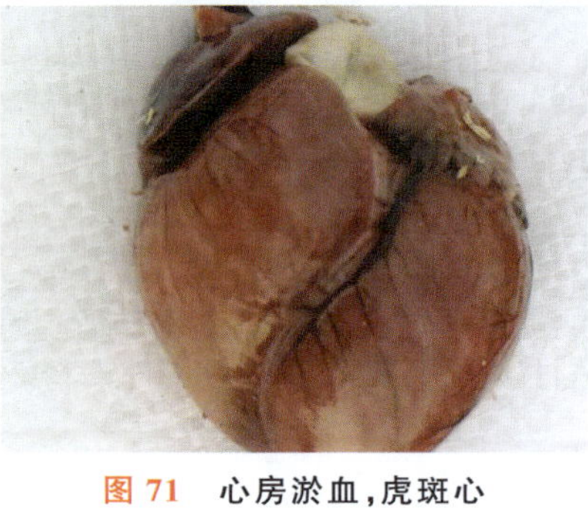

图 71　心房淤血，虎斑心

（二）诊断

1. 口蹄疫病毒

该病病原口蹄疫病毒（FMDV）是小核糖核酸病毒科口蹄疫病毒属中的唯一成员，病毒呈正二十面体，无囊膜。核酸为单股正链RNA，具有感染性。该病毒可在胎牛肾、胎猪肾、乳仓鼠肾原代细胞及其传代细胞培养中生长繁殖，常用于生产疫苗。该病毒具有多型性和变异性。根据其血清学特性，现已知有7个血清主型，即A型、O型、C型、SAT_1型（南非1型）、SAT_2型（南非2型）、SAT_3型（南非3型）及AsiaⅠ型（亚洲Ⅰ型）。各型内又有亚型，现已知的有80多个。世界各地血清型分布情况不同，欧洲主要是O型、A型、C型，近年来O_1和A_{22}较多发生；亚洲主要是O型、A型、C型、AsiaⅠ型，中东A_{22}型曾发生过；非洲主要是SATⅠ型、SATⅡ型、SAT Ⅲ型；南美洲主要是O型、A型、C型。各型之间抗原性不同，彼此不能交叉免疫，感染了一种血清型口蹄疫病毒后还可以感染其他型口蹄疫病毒而发病。同一型的不同亚型之间有部分交叉免疫性，口蹄疫病毒在不同条件下容易发生变异，疫苗毒株与当地流行毒株不同，不呈现交叉免疫性；甚至流行初期与末期毒型不同，这有可能是流行过程中通过感染免疫或部分免疫动物、非易感动物后，病毒在动物体内发生变异。

该病毒在外界的存活力很强，耐干燥，在污染的饲料、用具、毛皮、土壤中可保持传染性达数月之久。水疱液中的病毒60 ℃经5～15 min可灭活，80～100 ℃很快死亡。阳光暴晒、一般加热都可杀灭口蹄疫病毒，2%～4%氢氧化钠、0.2%～0.5%过氧乙酸、10%的石灰乳、20%漂白粉、3%～5%福尔马林等常用消毒剂溶液均能杀灭口蹄疫病毒，但碘酊、酒精、石炭酸、来苏水、新洁尔灭、季铵盐类消毒药对口蹄疫病毒无杀灭作用。

2. 临床鉴别诊断

根据病猪的口腔和蹄部有水疱和烂斑，剖检见虎斑心病变等特点，可做出初步诊断。确诊需要进行实验室诊断（参见范俊娟编写的实验室检测内容）。酶联免疫吸附试验（ELISA）反应灵敏、特异性强、操作快捷，可直接鉴定病毒的亚型，并能同时检测水疱性口炎病毒和猪水疱病病毒，广泛用于动物口蹄疫的监测。猪口蹄疫与水疱性口炎、猪水疱病、猪水疱性疹等疫病的临诊症状相似，应注意进行鉴别（表 1）。

表 1　猪口蹄疫、猪传染性水疱病、猪水疱性疹和水疱性口炎等四种水疱性传染病的鉴别诊断

鉴别点		猪口蹄疫	猪传染性水疱病	猪水疱性疹	水疱性口炎
病原		口蹄疫病毒	猪水疱病病毒	猪水疱疹病毒	水疱性口炎病毒
易感动物		偶蹄兽	猪	猪	牛、猪、马等
流行形式		流行性	流行性	地方流行性或散发	散发
病死率		成年猪低，仔猪高	一般不死	一般不死	一般不死
水疱的部位		蹄部多，口腔少	蹄部多，口腔少	蹄部、口腔都有	口腔多，蹄部无
动物接种	猪唇皮内	+	+	+	+
	牛舌皮内	+	−	−	+
	马舌皮内	−	−	+/−	+
	绵羊舌皮内	+	−	−	+/−
	豚鼠足蹠	+	−	−	+
	2 日龄小鼠腹腔或皮下	+	−	−	+
	9 日小鼠腹腔或皮下	+	+	−	−
抗酸试验		对 pH 5.0 敏感	对 pH 5.0 耐受		

注：+表示阳性；−表示阴性；+/−表示不规则或轻度反应

(三)防治

口蹄疫的防治需要根据不同国家和地区的流行情况及防治状况，应用疫病区划原理将其划为不同的地区分别采取相应的防治策略。按照《国际动物卫生法典》的要求，口蹄疫的控制一般分为非免疫无口蹄疫国家、免疫无口蹄疫国家、口蹄疫感染国家，非免疫无口蹄疫地区、免疫无口蹄疫地区、口蹄疫感染地区。各控制区之间要求具有监控带、缓冲带以及自然屏障及地理屏障隔离。不同控制区内部的兽医卫生措施具有较大的差异，由于该病毒血清型的复杂性和传播的快速广泛性，为了防止病原体侵入，应建立定期和快速的动物疫病报告及记录系统，严禁从流行地区或国家进口动物和动物产品，对来自非疫区的动物及其产品以及各种装运工具进行严格的检疫和消毒，已是所有国家和地区应遵循的共同原则。

有口蹄疫感染的国家和地区可对易感动物每年接种疫苗 1～2 次。我国对口蹄疫实行强制免疫，免疫密度必须达到 100%。平时要做好口蹄疫的免疫接种工作，选择与流行毒株相同血清型的口蹄疫疫苗用于牲畜的预防接种。目前用于预防口蹄疫的疫苗有弱毒苗和灭活苗。弱毒苗有 A 型、O 型弱毒苗和 A-O 双价弱毒苗，对牛、羊均安全有效，但对猪有致病力。猪可肌内注射 O 型口蹄疫 BEI(二乙烯亚胺)灭活油佐剂苗，免疫期可达 6 个月。仔猪、羔羊在 28～35 日龄时进行初免；犊牛在 90 日龄时进行初免，间隔 1 个月进行一次强化免疫，以后每隔 6 个月免疫一次；种公猪每年接种 2 次，妊娠母猪分娩前 1 个月接种，母牛分娩前 2 个月接种一次，母羊分娩前 4 周接种一次。牛、羊使用 O 型-亚洲 I 型口蹄疫二价灭活疫苗进行免疫，猪使用 O 型口蹄疫灭活疫苗进行免疫。

发生口蹄疫时，应立即上报疫情，及时采取病料，迅速送检确诊定型，划定并封锁疫点、疫区，扑杀患病动物及同群动物，尸体焚烧或化制。对污染的环境和用具进行彻底消毒。疫区内的假定健康动物及受威胁区的易感动物应进行紧急免疫接种。待最后 1 头病畜消灭之后，3 个月内不再出现新的病例，报上级机关批准，经终末大消毒后解除封锁。

四、猪水疱病

猪水疱病是由猪水疱病病毒引起猪的一种急性接触性传染病，流行性强，发病率高，以蹄部、口部、鼻端、腹部、乳头周围皮肤和黏膜发生水疱为特征。世界动物卫生组织将其列为A类动物疫病，我国将其列为一类动物疫病。

（一）发病特点

1.流行病学

该病的发生无明显的季节性，呈地方流行性。由于传播不如口蹄疫病毒快，所以流行较缓慢，不呈席卷之势。在自然流行中仅发生于猪，各种年龄、性别、品种的猪均可感染，人类有一定易感性。病猪、潜伏期的猪和病愈带毒猪是该病的主要传染来源，病畜可通过粪、尿、水疱液、奶等排出病毒。主要传播途径有直接接触和消化道传播，被病毒污染的饲料、垫草、运动场和用具以及接触该病的饲养员等往往易造成该病的传播。

2.临床症状

该病潜伏期一般为2～5 d，有的延至7～8 d或更长。根据临床症状可分为典型型、温和型和隐性型。

（1）典型型　主要表现为病猪的趾、跗趾的蹄冠以及鼻盘、舌、唇和母猪乳头发生水疱。早期症状为上皮苍白肿胀，在蹄冠的角质与皮肤结合处首先见到，36～48 h后，水疱明显凸出，里面充满水疱液，很快破裂，但有时可维持数天。水疱破裂后形成溃疡，真皮暴露，颜色鲜红。病变严重时蹄壳脱落。部分猪的病变部因继发细菌感染而形成化脓性溃疡。由于蹄部受到损害，蹄部有痛感出现跛行。有的猪呈犬坐式或躺卧地下，严重者用膝部爬行。体温升高至40～42 ℃，水疱破裂后体温下降至正常。病猪精神沉郁、食欲减退或停食。在一般情况下，如无并发其他传染病者不引起死亡，初生仔猪可造成死亡。病猪康复较快，病愈后2周，创面可痊愈，如蹄壳脱落，则需要较长时间后才能恢复。病猪水疱病发生后，约有2%的猪发生中枢神经系统紊乱，表现向前冲、转圈运动，用鼻摩擦、咬啃猪舍用具，眼球转动，有时出现强直性痉挛。

(2)温和型 少数病猪出现水疱，传播缓慢，症状轻微，往往不容易被察觉。

(3)隐性型 感染后不表现症状，但感染猪能排出病毒，对易感猪有很大的危险性。

3. 剖检变化

该病特征性病变主要是在蹄部、鼻盘、唇、舌面及乳房出现水疱。水疱破裂后水疱皮脱落，暴露出的创面有出血和溃疡，如图72、图73所示。个别病例心内膜有条状出血斑。其他脏器无可见病变。

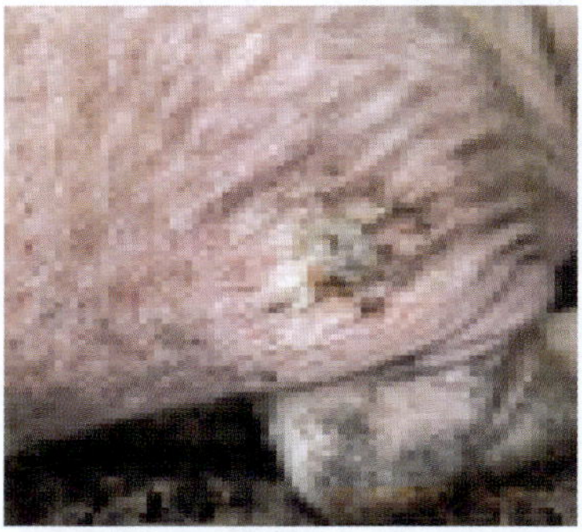

图72 病猪皮肤的水疱破溃结痂

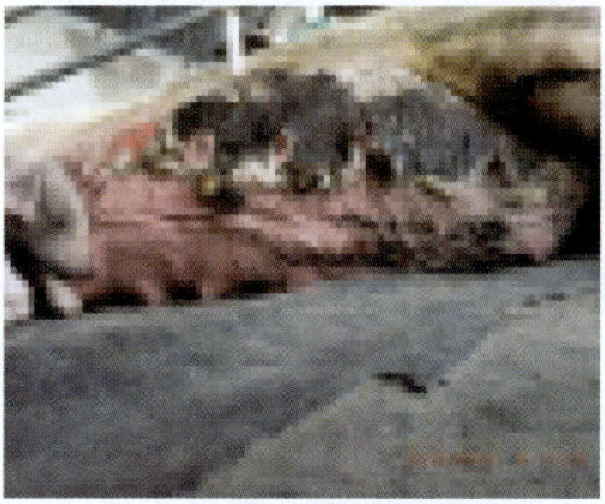

图73 水疱破溃后细菌继发感染，形成坏疽

(二)诊断

1. 猪水疱病病毒

该病病原猪水疱病病毒呈球形，由裸露的二十面体对称的衣壳和含有单股RNA的核心组成，无囊膜。该病毒不能凝集人和家兔、豚鼠、牛、绵羊、鸡、鸽等动物的红细胞，只有一个血清型。

该病毒对环境和消毒药有较强的抵抗力，50 ℃经30 min仍不失感染力，60 ℃经30 min和80 ℃经1 min可灭活，在低温中可长期保存。病毒在污染的猪舍内可存活8周以上。病毒对乙醚有抵抗力，对酸不敏感。消毒药以5%氨水、10%漂白粉、3%福尔马林和3%的热氢氧化钠溶液效果较好。

2. 临床鉴别诊断

该病根据临床症状和病理变化很难与口蹄疫、猪水疱性口炎等区分开来，必须进行实验室诊断加以区别。

（1）病毒分离与鉴定　取病猪未破溃或刚破溃的水疱皮，经处理后，于2～3日龄的吮乳小白鼠颈部皮下接种。一般在最初1～2代内即可引起感染，实验动物发病死亡。初代分离如呈阴性结果，应继续盲传2～3代，分离毒可用猪水疱病抗血清中和后，接种2日龄乳鼠以鉴定分离毒。如注射猪水疱病免疫血清中和组小鼠健活，病毒对照或用各型口蹄疫免疫血清中和对照的乳鼠发病死亡，则被检病料为猪水疱病病毒，而不是口蹄疫病毒。

（2）荧光抗体试验　用直接和间接免疫荧光抗体试验，可检出病猪淋巴结冰冻切片中的感染细胞，也可检出水疱皮和肌肉中的病毒。

此外，中和试验、反向间接凝集试验、补体结合试验等也常用于猪水疱病的诊断。

（三）防治

1. 注重生物安全，防止病原传入和传播

预防该病的重要措施是防止该病传入。因此，在引进猪和猪产品时，必须严格检疫。做好日常消毒工作，对猪舍、周边环境、运输工具用有效消毒药（如5%氨水、10%漂白粉、3%福尔马林和3%的热氢氧化钠等溶液）进行定期消毒。在该病常发地区进行免疫预防，用猪水疱病高免血清进行被动免疫有良好效果，免疫期达1个月以上。目前使用的疫苗主要有鼠化弱毒疫苗和细胞培养弱毒疫苗，前者可以和猪瘟兔化弱毒疫苗共用，不影响各自的效果，免疫期可达6个月；后者对猪可能产生轻微的反应，但不引起同居感染，是目前安全性较好的弱毒苗。除此之外还有灭活疫苗，主要是细胞灭活疫苗，该疫苗安全可

靠，注射后 7～10 d 可产生免疫力，保护率在 80%以上，注射后 4 个月仍有较强的免疫力。

2. 发病时的扑灭措施

发生该病时，要及时向上级动物防疫部门报告，对可疑病猪进行隔离，对污染的场所、用具要严格消毒，粪便、垫草等堆积发酵消毒。确认该病时，疫区实行封锁，并控制猪及猪产品出入疫区。必须出入疫区的车辆和人员等要严格消毒。扑杀病猪并进行无害处理。对疫区和受威胁区的猪，可进行紧急接种。猪水疱病可感染人，常发生于与病猪接触的人或从事该病研究的人员，因此应当注意个人防护，以免受到感染。

五、猪繁殖与呼吸综合征

猪繁殖与呼吸综合征（PRRS）又称猪蓝耳病，是一种由猪繁殖与呼吸综合征病毒（PRRSV）引起猪的繁殖障碍和呼吸道症状的高度接触性传染病，以妊娠母猪表现厌食、发热和流产、早产、死胎、木乃伊胎等繁殖障碍，新生仔猪表现呼吸道症状和高死亡率为特征。世界动物卫生组织将其列为 B 类传染病，我国将其列为二类动物疫病。

（一）发病特点

1. 流行病学

猪是该病的唯一自然宿主，各年龄和品种的猪均可感染，但以妊娠母猪和一月龄内的仔猪最易感。病猪和带毒猪是该病的主要传染源。该病可通过粪、尿、鼻腔分泌物等排出病毒，感染健康猪。该病主要通过呼吸道、消化道及公猪的精液经生殖道等进行传播。

2. 临床症状

该病的潜伏期长短不一致，自然感染一般为 14 d，人工感染妊娠母猪则为 4～7 d。病程通常持续 3～4 周，最长可达 6～12 周。根据发病的严重程度和病程不同，临床表现不尽相同。

(1)母猪　病初母猪出现发热，嗜睡，食欲不振，咳嗽，呼吸急迫等症状。后期呈现流产，早产，产木乃伊胎与弱仔等，死胎率20%～30%。有的产后无乳，胎衣停滞。有些发病母猪双耳、腹侧和外阴皮肤有一过性的青紫色或蓝紫色斑块。

(2)仔猪　以1月龄内仔猪最易感，并表现出典型的临诊症状。主要表现为体温升高至40℃以上，呼吸困难，有时呈腹式呼吸，食欲减退或废绝，腹泻，离群独处或挤在一起。有的仔猪表现出口鼻奇痒，常用鼻盘、口端摩擦圈舍壁栏，鼻有分泌物，少数仔猪可见耳部、体表皮肤发红、发紫等症状。死亡率可高达80%～100%。耐过猪生长缓慢，易继发其他疾病。

(3)育肥猪　主要表现轻度类流感症状，暂时性的厌食及轻度的呼吸困难，少数猪咳嗽及双耳背面、边缘和尾部皮肤有一过性深青紫色的斑块。

(4)公猪　发病率低，仅为2%～10%，表现厌食，呼吸困难，消瘦。公猪精液质量下降。

3.剖检变化

病死猪最常见的是局限性间质性肺炎，随着感染时间的延长，可波及肺的各个肺叶。死胎和弱仔的病理变化为头部水肿，下颌淋巴结和肠淋巴结及扁桃体也有水肿及弥散性出血，腹腔积液，肺尖叶或心叶、膈叶有暗红色肉变区，肺出血、淤血、水肿，心肌出血，心外膜点状出血，肠系膜充血，胃底出血及黏膜脱落，肾表面点状出血明显，脑软膜轻度淤血。流产胎儿肺皮下淤血、水肿。

组织学检查可见肺泡壁增厚，有单核细胞及巨噬细胞浸润，肺泡细胞变性，肺泡腔内有蛋白碎片物，较多的肺泡巨噬细胞被破坏，肺泡巨噬细胞的减少和肺泡功能下降，使猪只更易发生继发感染。其他组织器官如鼻、支气管、淋巴结、脾、心肌、脑、肝、肾也有不同程度的组织学变化。临床症状及剖检变化如图74至图93所示。

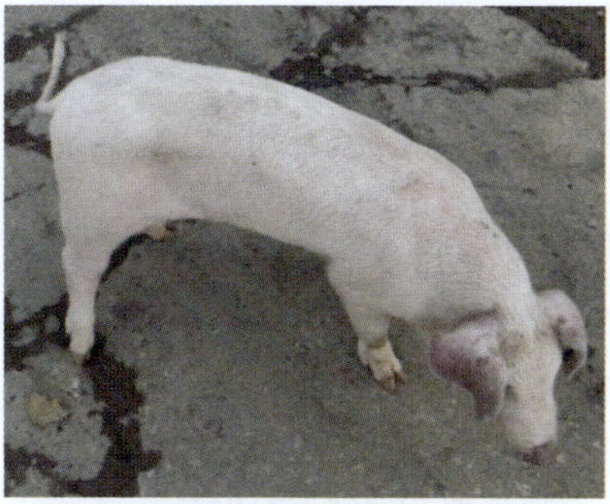

图 74　耳朵发紫，后腿疼痛，跛行

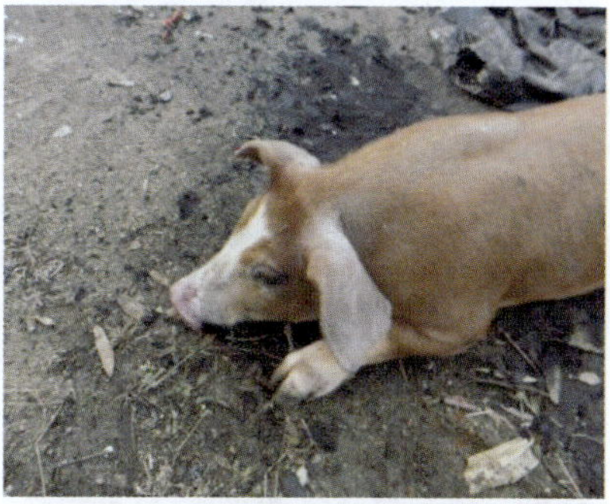

图 75　鼻盘呈青紫色，眼睛水肿

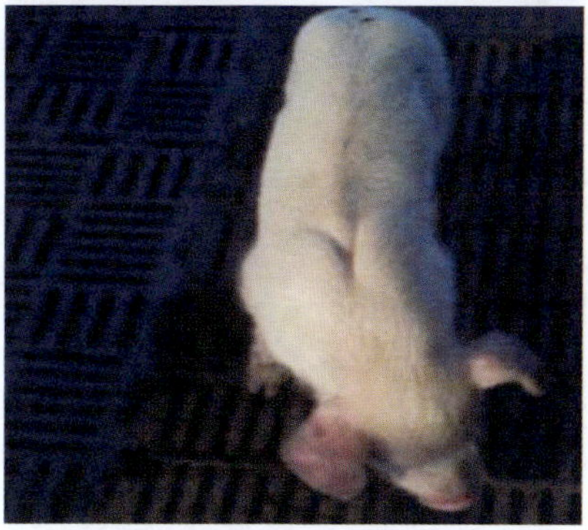

图 76　皮肤苍白，被毛粗乱，耳朵和鼻盘发紫

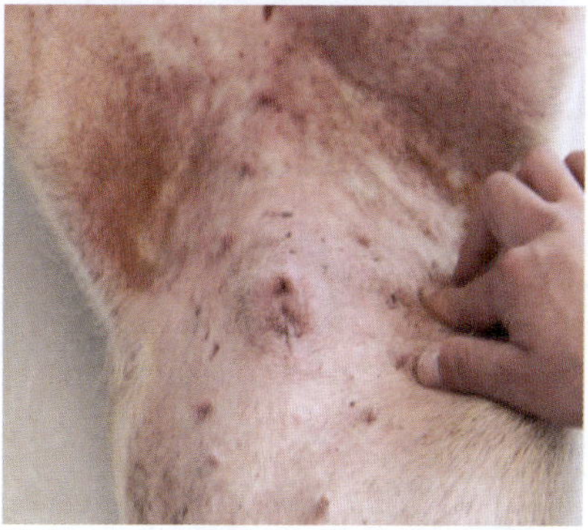

图 77　腹部皮肤因充血而发红

图 78　妊娠后期母猪流产

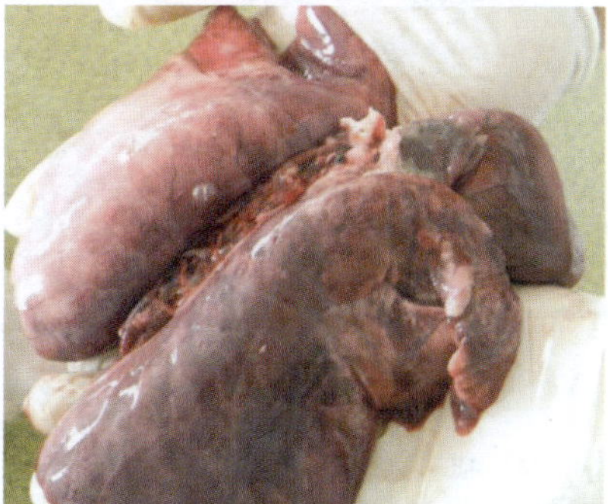

图 79　肺脏淤血，肺间质增宽，呈大理石样

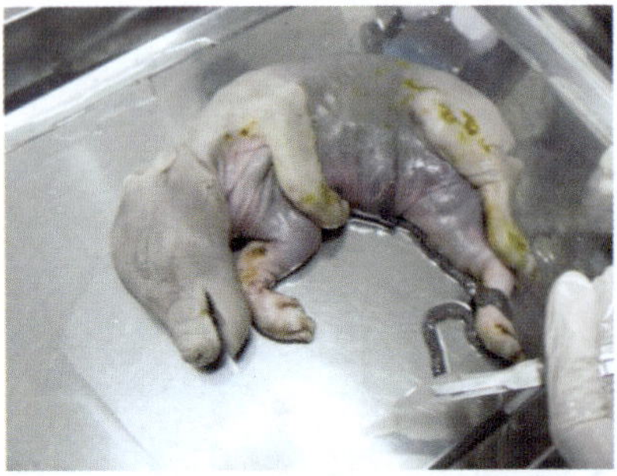
图 80 流产胎儿腹部淤血,呈紫黑色

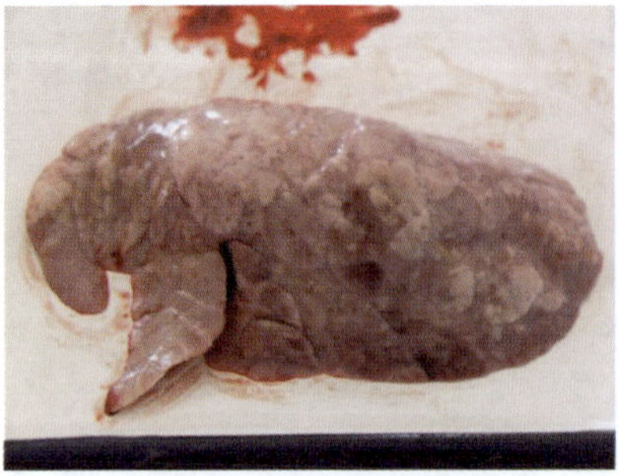
图 81 肺脏有出血点

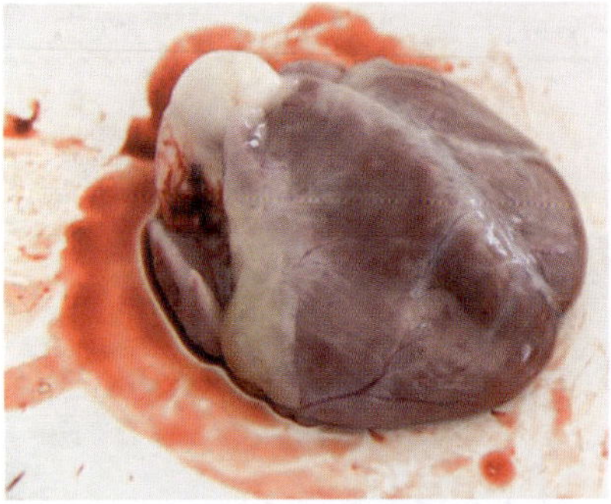
图 82 心肌松弛,心脏变软,心力衰竭

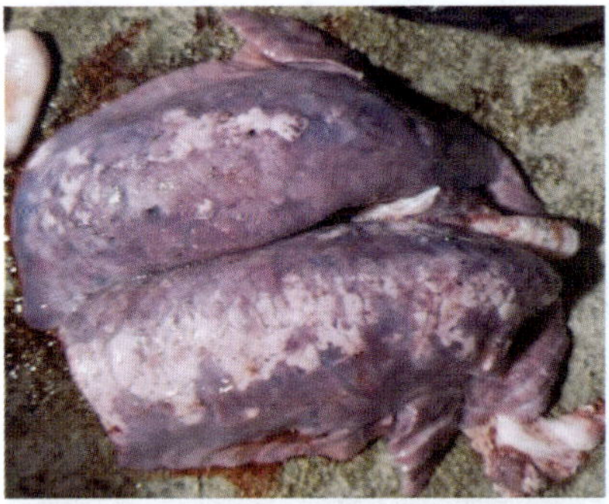
图 83 肺脏严重淤血,呈大理石样

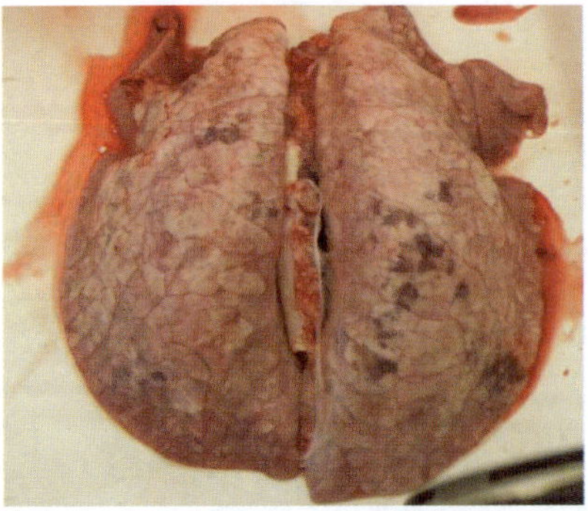
图 84 肺脏有出血斑,不同程度气肿

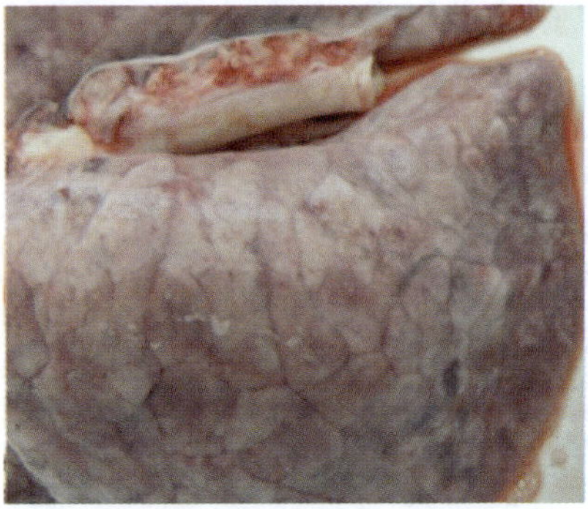
图 85 肺脏水肿,肺间质增宽,呈大理石样

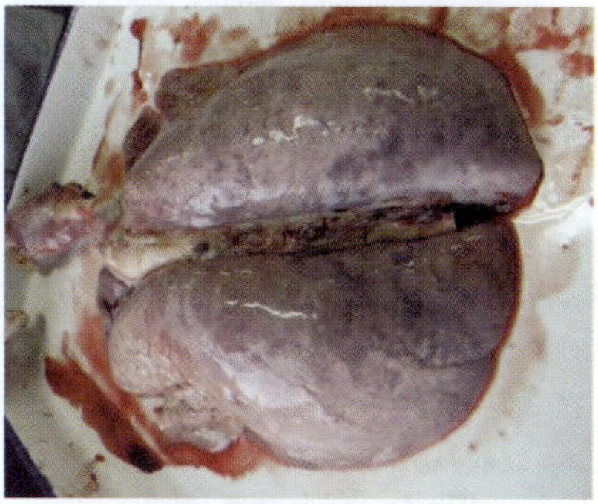

图 86 肺淤血水肿，呈大理石样

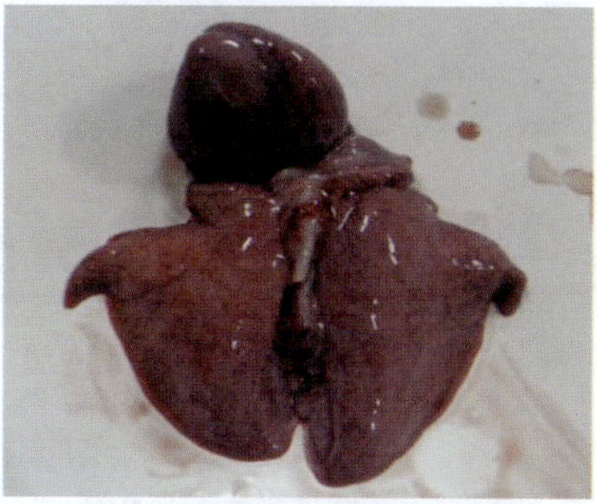

图 87 胎猪肺脏淤血、水肿

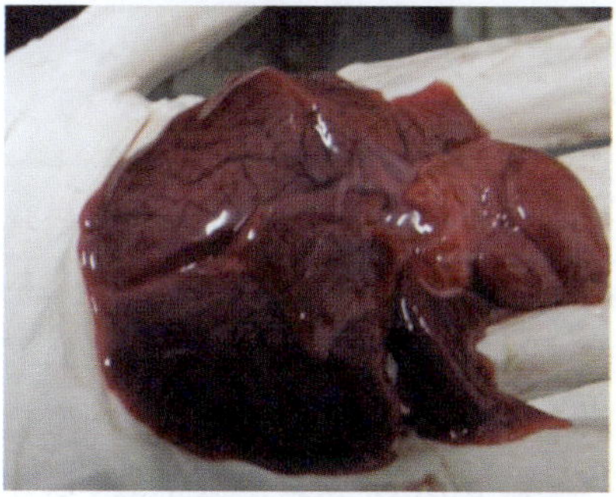

图 88 胎猪肺脏淤血水肿，肺间质增宽

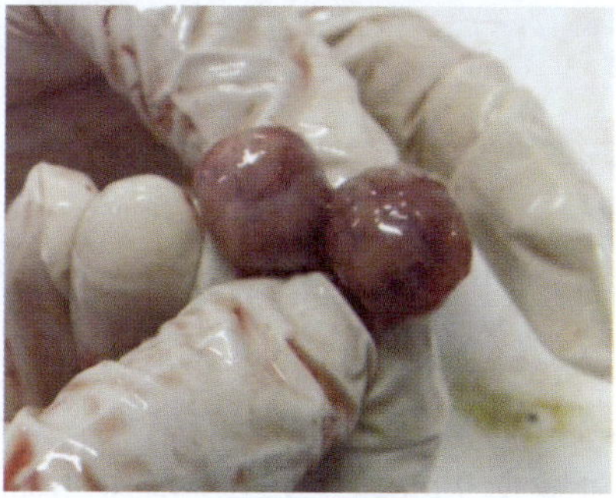

图 89 淋巴结出血

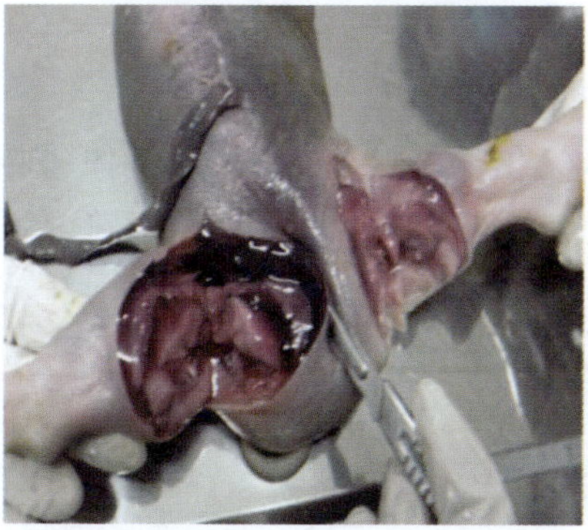

图 90 流产胎猪皮下淤血、水肿

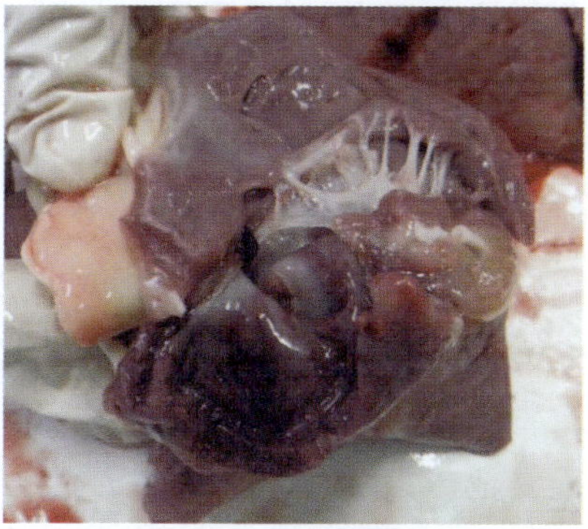

图 91 心内膜出血

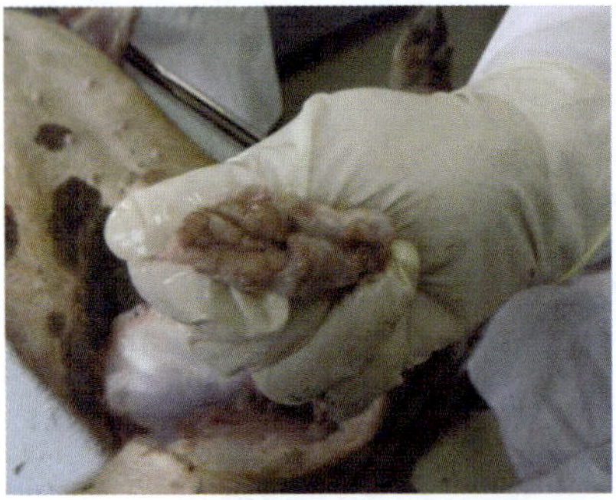

图 92 淋巴结出血呈车轮状

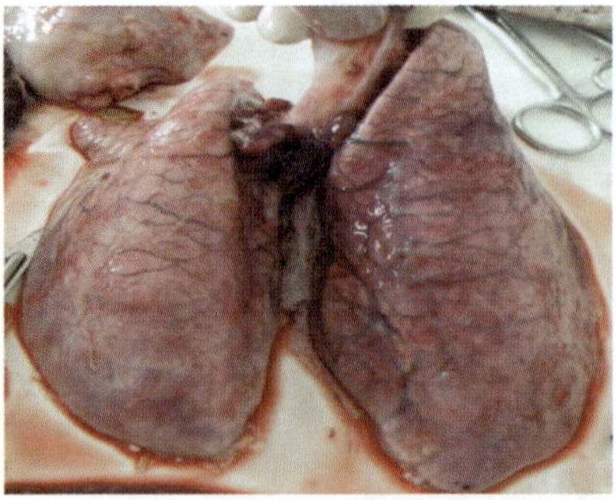

图 93 肺脏出血、淤血，肺间质增宽，呈大理石样

(二)诊断

1.猪繁殖与呼吸综合征病毒

该病病原猪繁殖与呼吸综合征病毒属于动脉炎病毒科成员，呈球形，二十面体对称，有囊膜，不能凝集猪、牛、马、兔、鸡等动物和人的O型红细胞。该病毒在猪肉中的存活时间尚不清楚，在血浆中存活时间不超过5 d；对pH及热非常敏感，当pH小于5或大于7时，感染力可减少90%以上，37 ℃经48 h、56 ℃经45 min即被完全灭活；对低温不敏感，在 −70 ℃至少可保存1年，在4 ℃中保存约一个月。对消毒剂抵抗力不强，对乙醚和三氯甲烷敏感。

2.临床鉴别诊断

母猪发生流产、死胎、产弱仔、木乃伊胎和呼吸困难；新生仔猪呼吸困难和致死率高(80%～100%)；青年猪表现出轻度症状。荷兰提出三个临诊指标：怀孕母猪感染后症状明显，至少出现死胎20%，母猪流产率8%以上，哺乳仔猪死亡率26%以上。上述三个指标只要有两个符合时，就可认为该病的临床诊断成立。该病诊断时应与症状相似的其他传染病如猪细小病毒感染、猪伪狂犬病、母猪繁殖障碍、猪日本乙型脑炎、衣原体病等相区别，确诊该病须进行病毒分离鉴定和血清学检测。

(三)防治

1. 生物安全

胎盘传播是该病的重要传播途径,所以应坚持自繁自养与严格的检疫制度,严禁从疫区引进种猪,引进的种猪要隔离观察两周以上,确保安全后方可入群。采取全进全出的饲养方式。定期对种母猪、种公猪进行该病的血清学监测,及时淘汰可疑病猪。

2. 疫苗接种

最近,国内外已试制了多种疫苗,但免疫效果欠佳,对灭活疫苗的安全性仍存在一定的争议,对疫苗的免疫效果也意见不统一。但该病具有传播途径多、传播速度快和可于猪群中长期持续感染等多种特点,使用疫苗免疫是控制该病的有效途径。当前灭活疫苗是预防该病的首选疫苗,适合种猪和健康猪使用。对于正在流行或流行过该病的商品猪场可用弱毒疫苗紧急预防接种或免疫预防。后备母猪在配种前进行 2 次免疫,首免在配种前 2 个月,间隔 1 个月进行二免。小猪在母源抗体消失前首免,母源抗体消失后进行再次免疫。公猪和妊娠母猪不能接种弱毒疫苗。

3. 加强消毒

发病后要加强消毒工作,对空圈及猪舍周围环境用 2% 热氢氧化钠溶液彻底消毒,对圈舍内外及猪体用百毒杀、过氧乙酸、复合酚等消毒剂,每隔 3 d 进行 1 次大面积喷雾消毒。

4. 对症治疗

(1)用四环素类及磺胺类药物治疗,防止继发感染。

(2)给体弱病猪补充足够的蛋白质和高能量饲料,对腹泻病猪用口服补液法补充电解质。

(3)对发生早产、流产症状的母猪可在肌内注射黄体酮的同时,配合中药(黄芩 10～15 g,白术 10 g,砂仁 5～10 g)煎水内服,以利母猪安胎保胎。

(4)用阿司匹林给临产前的妊娠母猪喂饲,以减轻发热,延长妊娠期,减少流产。

第四节 以繁殖障碍为主的传染病

一、猪伪狂犬病

猪伪狂犬病(PRV)是由伪狂犬病病毒引起的一种发病急、传播迅速的猪烈性传染病。猪的感染因年龄不同症状有所区别,小猪以中枢神经症状为特征,呈现非化脓性脑炎表现;断奶猪及育肥猪以呼吸系统症状为主;妊娠母猪表现为流产、死胎、木乃伊胎。2 周龄以内的小猪感染致死率可达 100%。该病已成为规模化猪场猪繁殖障碍的一大疫病。该病被世界动物卫生组织定为 B 类传染病,我国也将其列入二类动物疫病。

(一)发病特点

1.流行病学

该病一年四季都可发生,但以冬春寒冷季节和产仔旺季多发,这是因为低温有利于病毒的存活。据统计,我国已有 20 多个省市流行过该病,猪伪狂犬病在我国许多省(市)的种猪场呈暴发流行趋势。猪对该病最易感,其他动物如牛、羊、犬、猫、兔、鼠等也可自然感染。除猪以外,所有易感动物感染 PRV 都是致死性的。人类对该病有抵抗力。病猪、带毒猪是该病的重要传染来源,也有人认为被污染的圈舍和鼠类在疾病的传播中起重要作用。该病可通过消化道、呼吸道、伤口及配种等途径传播。另外,母猪感染后,可通过胎盘传递给子代,造成母猪流产、死胎和仔猪死亡。

2.临床症状

该病潜伏期一般为 3～6 d,少数可达 10 d。该病的临床症状随猪只的年龄不同有较大差异。

新生仔猪及4周龄以内仔猪，表现为最急性型，常突然发病，体温升至41 ℃以上，病猪精神委顿、厌食、呕吐或腹泻，因脱水而迅速消瘦；随后可见兴奋不安、步态不稳、运动失调、全身肌肉痉挛、倒地抽搐等；有时呈不自主地前冲、后退或转圈运动；或前肢呈八字形呆立；随着病程发展，出现四肢麻痹、倒地侧卧、头向后仰、四肢乱动、空嚼、流涎、叫声嘶哑、喘气，最后死亡，病程1～2 d，死亡率较高，可达100%。

4月龄左右的猪，多表现轻微发热、流鼻液、咳嗽、呼吸困难，有的出现腹泻，几天可恢复。也有部分出现神经症状而死亡。病死率低，病程4～8 d。

妊娠母猪主要表现为繁殖障碍，母猪于受胎40 d后感染的，常有流产、死胎及延迟分娩等现象。妊娠后期感染的则产出木乃伊胎，流产胎儿充血、出血，也有活产胎儿，但胎儿出生后不久常出现典型的神经症状，表现吐泻，痉挛，角弓反张等，多在2～3 d死亡。母猪流产前后，大多无明显的临床症状。

成年猪一般呈隐性感染，有些表现呼吸系统的症状，呈卡他性炎，发热、咳嗽，鼻腔流出分泌物，精神委顿等一般症状。很少出现神经症状。

3.剖检变化

病死猪主要出现呼吸系统的病变和明显的非化脓性脑膜炎变化。流产、死胎大小较一致，有不同程度的软化现象，胸腔、腹腔及心包腔有多量棕褐色潴留液。病死猪肝脏黄染，表面有白色小坏死点，胆囊充盈。肾脏表面有严重出血，肾乳头出血，肾盂有大量干酪样物。心肌、脾脏、肺脏、气管、空肠和回肠、结肠、扁桃体、淋巴结有灰白色坏死点。淋巴结出血，切面呈车轮状。胃黏膜充血、出血，胆汁逆流。脑充血、出血、脑回变浅。流产母猪可能有轻度子宫内膜炎。流产胎儿木乃伊化，胎衣有白色坏死点。公猪可能表现为阴囊水肿和渗出性鞘膜炎。临床症状及剖检变化如图94至图121所示。

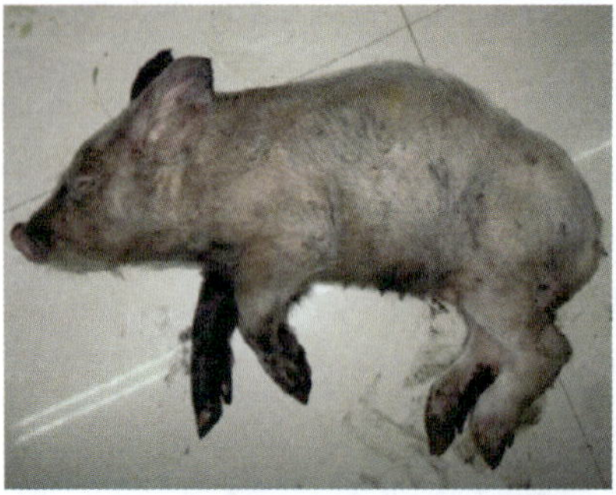
图 94　仔猪消瘦，被毛干枯，弓背

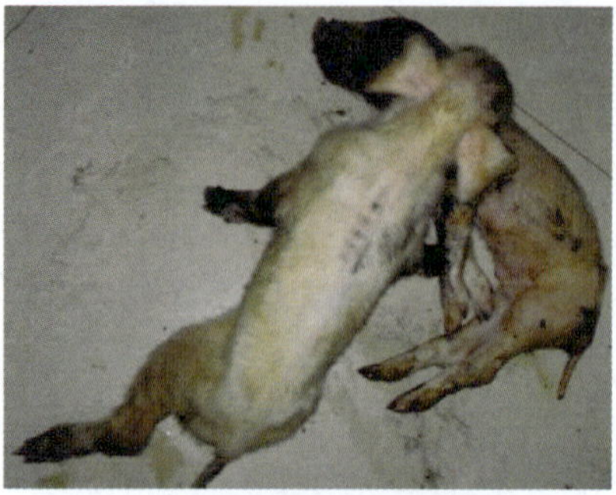
图 95　仔猪因腹泻而脱水，后腿无力，站不起来

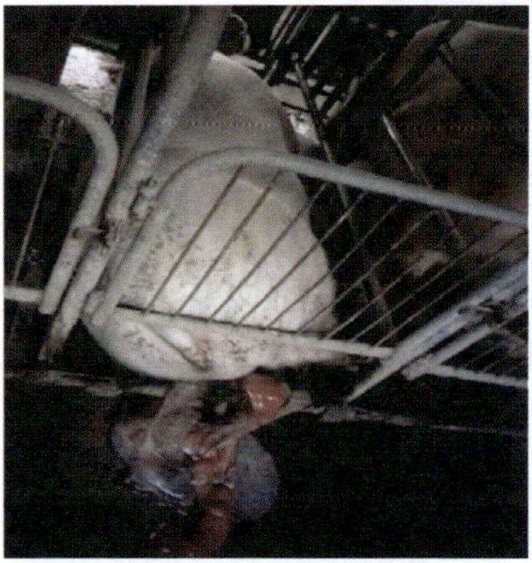
图 96　妊娠母猪流产

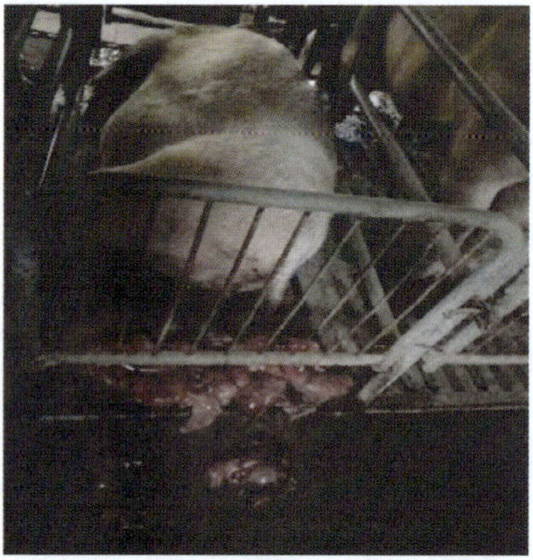
图 97　妊娠母猪流产，产木乃伊胎

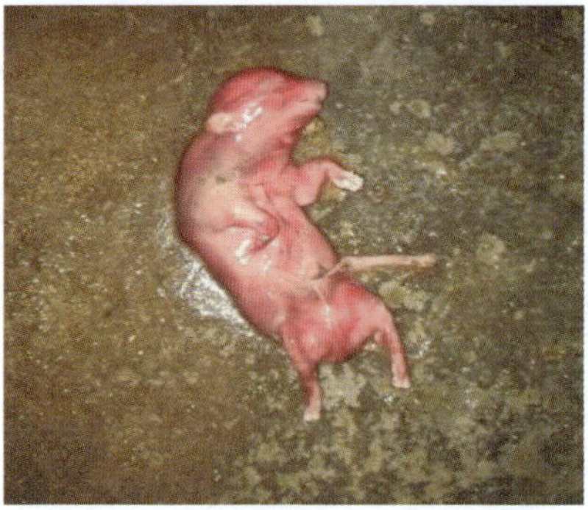
图 98　流产的胎儿充血、出血

图 99　仔猪角弓反张，呈神经症状

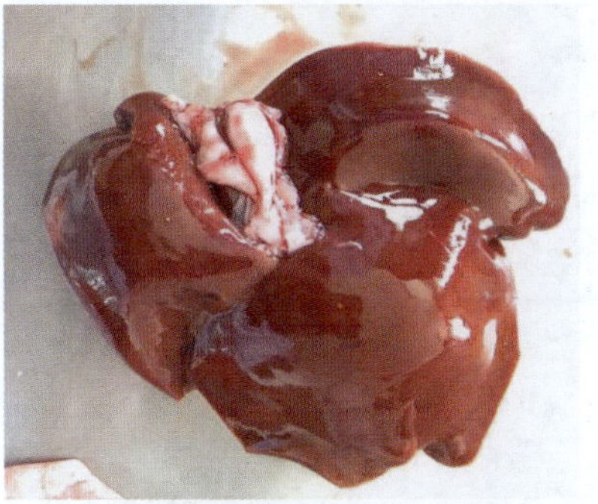

图 100 肝脏表面有白色小坏死点

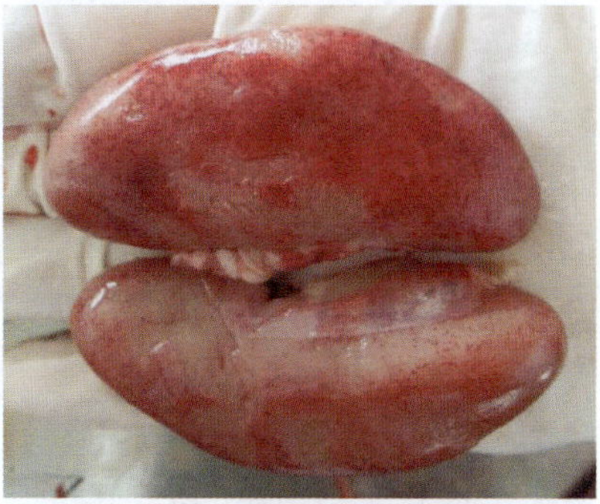

图 101 肾表面严重出血

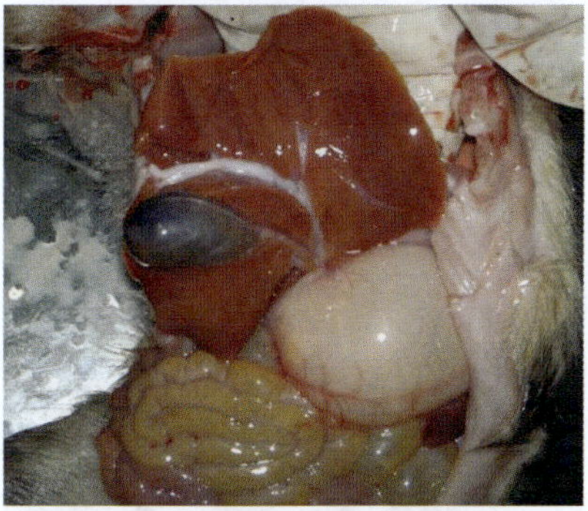

图 102 肝脏黄染,胆囊充盈

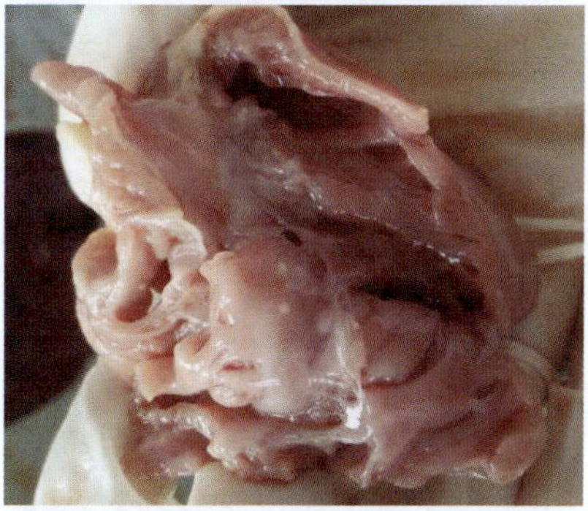

图 103 心肌内壁有白色坏死点

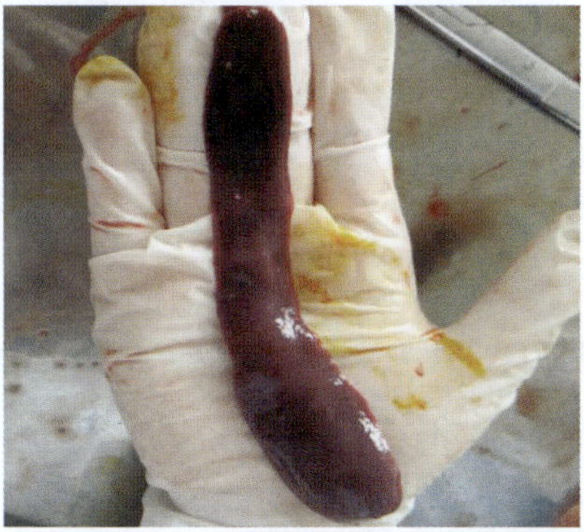

图 104 脾脏有白色坏死点

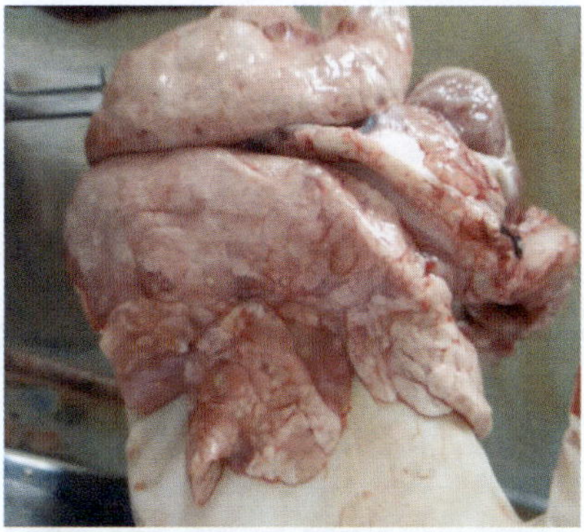

图 105 肺脏有白色坏死点和出血点

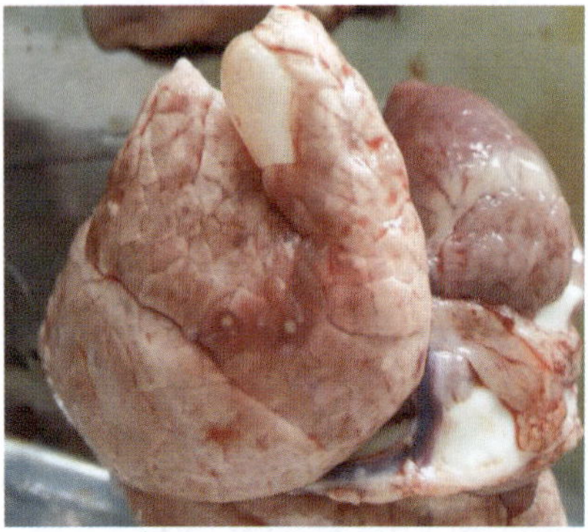
图 106　肺脏心叶背侧有白色坏死点

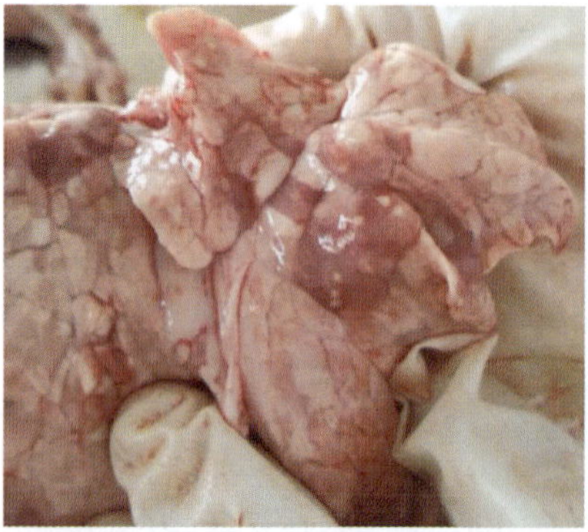
图 107　肺脏心叶腹面有白色坏死点

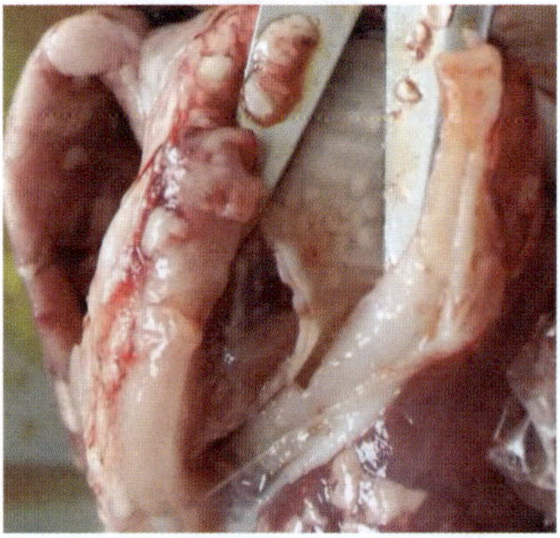
图 108　气管内有大量白色坏死点

图 109　空肠和回肠肠壁浆膜面有大量白色坏死点

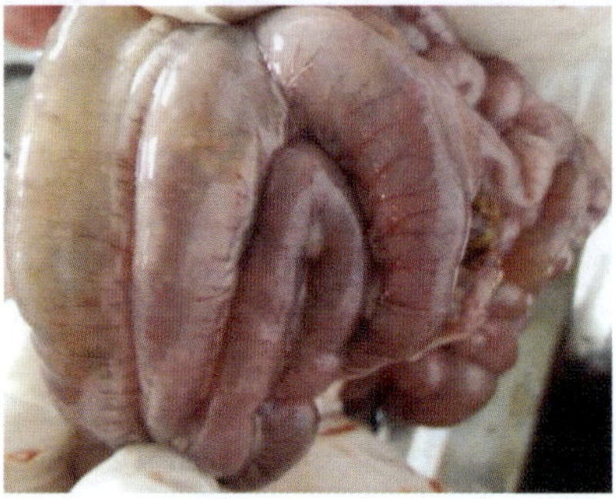
图 110　结肠浆膜面有大量白色坏死点

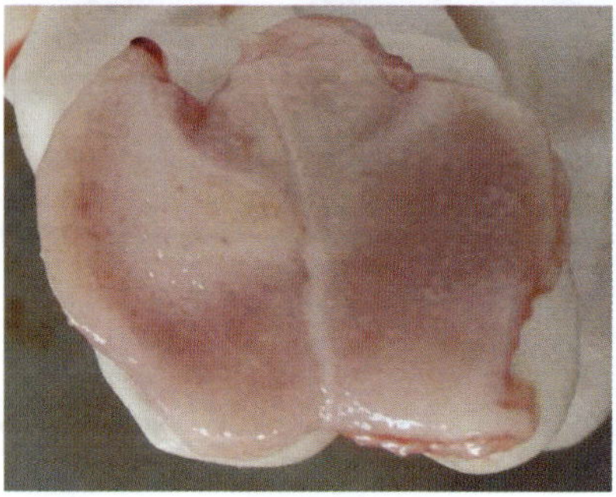
图 111　扁桃体有白色坏死点

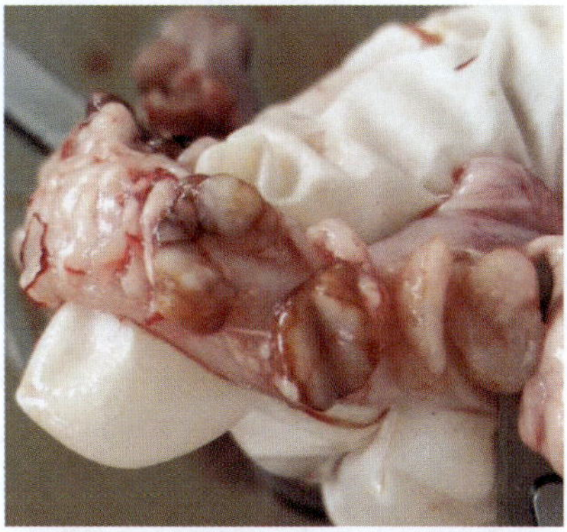

图 112　淋巴结出血，切面坏死点

图 113　淋巴结出血，切面呈车轮状

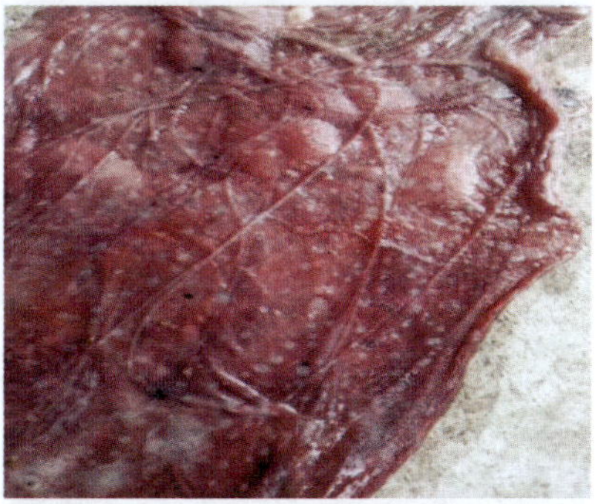

图 114　胎衣有大量白色坏死点

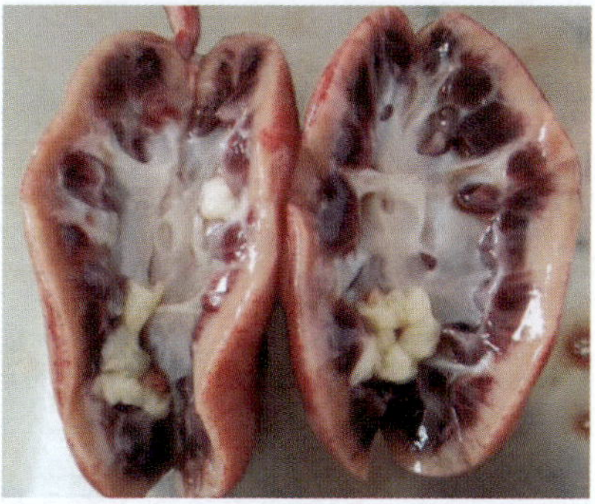

图 115　肾乳头出血，肾盂有大量干酪样物

图 116　胃黏膜充血，胆汁逆流

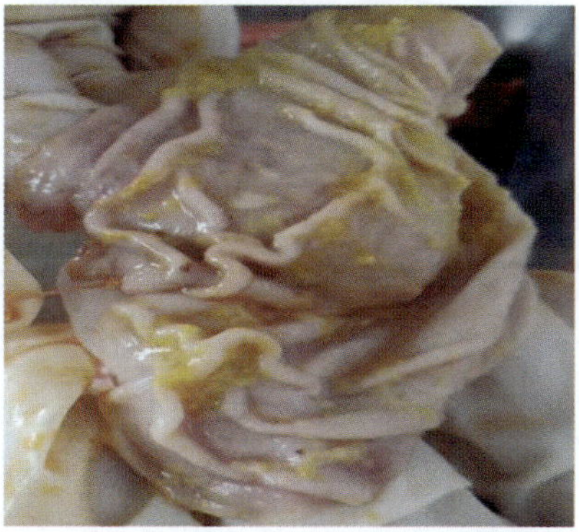

图 117　胃黏膜充血、出血，胆汁逆流

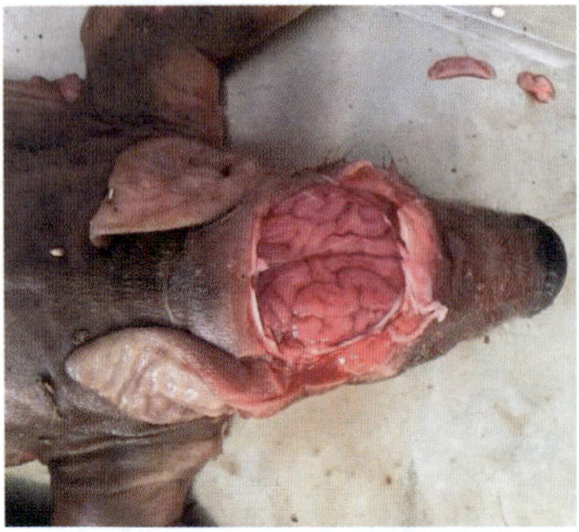

图 118　脑因充血而潮红

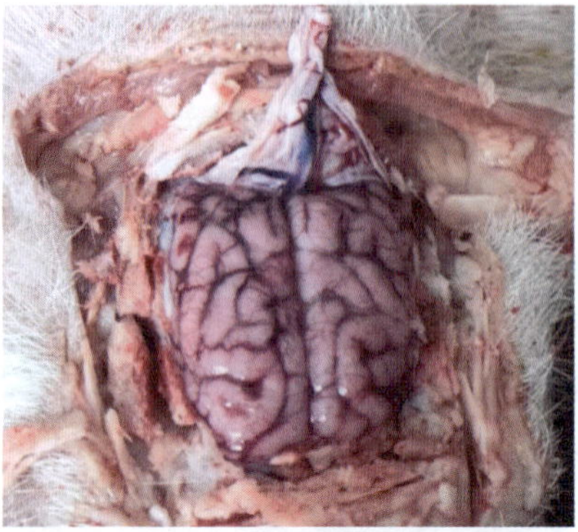

图 119　脑充血、出血，脑回变浅

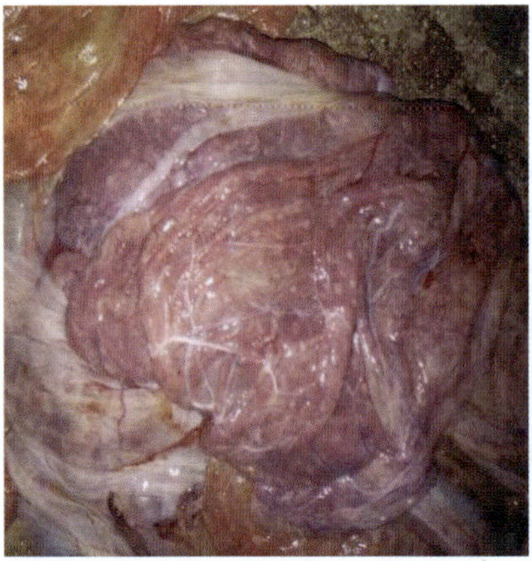

图 120　胎衣有白色坏死点

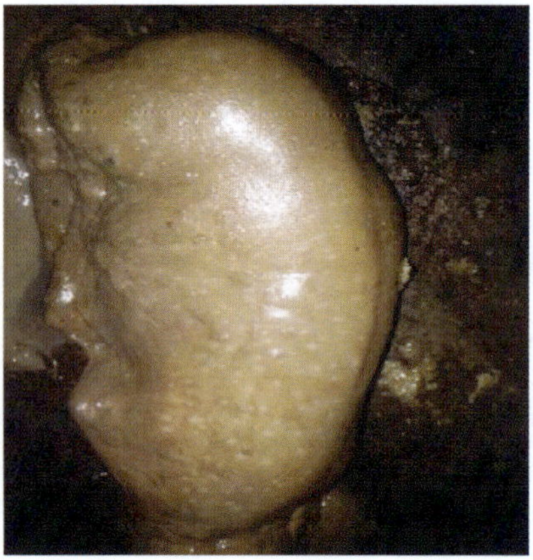

图 121　流产胎儿木乃伊化，胎衣有白色坏死点

(二)诊断

1.伪狂犬病病毒

该病的病原伪狂犬病病毒是一种疱疹病毒，呈椭圆或圆形外观，有囊膜，囊膜表面具有呈放射状排列的纤突；伪狂犬病病毒能在很多种动物细胞中生长繁殖，并产生明显的细胞病变（CPE）和核内嗜酸性包涵体。

该病毒是疱疹病毒中抵抗力较强的一种。在物体表面和液体中可存活7 d。pH 4～9时保持稳定。腐败条件下，病料中的病毒经11 d失去感染力。病毒对热的抵抗力较强，55～60 ℃经30～50 min才能灭活，80 ℃经3 min灭活。该病毒对乙醚、氯仿等脂溶剂，福尔马林和紫外线照射等敏感。一般的消毒剂都可杀灭病毒。

伪狂犬病
临床症状

2. 临床鉴别诊断

根据该病的流行病学、临床症状和病理变化，可对猪伪狂犬病做出初步诊断。确诊该病必须进行实验室诊断。

（三）防治

1. 生物安全

搞好以灭鼠为主的兽医卫生措施，鼠是伪狂犬病病毒的携带者，可通过污染饮水、饲料及猪舍用具使猪感染，因此消灭饲养场的鼠类对控制该病有重要意义。同时，由于猪是该病的重要带毒者，因此引进种猪时要严格隔离检疫，防止引进带毒猪。做好猪场和猪舍的卫生消毒，粪尿要做发酵处理。

2. 坚持疫苗免疫接种，提高猪群的免疫接种密度

目前用于猪伪狂犬病免疫预防的疫苗有两种，一种是全病毒灭活疫苗，另一种是基因缺失疫苗（包括自然缺失和人工缺失）。商品猪场可使用全病毒灭活疫苗，而种猪场为了便于此病的净化和监测，最好使用基因缺失疫苗。种猪第一次免疫后，间隔4～6周加强免疫一次，以后每隔半年免疫一次，产仔前一个月加强免疫一次，经过前面免疫后的种猪所产的仔猪，其母源抗体可以维持到60日龄左右，因此后备种猪可在60～70日龄首免。间隔4～6周加强免疫一次作为基础免疫，以后按种猪免疫程序进行免疫，育肥猪是经过前述规则免疫后所产的仔猪，应在60～70日龄用基因缺失疫苗免疫一次，间隔4～6周后加强免疫一次，直到出栏。如果是没有免疫的母猪所产的仔猪，可提前到断奶时第一次免疫，间隔4～6周后加强免疫一次，直到出栏。

3. 监测

种猪场、商品猪场要对该病进行定期监测，种猪场每年监测两次，商品猪场每年监测一次，监测时种公猪（含后备种公猪）应抽检 100%，种母猪（含后备种母猪）按 20%的比例抽检，商品猪按 5%的比例不定期抽检；对有流产、产死胎等症状的种母猪 100%进行抽检。

4. 紧急免疫接种和高免血清的应用

对发病种猪用灭活苗作紧急免疫接种，第一次免疫后，间隔 4～6 周加强免疫一次，以后按种猪免疫程序进行免疫，对正在发病的猪场，对疑似感染的仔猪用灭活疫苗作超前免疫，即滴鼻或肌内注射一头份剂量。紧急免疫接种可收到很好的效果。同时对所有其他种猪用灭活疫苗注射。对于感染发病的猪，在早期应用猪伪狂犬病病毒高免血清经腹腔注射 30 mL 以上，对断奶仔猪有较好的疗效，如果病猪已出现神经症状则效果不理想。防止继发感染可用磺胺类药物。

5. 搞好种猪群的净化

（1）全群淘汰　这种方式适用于高度感染且种猪血统不太昂贵的种猪场。

（2）免疫接种与监测相结合　淘汰阳性种猪是一种比较经济、值得推广的方式。用基因缺失疫苗免疫种猪，配合使用鉴别诊断酶联免疫吸附试验（ELISA）试剂盒，定期对种猪群进行监测。野毒感染阳性者作淘汰处理。

（3）建立无伪狂犬病的清洁种猪群　隔离饲养阳性母猪所生仔猪，实行早期隔离断奶，并对仔猪群进行抗体监测，淘汰阳性猪，建立无伪狂犬病的清洁种猪群。

二、猪细小病毒病

猪细小病毒病是由猪细小病毒引起母猪繁殖障碍的一种传染病。其特征为受感染的母猪，特别是初产母猪产出死胎、畸形胎、木乃伊胎及病弱仔猪，偶有流产，母猪本身无明显症状。

(一)发病特点

1.流行病学

该病主要发生于春秋产仔季节。常见于初产母猪,一般呈地方性流行或散发。一旦发生该病,猪场可能连续几年不断地出现母猪繁殖障碍。母猪妊娠期感染,其胚胎死亡率可达 80%～100%。猪是该病的唯一易感动物,不同年龄、性别的家猪和野猪都可感染。但只有母猪表现繁殖障碍。病猪、带毒猪及污染的精液等是该病的主要传染源。该病可经胎盘垂直感染和交配感染,公猪、育肥猪、母猪主要通过被污染的饲料、环境,经呼吸道、消化道感染。

2.临床症状

猪细小病毒感染猪主要是引起母猪出现繁殖障碍。妊娠母猪可同时出现流产、死产、木乃伊胎、产后久配不孕等症状。其他猪感染后无任何明显的临床症状。

母猪孕期不同阶段感染,可分别出现不同症状。妊娠 30 d 内感染,胚胎死亡、吸收,产仔数减少,仔猪、胚胎死亡率高达 80%～100%。妊娠 30～50 d 感染,主要是产木乃伊胎。妊娠 50～70 d 感染,胎儿木乃伊化,有时出现大小不一的软死胎,有畸形胎(八字腿、唇裂)、产弱仔、死胎。妊娠 70 d 以上感染,大多数胎儿能产生免疫力,产出时外观正常,这些仔猪带有病毒和抗体,可长期或终身带毒、排毒。

公猪性欲、受精率无明显影响。母猪不规律发情。

3.剖检变化

母猪流产时,肉眼可见母猪有轻度子宫内膜炎症,胎盘部分钙化,胎儿在子宫内有被溶解和被吸收的现象。大多数死胎、死仔或弱仔皮下充血或水肿,胸、腹腔积有淡红或淡黄色渗出液。弱仔出生后半小时先后在耳尖、颈、胸、腹部及四肢上端内侧出现淤血、出血斑,半日内全身皮肤变紫而死亡。

(二)诊断

1.猪细小病毒

该病病原猪细小病毒属细小病毒科细小病毒属。该病毒能凝集鼠、大鼠、人类O型、猴、小白鼠、鸡和猫的红细胞。对外界抵抗力极强,在56 ℃恒温48 h,病毒的传染性和凝集红细胞能力均无明显改变。70 ℃经2 h处理后仍有感染性,80 ℃经5 min加热才可使病毒失去血凝活性和感染性。对乙醚、三氯甲烷等脂溶剂有抵抗力。2%氢氧化钠溶液5 min可杀死该病毒。

2.临床鉴别诊断

若发生流产、死胎、胎儿发育异常等现象,而母猪本身和同一场内的公猪没有明显的临床症状,应考虑感染该病的可能性。但最后确诊必须依靠实验室诊断。

(三)防治

1.注重生物安全

妥善处理传染源,全场彻底消毒,防止病原传入和传播。猪群发病后应对其排泄物、分泌物和产出的胎儿及其污染的场所和环境等进行合理的处理。消毒可选用福尔马林、氨水和氧化剂类消毒剂等。

2.加强疫苗预防

对猪群进行免疫接种,有良好的预防效果。目前使用的疫苗主要有灭活疫苗和弱毒疫苗,其中以灭活疫苗使用较多,灭活疫苗包括氢氧化铝灭活疫苗和油乳剂灭活疫苗。疫苗接种可在母猪配种前的1~2月内进行,重点放在后备母猪的免疫接种,使之产生免疫力。

3.推迟母猪初配年龄

将初产母猪配种时间推迟到9月龄,对于预防初产母猪的繁殖障碍有一定作用。

4.加强综合防治措施

猪细小病毒对外界环境的抵抗力很强,猪场必须采取严格的卫生措施，尽量坚持自繁自养，如需要引进种猪，必须从无猪细小病毒感染的猪场引进。当血凝抑制试验阴性时，方准许引进。引进后严格隔离2周以上，当再次检测血凝抑制试验阴性时，方可混群饲养。

三、猪附红细胞体病

猪附红细胞体病是由附红细胞体寄生于红细胞表面而引起的一种危害极大的急性、热性传染病。临床上以发热、贫血、溶血性黄疸、呼吸困难和皮肤发红为特征。

（一）发病特点

1.流行病学

猪附红细胞体病可发生于各年龄猪，但以仔猪和长势好的架子猪死亡率较高，母猪的感染也比较严重。患病猪及隐性感染猪是重要的传染源。该病的传播途径有血源性、接触性、垂直性和媒介昆虫等传播方式，如通过摄食血液或带血的物质，舔食断尾的伤口、互相斗殴、注射针头等可以直接传播，通过蚊、疥螨、蛰蝇、虱、蠓等吸血昆虫进行传播，也可通过交配、人工授精、胎盘传播。

2.临床症状

该病的潜伏期为7 d。猪附红细胞体病的典型临床症状表现为：母猪生产性能下降；仔猪体质变差，贫血，肠道及呼吸道感染增加；育肥猪日增重下降；育肥猪急性溶血性贫血。

小于5日龄的仔猪感染后的主要症状是皮肤苍白和黄疸，1周龄后多可自愈。1月龄左右断奶期的仔猪最初表现为贫血，后出现黄疸，生长发育不良，成为僵猪。

育肥猪根据病程长短不同可分为三种类型：急性型、亚急性型和慢性型。急性型病例较少见，病程1～3 d。亚急性型病猪体温升高，达39.5～42 ℃。病初精神委顿，食欲减退，颤抖转圈或不愿站立，离群卧地。出现便秘或拉稀，有时便秘和拉稀交替出现。病猪耳朵、颈下、胸前、腹下、四肢内侧等部位皮肤红紫，指压不褪色，成为“红皮猪”。有的病猪两后肢发生麻痹，不能站立，卧地不起。有的病猪流涎，呼吸困难，咳嗽，眼结膜发炎，病程 3～7 d，或死亡或转为慢性经过。慢性型患猪主要表现贫血和黄疸。患猪从毛孔处渗血，形成血痂。患猪尿呈黄色，大便干如栗状，表面带有黑褐色或鲜红色的血液。生长缓慢，出栏延迟。

母猪症状分为急性和慢性两种。急性感染的症状为持续高热（体温可高达 42 ℃），厌食，偶有乳房和阴唇水肿，产仔后奶量少，缺乏母性。慢性感染猪呈现衰弱，黏膜苍白及黄疸，不发情或屡配不孕，如有其他疾病或营养不良，可使症状加重，甚至死亡。

3. 剖检变化

病猪主要病理变化为贫血及黄疸。皮肤及黏膜苍白，血液稀薄、色淡、不易凝固，全身性黄疸，皮下组织水肿，多数有胸水和腹水。心包积水，心外膜有出血点，心肌松弛，色熟肉样，质地脆弱。肝脏肿大变性呈黄棕色，表面有黄色条纹状或灰白色坏死灶。胆囊膨胀，内部充满浓稠明胶样胆汁。脾脏肿大变软，呈暗黑色，有的脾脏有针头大至米粒大灰白（黄）色坏死结节。肾脏肿大，有微细出血点或黄色斑点，膀胱积尿，血红蛋白尿，呈红茶色，有时淋巴结水肿。临床症状及剖检变化如图 122 至图 132 所示。

图 122　左侧病猪皮肤发红，右侧健康猪肤色正常

图 123　猪全身皮肤发红，发烧，精神委顿，卧地不起

图 124　猪全身皮肤发红

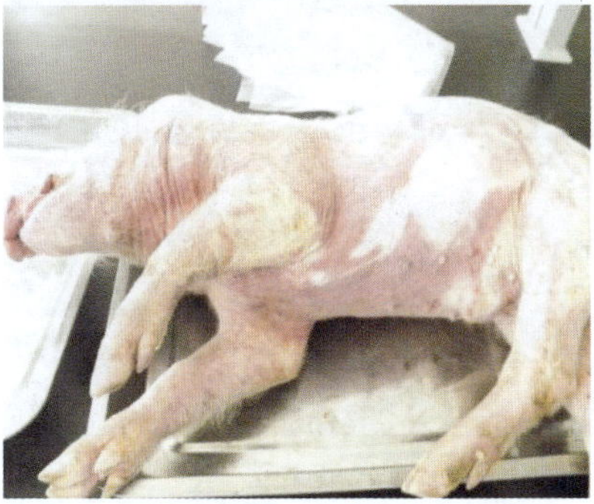

图 125　猪从毛孔渗血，死后全身皮肤发紫

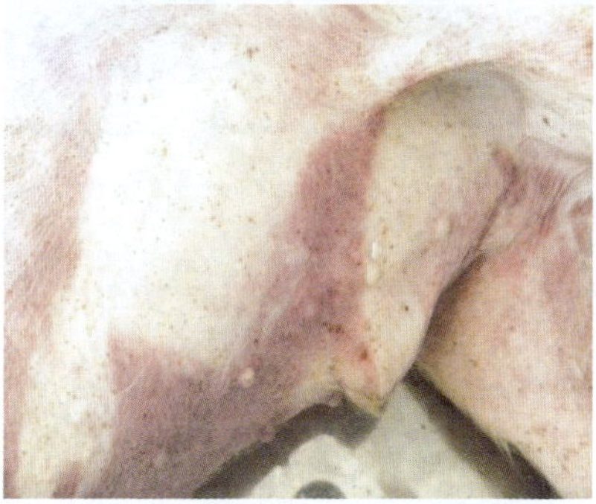

图 126　皮肤从毛孔渗血形成血痂

图 127　内脏和肌肉等全身黄染

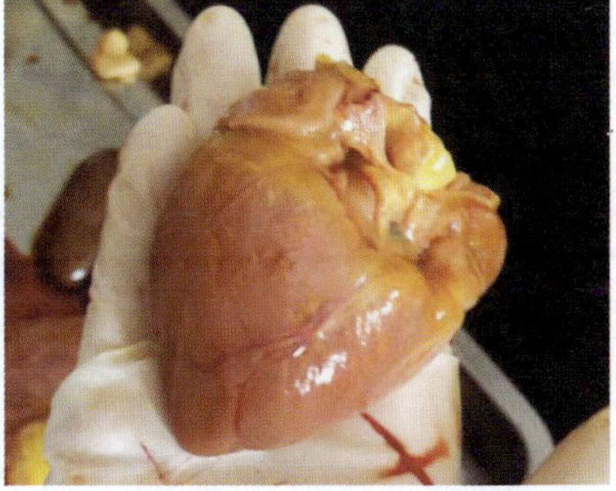

图 128　心冠脂肪黄染

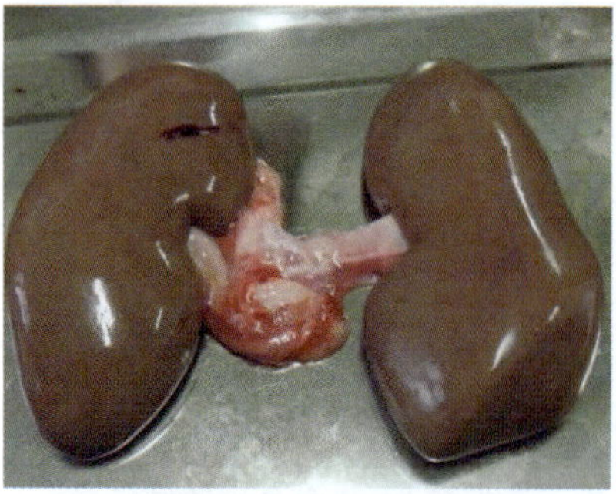

图 129　肾脏黄染

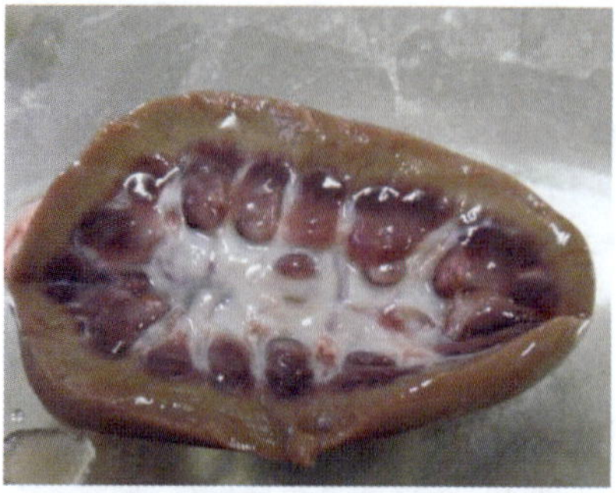

图 130　肾皮质黄染，肾乳头淤血

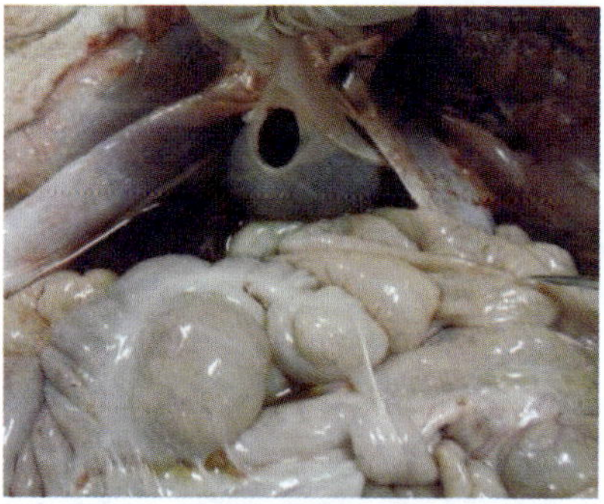

图 131　膀胱积尿，血红蛋白尿

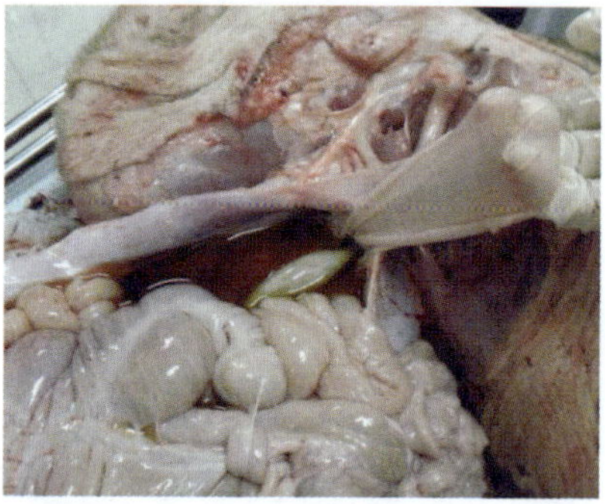

图 132　尿液清亮，呈红茶色

(二)诊断

1. 附红细胞体

该病病原附红细胞体属原核生物，立克次氏体目，附红细胞体属，乏浆体科，单细胞原虫。其形态呈环状、哑铃状、"S"形、卵圆形、逗点形或杆状。大小为 0.1～2.6 μm，无细胞壁，无明显的细胞核、细胞器，无鞭毛。对干燥和化学药品的抵抗力很弱，但耐低温，在冷藏时可保存数十天，冻干保存可存活几年。一般常用消毒剂均能杀死病原。

2. 临床鉴别诊断

通过流行病学调查、临床症状及病理变化观察，可初步诊断猪是否感染附红细胞体，确诊还需要进行实验室检验。

(1)新鲜血片镜检　取病猪血液 1 滴于载玻片上，加等量生理盐水混合、加盖玻片，在高倍镜或油镜下观察，若发现猪的红细胞变形，血浆中有多量圆形、短杆形及月牙形强折光性的虫体在血浆中不停地抖动、翻转和做不规则运动，可确定为附红细胞体病。

(2)血片染色镜检 取病猪血液推片，镜检，可见红细胞边缘不整齐，呈菜花状、星状，附红细胞体呈淡紫色或紫红色，折光性很强；以瑞氏染色，可见附红细胞体呈淡蓝色，均可确定为附红细胞体病，如图133所示。

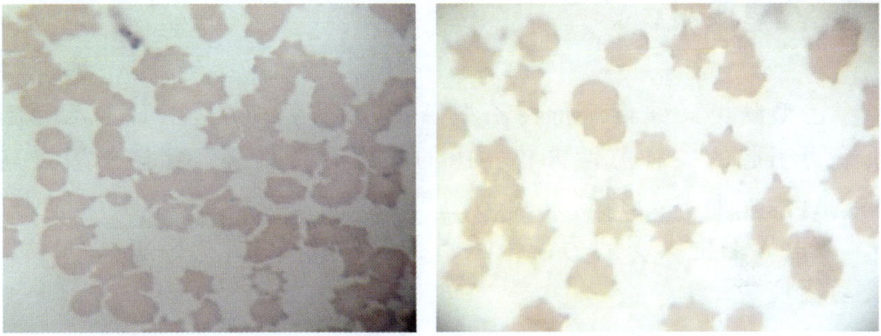

图133 瑞氏染色镜检(1 600倍放大)，红细胞边缘不整齐，呈星状，附红细胞体呈淡蓝色

(三)防治

1. 注重生物安全，防止病原侵入和传播

预防该病的重点是驱灭蚊、蝇，防鼠和定期驱除猪体内外的寄生虫；阉割、断尾时注意器械消毒；注射时注意更换针头，减少人为传播的机会。

该病发生时，要及时将病猪与健康猪隔离，对死亡猪作无害化处理。对患病猪及早治疗，常用药物有贝尼尔(血虫净)、四环素类(土霉素或四环素)、对氨基苯磺酸钠或阿散酸。但血虫净毒性较大，使用时应谨慎，尤其母猪不宜使用该药。另外，仔猪和慢性感染的猪要注意补铁，如右旋糖酐铁、硫酸亚铁，以增强机体的抵抗力和解毒能力。

2. 药物预防

该病目前还没有可靠的疫苗，一般采用药物预防，前期全群使用

100 g/kg 土霉素及 200 g/kg 金霉素拌入饲料中饲喂，连喂 2 周，或者同时对全场猪按 10 g/kg 投服四环素类药物，连用 4 d，可取得满意效果。也可补充右旋糖酐铁。

3.加强饲养管理

加强饲养管理，搞好猪舍内外的环境和饲养用具的卫生和消毒工作，及时清理粪便，减少应激因素。

四、乙型脑炎

乙型脑炎又称猪流行性乙型脑炎，简称乙脑，是由日本乙型脑炎病毒引起的一种急性人兽共患的蚊媒介传染病。猪感染后以高热、流产、死胎和公猪睾丸炎为主要特征。该病疫区范围广，危害大，被世界卫生组织列为需要重点控制的传染病，我国将其列入二类动物疫病。

（一）发病特点

1.流行病学

病猪和隐性感染猪在病毒血症期间可作为该病的传染源，通常通过猪-蚊-猪循环扩大病毒的传播，使其成为乙型脑炎病毒的主要增殖宿主和传染源。该病主要通过蚊虫的叮咬，经皮肤感染。感染的公猪精液也可作为媒介感染母猪，妊娠母猪感染后可通过胎盘侵害胎儿。

该病主要通过蚊虫的叮咬进行传播，呈明显的季节性，多发生于夏秋蚊虫滋生季节。一般南方 6—7 月，东北 8—9 月达到传播高峰。该病呈散发性流行，并多为隐性感染。在自然条件下，常呈现每 4～5 年流行一次的周期性倾向。猪的发病年龄与性成熟有关，大多在 6 月龄左右发病。其特点是感染率高，发病率低（20%～30%），死亡率低，常因并发症死亡。新疫区发病率高，病情严重，以后逐年减轻，最后多呈无症状的带毒猪。

2. 临床症状

人工感染猪日本乙型脑炎潜伏期一般为 3～4 d。常突然发病，病猪体温升高到 41 ℃左右，呈稽留热，短的持续几天，长者可达 10 多天。病猪精神沉郁，食欲减退，口渴，结膜潮红，喜卧地，强行赶起则猪摇头甩尾，不久又卧下。心跳增加，每分钟达 110～120 次。有时可见猪流鼻涕，能听到鼻塞音，尿色深黄，粪便干结附有黏膜。有的病猪后肢轻度麻痹，步态不稳；有的后肢关节肿胀疼痛而表现跛行。最后全身麻痹而死。

妊娠母猪的主要症状是发生流产或早产，初产母猪多发，第二胎后较少发生。胎儿多是死胎或木乃伊胎，或仔猪生后几天内发生痉挛而死亡。母猪流产后，其临床症状很快减轻，体温恢复如常，食欲也渐趋正常。母猪流产后不影响下一次配种。

公猪除上述一般症状外，常发生单侧或两侧睾丸发炎肿大，局部发热，有痛感，数天后睾丸肿胀消退，逐渐萎缩变硬，丧失配种能力。

3. 剖检变化

流产胎儿常见脑水肿，脑膜和脊髓充血，皮下水肿，心、肝、脾、肾肿胀并有小出血点。病死猪脑膜及脊髓膜显著充血，肝大，有界线不清的小坏死灶。肾稍肿大，也有坏死灶。母猪子宫内膜充血、出血，胎盘增厚。公猪睾丸肿大，切面充血、出血，有的公猪睾丸萎缩，与阴囊鞘膜粘连。

（二）诊断

1. 日本乙型脑炎病毒

日本乙型脑炎病毒属黄病毒科、黄病毒属，呈球形，直径为 30 nm 左右，有囊膜。该病毒主要存在于中枢神经系统、脑脊液、血液和死胎仔猪的脑组织中，能凝集鸡、鸭及绵羊的红细胞。病毒对热和阳光的抵抗力不强，56 ℃经 60 min、100 ℃经 2 min 即可灭活，常用的消毒药如 2%氢氧化钠、5%的来苏水即可将其杀死。

2.临床鉴别诊断

根据该病临床症状、病理变化等可做出初步诊断，确诊需要实验室诊断。

(三)防治

消灭蚊虫和预防接种是预防该病的重要措施。

1.改善猪舍环境卫生，驱灭蚊虫

在蚊虫活动季节应注意饲养场的环境卫生，经常进行沟渠疏通以排除积水、铲除蚊虫滋生地，在蚊蝇繁殖季节要定期用药毒杀、烟熏、药诱、灯诱捕杀，有条件的门窗加纱布阻挡。乙脑病毒能在蚊虫体内繁殖，并可越冬，经卵传递，成为次年感染动物的来源，因此冬季还应设法消灭越冬蚊。

2.疫苗预防

在蚊虫活动前1～2个月，对后备和生产种公猪及种母猪用乙型脑炎弱毒疫苗或油乳剂灭活疫苗进行免疫接种，第一年以两周的间隔时间注射两次，以后每年注射一次。

3.防止继发感染

病猪一般无特效疗法，用抗菌类药物防止继发感染可提高自愈率。但在治疗的同时要做好工作人员的防护工作。

五、布鲁氏杆菌病

布鲁氏杆菌病(简称布病)是由布鲁氏菌引起的人、畜共患的慢性传染病。各种动物临床表现不完全一致，常见于牛、羊、猪等家畜，并由它们传给人和其他家畜。以生殖器官和胎膜发炎，引起流产(临床上主要以流产为重要)、不育和各种组织局部病状为特征。该病被世界动物卫生组织定为B类传染病，我国也将其列入二类动物疫病。

(一)发病特点

1.流行病学

该病一年四季都有发生,但以产仔季节为多,牧区发病率明显高于农区。母畜感染后一般第一胎流产的多,以后多不再流产(带菌免疫)。病猪及带菌猪是该病的主要传染源,病猪的分泌物、排泄物、流产胎儿及乳汁等含有大量病菌。家畜感染后,可终身带菌,成为传染源。该病的传播途径包括皮肤黏膜、消化道、呼吸道以及苍蝇携带和吸血昆虫叮咬等。感染动物首先在同种动物间传播,造成带菌或发病,随后波及人类。检疫制度不健全,集市贸易和频繁的流动,毛、皮收购与销售等都能促进该病的传播。

2.临床症状

流产多发生于妊娠后的4～12周。流产前病猪体温升高,食欲减退,阴唇和乳房肿胀,阴道流出黏液性或脓性分泌物。流产后很少发生胎衣滞留,少数病例因胎衣滞留造成子宫内膜炎,引起不育。公猪常见睾丸炎和附睾炎。有的病猪发生皮下脓肿、关节炎、腱鞘炎,个别病例出现后肢麻痹。

3.剖检变化

病理可见胎衣水肿增厚,并有出血点,呈黄色胶样浸润,表面覆以纤维蛋白絮片和脓液。绒毛叶贫血,覆有纤维素性、脓性渗出物或黄色脂样渗出物。胎儿皮下及肌间结缔组织出血性浆液性浸润,胸腹腔有淡红色液体。真胃内有淡黄色或白色黏液絮状物,胃肠黏膜出血。淋巴结肿大,多发生于颌下、颈部、腹股沟和咽淋巴结,灰黄色、较硬。流产胎儿和胎衣的病变不明显,偶见胎衣充血、水肿及斑状出血,少数胎儿皮下积有出血性液体,腹腔液增多,有自溶性变化,胎衣有白色坏死点,有的胎衣表面覆有白色絮状物。公猪睾丸、附睾和前列腺等处有脓肿。流产猪的子宫可见多发性黄白色高粱米大小的结节病变,病变位于黏膜深层,并向黏膜面凸起,称为子宫粟粒性病变。临床症状与剖检变化如图134至图138所示。

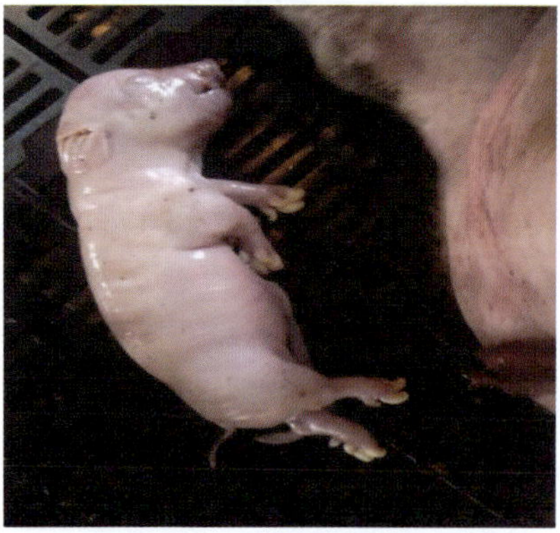

图 134　妊娠母猪流产

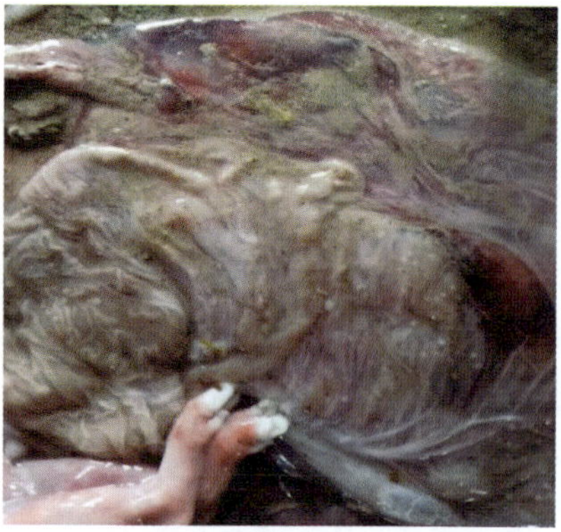

图 135　胎衣布满白色结节

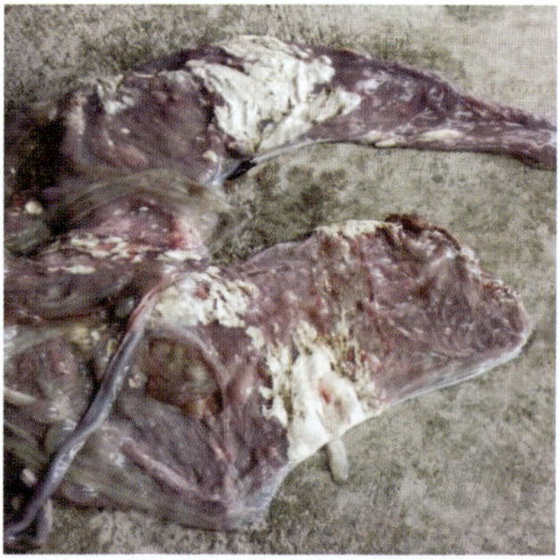

图 136　胎衣表面覆盖白色絮状物

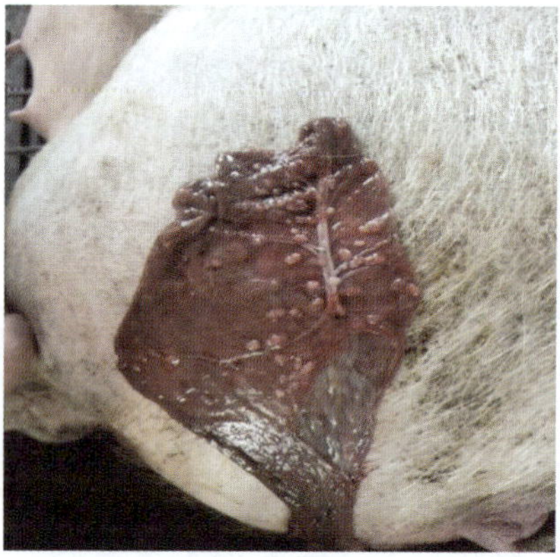

图 137　胎衣有散在白色坏死点

(二)诊断

1.布鲁氏菌

布鲁氏菌为细小的球杆菌，一般不形成荚膜，革兰氏染色阴性。布鲁氏菌属共有 6 个种，18 个生物型。6 个种是马耳他布鲁氏菌(3 个生物型)、流产布鲁氏菌 (8 个生物型)、猪布鲁氏菌 (4 个生物型)、犬布鲁氏菌、沙林鼠布鲁氏菌和绵羊布鲁氏菌。马耳他布鲁氏菌主要感染绵羊、山羊，也能感染牛、猪、鹿、骆驼等；猪布鲁氏菌主要感染猪，也能感染鹿、牛和羊；流产布鲁氏菌主要感染牛、马、犬，也能感染水牛、羊和鹿；其他 3 种布鲁氏菌除感染本属动物外，对其他动物致病力很弱或基本无致病力。

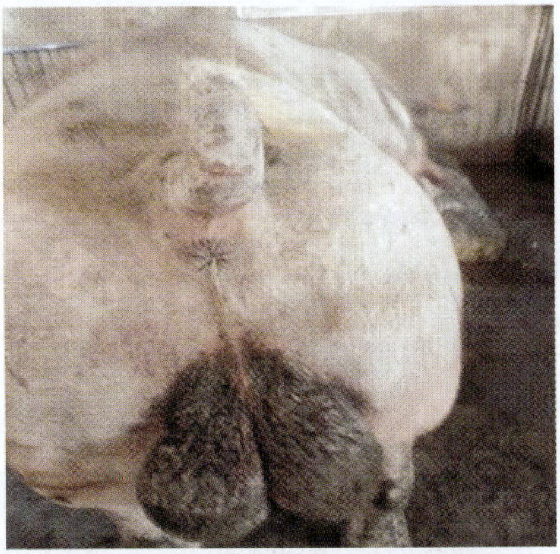

图 138 公猪睾丸肿大后萎缩

本菌对外界环境有较强的抵抗力。在污染的土壤中能存活两个月以上，粪尿中可存活 45 d，羊毛上可存活 3～4 个月，在冷暗处的胎儿体内能存活 6 个月左右。本菌对热较敏感，巴氏灭菌法 10～15 min 杀死，煮沸立即死亡。常用的消毒剂如 3% 来苏水、2% 氢氧化钠可在 1 h 内将其杀死；5% 石灰乳需 2 h、2% 福尔马林需 3 h 将其灭活。对盐酸四环素、利福平、卡那霉素、硫酸链霉素等敏感。

2. 临床鉴别诊断

根据流行病学调查，孕畜发生流产，第一胎流产多，胎衣不下，子宫内膜炎，不孕；公畜发生睾丸炎、附睾炎，不育；同群家畜中有发生关节炎、腱鞘炎，结合胎儿、胎衣的病理变化，可怀疑为该病，确诊需进行实验室诊断。图 139 为布氏杆菌平板凝集实验的结果。

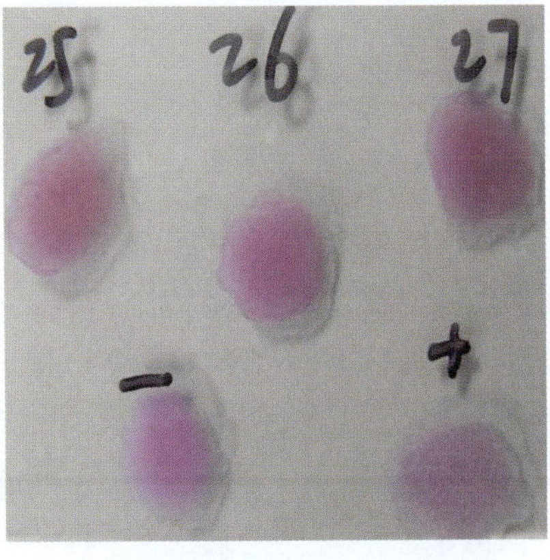

图 139 布氏杆菌平板凝集实验，“+”为阳性血清对照，溶液中呈现红色凝集颗粒，溶液变澄清透明；“－”为阴性血清对照，溶液始终为均匀红色

(三)防治

1. 注重生物安全

加强动物群的保护措施，不从疫区引进可能被病菌污染的饲草、饲料和动物产品；尽量减少动物群的移动，防止误入疫区。加强检疫措施，对易感动物群每 2～3 个月进行一次检疫，对检出的阳性动物及时清除淘汰，直至全群获得两次

阴性结果为止。如果动物群经过多次检疫并将患病动物淘汰后仍有阳性动物不断出现，则可应用菌苗进行预防注射。

2. 加强疫苗预防

我国普遍使用猪布鲁氏菌 2 号弱毒菌苗（S_2）、羊布鲁氏菌 5 号弱毒菌苗（M_5）免疫接种，均有较好的免疫效果。国际上多采用弱毒苗，如牛流产布鲁氏菌 19 号苗（S_{19}）、马耳他布鲁氏菌 RevI 苗，也有使用灭活苗的，如牛流产布鲁氏菌 45/20 苗和马耳他布鲁氏菌 53H38 苗等。弱毒苗具有一定的残余毒力，防疫人员应做好自身防护工作。

六、衣原体病

猪衣原体病又称鸟疫，是一种由鹦鹉热衣原体引起的各种畜禽和人类共患的传染病。猪发病后以流产、肠炎、肺炎、结膜炎、多发性关节炎、脑炎为特征。

该病分布于世界各地，我国也有发生，对养殖业造成了严重的危害，已成为兽医和公共卫生的一个重要问题。

（一）发病特点

1. 流行病学

该病的发生没有明显的季节性，猪流产常呈地方流行性；仔猪发生结膜炎或关节炎多呈流行性。病猪及带菌猪是该病的主要传染源。病原体随病畜分泌物、排泄物排出，污染饲料和饮水等，主要通过消化道感染，也可经污染的尘埃、飞沫经呼吸道或眼结膜感染，病、健畜交配也可感染，子宫内感染也有可能。羽螨、鸡虱、蜱和蚤可起到传播媒介作用。

2. 临床症状

该病可引起母猪发生流产、死产、弱胎和不孕等繁殖障碍性疾病，仔猪发生肺炎、肠炎、多发性关节炎、结膜炎、尿道感染等多种炎症性疾病。

3.剖检变化

该病以胎盘炎症和胎儿病变为主。呼吸道黏膜为卡他性炎症。肺的尖叶、心叶、整个或部分膈叶有紫红色至灰红色的实质病变灶，界线清楚。肺间质水肿、膨胀不全，支气管管壁增厚，切面多汁呈红色，有黏稠分泌物流出。真胃黏膜充血，肠黏膜急性卡他性炎症，肠系膜淋巴结肿大、出血。大的关节如枕骨关节，常有淡黄色液体，滑液膜水肿并有不同程度的点状出血，附有疏松或致密的纤维素性碎屑和斑块。滑液膜表面粗糙。尸体消瘦、脱水，中枢神经系统充血、水肿，脑脊髓液增多，大脑、小脑和延脑有弥漫性炎症变化。有些慢性病例还伴有浆液性、纤维素性腹膜炎、胸膜炎或心包炎。在各脏器的浆膜面上有厚层纤维蛋白覆盖物。

（二）诊断

1.衣原体

衣原体是衣原体科衣原体属的一类严格在真核细胞内寄生的原核型微生物。呈圆形或椭圆形，有细胞壁，含有 DNA 和 RNA 两种核酸。衣原体属目前认为有四个种，包括沙眼衣原体、鹦鹉热衣原体、肺炎衣原体和反刍动物衣原体。其中，鹦鹉热衣原体和反刍动物衣原体是动物衣原体病的主要致病菌，人也有易感性；在受感染的细胞内可见各种形态的包涵体，经吉姆萨染色，包涵体呈深紫色，对诊断有特征性意义。

2.临床鉴别诊断

该病需经实验室检查方可确诊。

（三）防治

1.综合措施

防治该病应采取综合性措施。在规模化养殖场，应建立密闭的饲养系统，对外来鹦鹉等鸟类要严格实施隔离检疫，杜绝病原体侵入。

发生该病时，对发病动物应严格隔离或淘汰，对其污染的圈舍及用具进行严格消毒，流产胎儿、胎衣及死亡畜禽尸体深埋或化制，粪便无害化处理。治疗可用四环素等。

2. 免疫接种

目前有中国农业科学院兰州兽医研究所生产的猪衣原体灭活苗对猪群进行免疫。

七、猪丹毒

猪丹毒是由猪丹毒杆菌引起猪的一种急性、热性传染病，主要侵害架子猪。其特征主要表现为急性败血症和亚急性疹块，部分慢性病例表现为多发性关节炎或心内膜炎。

（一）发病特点

1. 流行病学

该病一年四季均可发生，常为散发性或地方流行性传染，有时暴发性流行。北方地区5—8月炎热多雨季节是流行的高峰，春秋次之；南方地区则在冬春季流行。病猪和带菌猪是该病的主要传染源。传播途径以消化道感染为主，也可通过损伤的皮肤及蚊、蝇等吸血昆虫传播，带菌猪在不良条件下抵抗力降低，也可引起内源性感染发病。

2. 临床症状

该病潜伏期一般3～5 d，最短的为1 d，最长的为7 d。临床症状根据病程长短和临诊表现不同，可分为急性败血型、亚急性疹块型和慢性型。

（1）急性败血型　最为常见，少数健壮猪无任何症状突然死亡。多数病猪以败血症为主，表现为不食，偶见呕吐，体温高达42 ℃以上。精神沉郁，喜卧。强迫驱赶则发出尖叫，步态僵硬或跛行。病初粪干，有的后期腹泻。发病1～2 d后，皮肤上出现形状和大小不一的红斑，以耳、腹、腿内侧皮肤多见，指压褪色。病程为3～4 d，病死率80%～90%。

（2）亚急性疹块型　病程较缓和，其特征是皮肤表面出现疹块，俗称打火印，如图140、图141所示。常在发病后2～3 d在胸、腹、背、肩、四肢等部位的皮肤出现方形、菱形或不规则的疹块。初期充血，指压褪色;后期淤血,呈紫黑色。疹块发生后,体温逐渐恢复正常,数日后,病猪多自行康复。病程为1~2周。

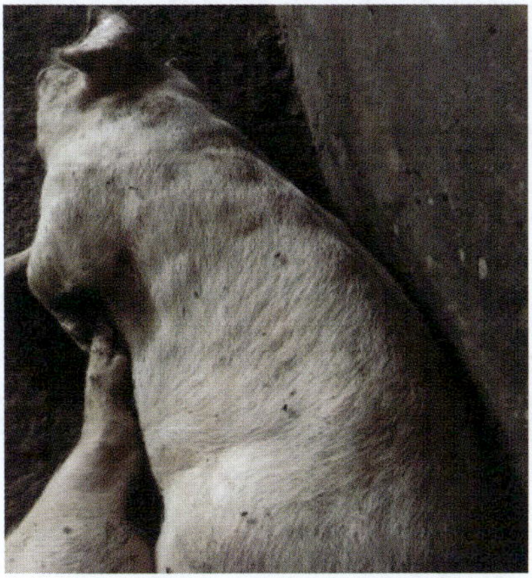

图140 猪背部疹块凸出于皮肤表面

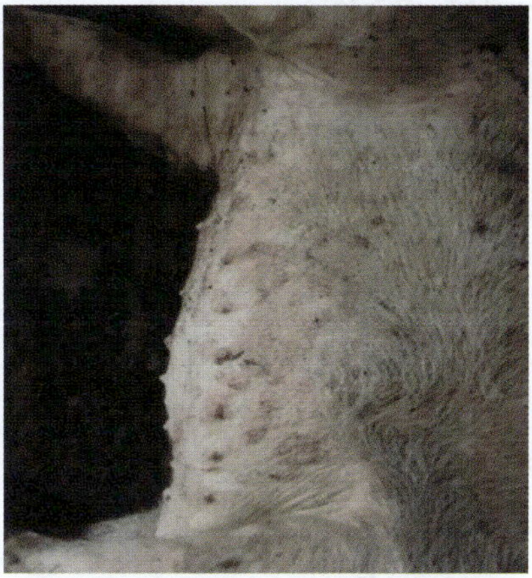

图141 病猪腹部有大面积红色疹块

(3)慢性型 一般由急性与亚急性病例转化而来,也有原发性的。常见的有关节炎型、慢性心内膜炎型和皮肤坏死型。关节炎型主要表现为四肢关节(多见于腕、跗关节)肿痛,跛行或卧地不起,食欲正常,但消瘦、衰弱,病程数周至数月。心内膜炎型主要表现为消瘦、贫血,全身衰弱,不愿走动,听诊心脏有杂音,心跳加快,心律不齐,呼吸急促,有时由于心脏停搏而突然死亡。皮肤坏死型常发生于耳、背、肩及尾部,病变部皮肤变黑色,如图142所示,干硬似皮革,经2~3个月坏死皮肤脱落。

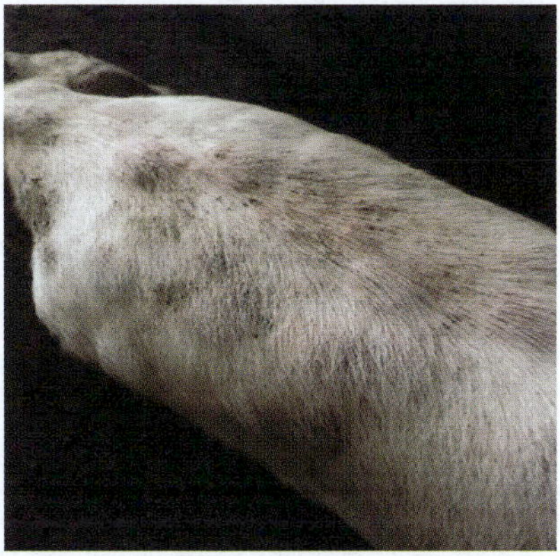

图142 背部疹块结痂后变为黑色

3.病理变化

(1)急性败血型 主要表现为败血症变化,全身淋巴结肿胀充血,切面多汁,常见小点出血。脾脏充血性肿大,呈樱桃红色。肾脏常发生出血性肾小球肾炎变化，肿大，色暗红，称为大红肾。胃肠道有卡他性或出血性炎症，以胃或十二指肠较明显。心包积液，心内外膜小点出血。肝充血、肿大。肺淤血、水肿。

亚急性猪丹毒

(2)亚急性疹块型　以皮肤疹块为特征变化。疹块内血管扩张，皮下组织水肿浸润，疹块中央呈苍白色。死亡病例也有上述败血症病变。

(3)慢性型　关节炎型多见于四肢一个或多个关节肿胀，关节增生肥厚，不化脓，切开关节囊有浆液性纤维素性渗出物。心内膜炎型可见心脏瓣膜表面有菜花样疣状赘生物，由肉芽组织和纤维素性凝块组成，常见于二尖瓣。

(二)诊断

1.猪丹毒杆菌

猪丹毒杆菌又称红斑丹毒丝菌，是一种纤细的小杆菌，形直或略弯。从慢性病灶分离出的菌株呈不分枝、长丝或中等长度的链状。本菌为微需氧菌，在普通培养基上能生长，加入适量血液或血清，并在10%的CO_2环境中生长更好。在固体培养基中培养24 h，用显微镜反光观察，可分为光滑型(S型)，粗糙型(R型)和中间型(I型)三个型，三者可以发生互变。从急性病猪分离的菌落为S型，细小，表面光滑，边缘整齐，呈α溶血，为强毒(微蓝色)。从慢性病猪或带菌猪分离的为粗糙型，较大，表面粗糙，边缘不整齐，长丝状，低毒(土黄色)，中间型毒力菌落性状介于两者之间(金黄色)。目前认为该菌有24个血清型(1～24型)。无荚膜、芽孢和鞭毛。革兰氏染色阳性。

本菌对外界抵抗力较强，在猪肉内经盐腌或熏制后，能存活3～4个月，暴露于日光下可存活10 d。本菌可以抵抗胃酸的作用，但对热的抵抗力较差(55 ℃经15 min、70 ℃经5～10 min能将其杀死)，对消毒药敏感，一般消毒药如1%漂白粉、3%来苏水、10%～20%的石灰乳都可很快将其杀死。本菌对青霉素最敏感、四环素次之。

2. 临床鉴别诊断

该病根据流行特点、临床症状和病理变化，可做出初步诊断。确诊须通过实验室诊断。

(三) 防治

1. 生物安全预防接种

早期确诊，隔离病猪，严格对猪场环境和饲养用具进行消毒；猪粪、垫草集中堆肥，发酵腐熟后用做肥料；病死猪及内脏等下水高温处理；工作人员加强防护。

2. 预防接种

每年定期进行预防接种是控制该病的最有效方法，菌苗有：

(1)猪丹毒弱毒菌苗(GT10 和 GC42)　用 20%氢氧化铝生理盐水稀释，每头猪皮下注射 1 mL，7～10 d 产生免疫力，免疫期为 6 个月。其中 GC42 可口服，口服时剂量加倍，口服后 9 d 产生免疫力，免疫期为 6 个月。

(2)猪丹毒氢氧化铝甲醛菌苗　断奶 15 d 以上的猪，一律肌内注射 5 mL，14～21 d 产生免疫力。未断奶猪注射 3 mL，间隔 1 个月后再补注 3 mL。

(3)二联苗(猪瘟-猪丹毒)、三联苗(猪瘟-猪丹毒-猪肺疫)　给断奶 15 d 以上的猪免疫，免疫期为 6 个月。

3. 治疗病畜

(1)青霉素　每千克体重 5 000～10 000 IU，肌内注射，每天 2～3 次，连用 2～3 d。配合使用链霉素，每千克体重 30 g，肌内注射，每天 1～2 次，连用数天。

(2)抗猪丹毒血清　皮下或静脉注射，仔猪 5～10 mL，3～10 月龄猪 30～50 mL，成年猪 50～70 mL，每 24 h 注射一次，直至猪体温恢复正常。

第五节 以消化系统症状为主的传染病

一、猪传染性胃肠炎

猪传染性胃肠炎是由猪传染性胃肠炎病毒引起猪的一种急性、高度接触性胃肠道传染病，以呕吐、严重腹泻和脱水为特征。我国将其列为三类动物疫病。

（一）发病特点

1.流行病学

（1）易感动物　该病仅发生于猪，不同年龄、性别、品种的猪均可感染发病。在新疫区，最初感染时几乎所有的猪都发病，10 日龄以内的仔猪死亡率较高；5 周龄以上的猪很少死亡；母猪及成年猪症状轻，多可自然康复。

（2）传染源　病猪和带毒猪是主要传染源，它们从粪便、呕吐物、鼻液以及呼出气体中排出病毒，通过污染饲料、饮水、空气及用具等传染给易感猪。

（3）传播途径　该病以消化道和呼吸道为主要传播方式。

（4）流行特点　该病冬季多发，每年的 12 月至次年的 3 月发病最多。在新疫区呈流行性发生，传播迅速，可使各年龄组的猪群发病。在老疫区则呈地方流行性或散发性发生，发病率低。

2.临床症状

该病潜伏期短，一般为 12～18 h，长的可达 2～3 d。

仔猪突然发病，首先呕吐，继而发生急剧水样腹泻，粪便呈黄绿或白色，常夹有未消化的凝乳块，有恶臭味。病猪明显脱水、消瘦、极度口渴，少部分重症患猪卧地不起。10 日龄以内的仔猪多在 2～7 d 内死亡。日龄越小，病程越短，死亡率越高，有时死亡率可达100%，病愈仔猪发育不良，成为僵猪。

断奶猪、肥育猪和母猪的症状轻重不一，通常只有一至数天出现食欲不振或废绝，个别病猪出现呕吐，水样腹泻呈喷射状，水泻物为灰色或褐色，含有少量未消化的食物，5～8 d后停止腹泻，很少死亡。

3. 剖检变化

剖检可见病猪尸体消瘦，脱水明显。胃中充满乳凝块，胃黏膜轻度充血和出血。肠内充满灰白色或黄绿色泡沫状液体，小肠壁变薄，弹性降低，肠管扩张呈半透明状。在低倍显微镜下观察小肠黏膜，可见小肠黏膜绒毛萎缩，空肠和回肠绒毛长度和隐窝深度之比正常猪为7∶1，而病猪则为1∶1。

(二)诊断

1. 病原

猪传染性胃肠炎病毒属于冠状病毒科冠状病毒属，有囊膜，形态多样，呈圆形、椭圆形和多边形等。该病毒主要存在于空肠、十二指肠及回肠的黏膜，在鼻腔、气管、肺的黏膜及扁桃体、颌下及肠系膜淋巴结等处，也能查出病毒。病毒对热和紫外线敏感，56 ℃经45 min，65 ℃经10 min死亡，在阳光下暴晒6 h即被灭活，紫外线能使该病毒迅速死亡。病毒对乙醚、氢氧化钠、石炭酸、甲醛、氯仿等消毒药敏感。

2. 鉴别诊断

该病诊断时应与症状相似的其他传染病，如仔猪黄痢、仔猪白痢、猪流行性腹泻和轮状病毒感染等相区别。

(三)防治

1. 加强饲养管理，做好消毒工作

加强饲养管理，搞好猪舍卫生和消毒工作，并经常保持猪舍的温暖干燥。常用的消毒剂有1%～2%氢氧化钠、1%石炭酸、10%～20%新鲜石灰乳、10%～20%热草木灰水。

2. 免疫预防

用传染性胃肠炎弱毒疫苗对母猪进行免疫接种。母猪分娩前5周口服1头份，分娩前2周口服1头份，同时肌内注射1头份。

3. 对症治疗

(1)补充体液，以防脱水和酸中毒　让仔猪自由饮服下列配方溶液：氯化钠 3.5 g，氯化钾 1.5 g，碳酸氢钠 2.5 g，葡萄糖 20 g，水 1 000 mL。另外，还可于腹腔注射一定量的5%葡萄糖盐水加灭菌碳酸氢钠。

(2)使用抗病毒药物　可肌内注射病毒灵、病毒唑、双黄连等。

(3)血清疗法　用猪传染性胃肠炎高免血清，按每千克体重 0.5 mL 肌内注射，每天1次，连用3 d。

二、猪流行性腹泻

猪流行性腹泻是由猪流行性腹泻病毒引起的猪的一种急性肠道传染病，以呕吐、腹泻、脱水为特征。我国将其列入三类动物疫病。

(一)发病特点

1. 流行病学

(1)易感动物　该病仅发生于猪，各种年龄的猪都能感染发病。哺乳仔猪、架子猪或肥育猪的发病率很高，尤以哺乳仔猪受害最为严重，PED 造成乳猪大量死亡，母猪发病率变动较大。

(2)传染源　病猪是主要传染源。病毒存在于肠绒毛上皮细胞和肠系膜淋巴结，随粪便排出后，污染环境、饲料、饮水、交通工具及用具等而传染。

(3)传播途径　该病主要通过消化道感染。

(4)流行特点　该病的发生有一定的季节性，冬季多发，我国多在12月至次年的2月寒冬季节发生。该病有流行自限性，一般在流行5周后可自行终止。

2. 临床症状

该病潜伏期一般为 5～8 d,人工感染潜伏期为 8～24 h。

主要的临床症状为水样腹泻和呕吐,呕吐多发生于吃食或吃乳后。症状的轻重随年龄的大小而有差异,年龄越小,症状越重。7 日龄内的新生仔猪发生腹泻后 3～4 d,可因严重脱水而死亡,病猪腹泻脱水消瘦,腹股沟淋巴结呈青紫色,死亡率可达 50%～100%,病猪体温正常或稍高,精神沉郁,食欲减退或废绝。断奶仔猪、母猪常表现精神委顿、食欲下降和持续性腹泻,约 1 周后,逐渐恢复正常。肥育猪感染后发生腹泻,1 周后康复,死亡率 1%～3%。成年猪症状较轻,有的仅表现呕吐,重者水样腹泻,3～4 d 后自愈。

3. 剖检变化

病死猪尸体消瘦脱水,皮下干燥,胃内有多量黄白色的乳凝块。小肠病变具有特征性,通常肠管膨胀扩张、充满黄色液体。肠壁变薄,肠系膜充血,肠系膜淋巴结水肿。显微镜或放大镜下观察可见小肠绒毛缩短,显著萎缩。临床症状及剖检变化如图 143 至图 148 所示。

图 143　PED 造成产房乳猪因腹泻脱水而大量死亡

图 144　病猪水样腹泻,积堆

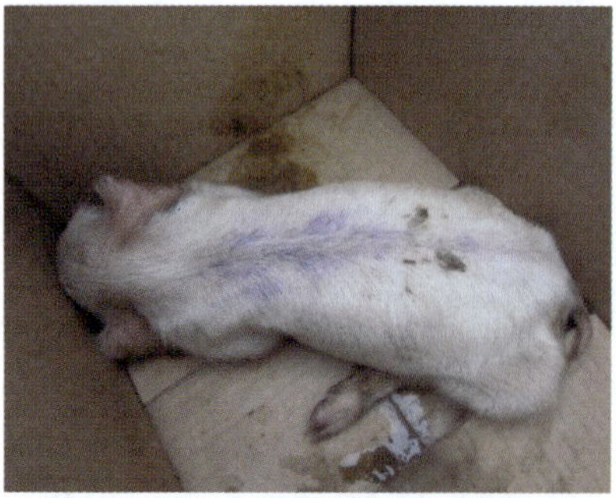

图 145　腹泻乳猪脱水消瘦，皮肤苍白，被毛干枯

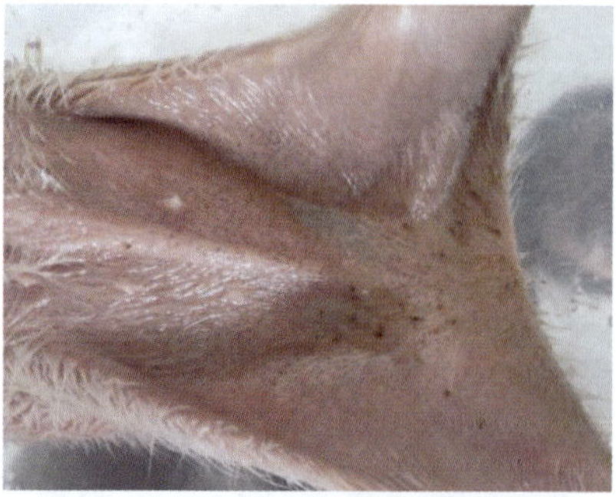

图 146　腹股沟淋巴结呈青紫色

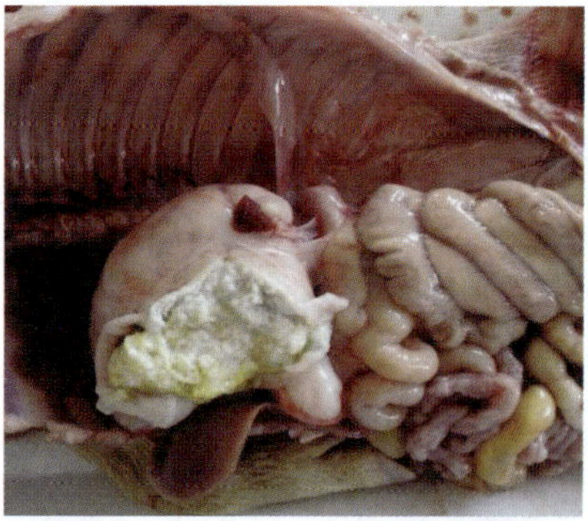

图 147　胃内充满未消化的乳糜

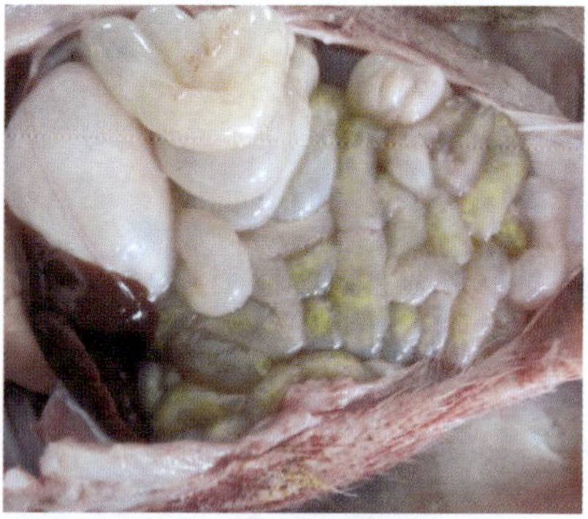

图 148　肠壁变薄透明，肠内充满水样内容物

(二)诊断

1. 病原

猪流行性腹泻病毒属于冠状病毒科冠状病毒属。病毒粒子呈多形性，倾向球形，有囊膜。病毒只能在肠上皮组织培养物内生长，对外界环境和消毒药的抵抗力不强，一般消毒药都可将其杀灭。

2. 实验室诊断

(1)免疫荧光染色　取病猪小肠做冰冻切片或小肠黏膜抹片，风干后用丙酮固定，加荧光抗体染色，镜检。在出现腹泻后 6 h，空肠和回肠 90%～100% 阳性，十二指肠 70%～80% 阳性。

(2)酶联免疫吸附试验(ELISA)　该法可用于检测病猪粪便、小肠内容物中的病毒抗原。也可用于检测病猪血清中的特异性抗体,但通常需要采取发病初期和间隔2～3周病愈猪的双份血清进行检测。

(三)防治

1.疫苗免疫预防

目前常用的疫苗有轮状病毒、流行性腹泻二联苗,流行性腹泻、传染性胃肠炎、轮状病毒三联苗。于每年的10月中旬左右,仔猪、架子猪和育肥猪每头注射1头份,生产母猪每头注射2头份。对于正在发病的猪群于母猪产前20～30 d注射3头份。

2.加强管理和消毒工作

加强饲养管理,饲喂营养丰富的饲料,做好哺乳仔猪的保温和保健工作。做好场内的卫生消毒工作,用消毒威、百毒杀等消毒药对猪舍进行消毒,用干石灰铺设走道和运动场。

3.对症治疗

该病无特效药治疗,通常应用对症疗法,可参考猪传染性胃肠炎的治疗方法。

三、猪大肠杆菌病

猪大肠杆菌病是由致病性大肠杆菌引起的仔猪肠道传染病,以肠炎、肠毒血症为特征。常见的有三种:生后1～7日龄以内发生的仔猪黄痢;2～3周龄发生的仔猪白痢;断乳前后发生的水肿病。

(一)病原

大肠杆菌为革兰氏染色阴性,无芽孢,一般有数根鞭毛,常无可见荚膜、两端钝圆的短杆菌。本菌为兼性厌氧菌,有呼吸和发酵两种类型。大肠杆菌能发酵各种糖产酸,在普通培养基上容易生长。最适温度为37 ℃。可见到3种菌落:①光滑型(居多数)。边缘整齐、湿润、呈灰色，表面有光泽，在生理盐水中容易分散。②粗糙型。常见于新分离的菌株。菌落扁平，干涩，边缘不齐，在生理盐水中易发生自家凝集。③黏液型。有荚膜的菌株常见，培养基中含有糖类或在室温中放置易出现。在麦康凯和远藤氏琼脂培养基上生长良好，可形成红色菌落，是由于大肠杆菌能分解乳糖所致，可与不分解乳糖的细菌相区别。在HE培养基上，大肠杆菌长成橙色光滑型菌落。

大肠杆菌的抗原构造及血清型极为复杂。抗原主要由菌体抗原(O抗原)、微荚膜抗原(K抗原)和鞭毛抗原(H抗原)组成，此外还有菌毛抗原(F抗原)。O抗原为多糖-类脂-蛋白质复合物，即内毒素。O、K、H三种抗原，分别已发现至少有165、100、60种，按抗原成分不同，可将病原性大肠杆菌分为许多血清型。血清型与致病性有着密切的关系，引起仔猪黄痢常见的OK群包括O_8∶K_{87}，K_{88ac}，O_{138}∶K_{81}，O_{141}∶K_{85}，K_{88}，O_{147}∶K_{88ac}，K_{89}，O_{149}∶k_{88ac}，K_{99}，O_{157}∶K_{88ac}，O_{115}∶K_{99}，O_{60}∶K_{88}等血清型菌株，多具有K_{88}及产肠毒素能力，均具有黏附素。其中以O_{60}最为常见；引起仔猪白痢常见的有O_2，O_8，O_9，O_{20}，O_{45}，O_{67}，O_{100}，O_{129}，O_{138}，O_{139}，O_{141}，O_{147}，O_{149}等血清型菌株，也检出含有K88、K94血清型菌株，但以O_{78}∶K_{88}为多见。这些菌株也多见于健康猪，可能是由于菌群失调而致病；引起仔猪水肿常见的O、K菌群与仔猪黄痢基本相同，以O_{139}多见。一般不具有黏附素。研究显示大肠杆菌致病的本质是由于多种毒力因子引起的不同病理过程。

(二)仔猪黄痢

1.简介

仔猪黄痢在我国较多地区和猪场都有发生，是危害仔猪的重要传染病之一，又称早发性大肠杆菌病，是由一定血清型的大肠杆菌引起的初生仔猪的一种急性、致死性传染病。多发生于1～7日龄仔猪。多数病原菌株都有菌毛吸着因子并产生肠毒素，已知吸着因子(也称黏着因子)有K_{88}、K_{99}、987P、F_{41}四种，且各具独特的抗原性，肠毒素以热敏肠毒素LT为主。这是大肠杆菌引起仔猪黄痢的主要原因。

2.发病特点

(1)流行病学 该病在世界各地均有流行,同窝仔猪发病率最高可达100%,死亡率高。随着日龄的增长,发病率和死亡率逐渐下降。新建的猪场以及头胎母猪所产仔猪发病最为严重,随着胎次的增加,仔猪发病率和致死率逐渐下降,这是由于母猪长期感染大肠杆菌而逐渐产生了对该菌的免疫力。另外,炎夏和寒冬,潮湿多雨季节发病严重,分散饲养的发病较少。

(2)临床症状 该病潜伏期短,一般在24 h左右,病猪主要症状是拉黄痢,粪大多呈黄色水样,内含凝乳小片,混有小气泡并带腥臭味,顺肛门流下,其周围多不留粪迹,易被忽视。下痢重时,小母猪阴户尖端可出现红色,后肢被粪液污染。病仔猪精神沉郁,不吃奶,口渴、脱水,但无呕吐现象,最后昏迷而死。急性者不见下痢,身体软弱,倒地昏迷死亡。

(3)病理变化 尸体脱水表现为皮肤干燥、皱缩,口腔黏膜苍白。剖检主要病变是胃肠卡他性炎症,其中以十二指肠最为严重,表现为肠壁变薄、松弛、充气,肠黏膜肿胀、充血或出血。肠系膜淋巴结充血肿大,切面多汁。胃黏膜红肿,心、肝、肾有变性,重者有出血点。但有的病猪无明显变化。病原、临床症状及病理变化如图149至图156所示。

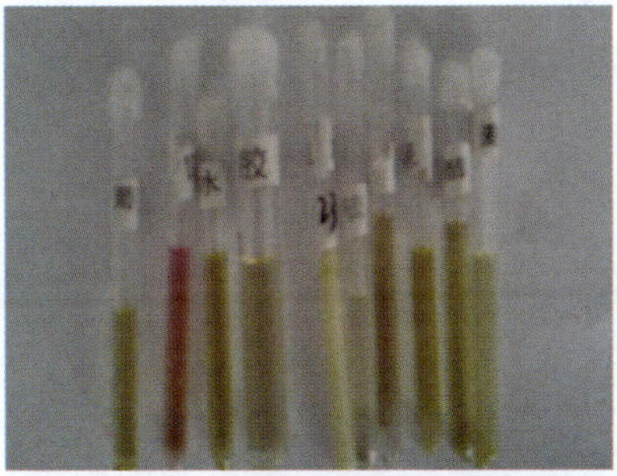

图149 大肠杆菌能发酵多种糖产酸

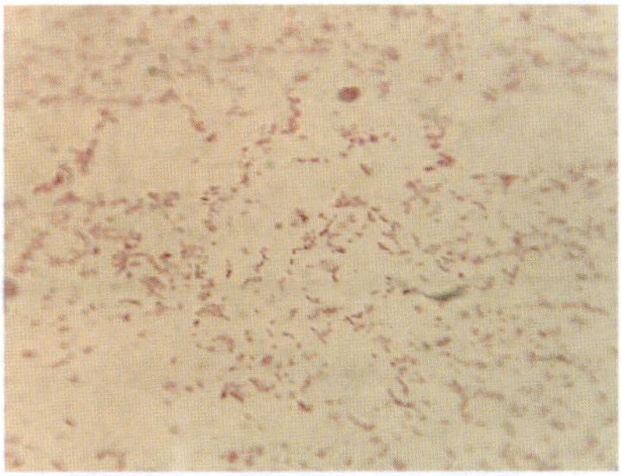

图150 革兰氏染色,大肠杆菌呈阴性,长成粉红色短小杆菌

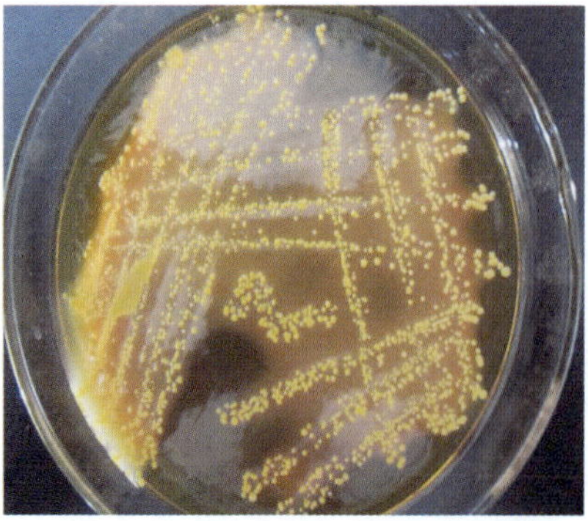

图 151　在 HE 培养基上，大肠杆菌长成橙色光滑型菌落

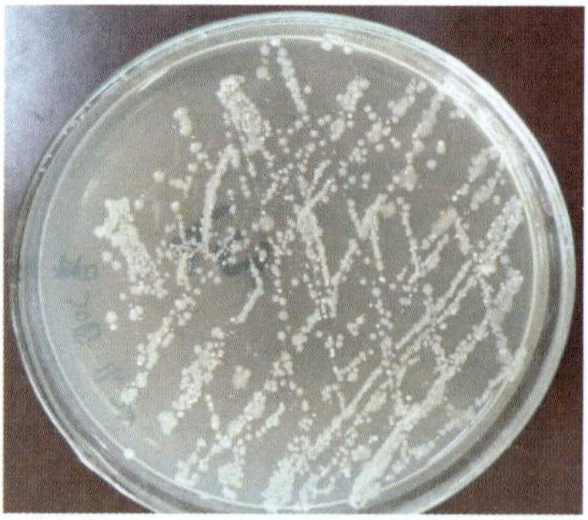

图 152　在普通营养琼脂培养基上，大肠杆菌长成光滑型菌落

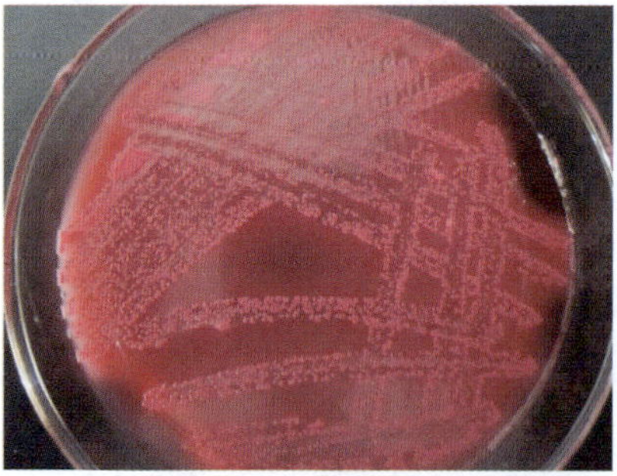

图 153　在麦康凯培养基上，大肠杆菌长成红色光滑型菌落

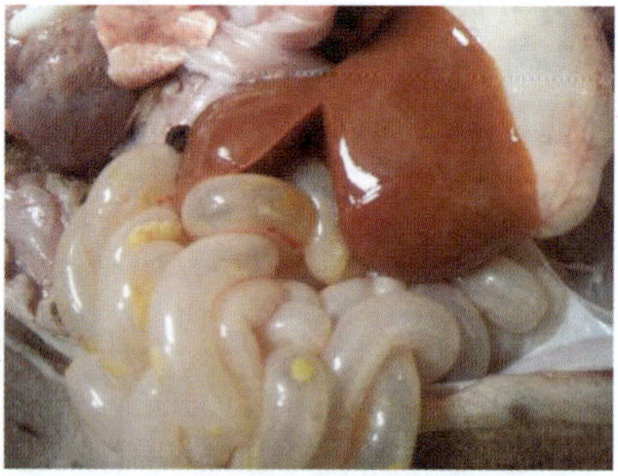

图 154　肠壁变薄，肠内充满黄色内容物和气体

图 155　仔猪腹泻，粪便呈黄色

图 156　10 日龄以内仔猪腹泻，脱水消瘦

3.防治

对第一胎母猪及新建的猪场，在仔猪出生后即全窝用抗菌药物口服，连用 3 d，以防止发病。也可以采用本场淘汰母猪的全血或血清，给初生仔猪口服或注射进行预防。开始发病时，立即对全窝仔猪给药，常用药物有痢特灵、金霉素等。因细菌易产生抗药性，应做药敏试验，选出最敏感的治疗药物，方能收到好的疗效；常发地区可用大肠杆菌 K_{88}、K_{99}、987P 三价灭活菌苗，或大肠杆菌 K_{88}、K_{99} 双价基因工程疫苗给产前一个月的妊娠母猪注射，使仔猪通过母乳获得被动保护，防止发病；另外，做好圈舍消毒工作及产房清洁卫生工作，防止产房潮湿。

(三)仔猪白痢

1.简介

仔猪白痢是由大肠杆菌引起的 2～3 周龄仔猪发生的消化道传染病，又叫迟发性大肠杆菌病。在我国各地猪场均有不同程度的发生，对养猪业的发展有巨大影响。临床上以排灰白色粥样稀便为主要特征，发病率高而致死率低。病原尚不完全肯定。猪肠道菌群失调、大肠杆菌过量繁殖是该病的重要病因。

2.发病特点

(1)流行病学　该病在寒冬、炎热及阴雨连绵季节发生较多；气候骤变时(如下大雪、寒流等)发病数显著增加；7 日龄以内及 30 日龄以上的猪很少发病。母猪乳汁缺乏、过多、过浓，饲养管理和卫生条件不良，缺乏矿物质和维生素等问题均可导致该病的发生。

(2)临床症状　病猪畏寒、脱水，吃奶减少或不吃，有时可见吐奶。体温一般不升高，常排白色、灰色粥状或黄白色稀粪。除少数发病日龄较小的仔猪易死亡外，一般病猪病症较轻，易自愈，但多反复发病。

(3)病理变化　一般表现为消瘦和脱水等外观变化。剖检时胃肠道呈卡他性炎症，胃内常积有多量凝乳块。肠壁薄呈半透明状，肠系膜淋巴结水肿。临床症状及病理变化如图 157 至图 160 所示。

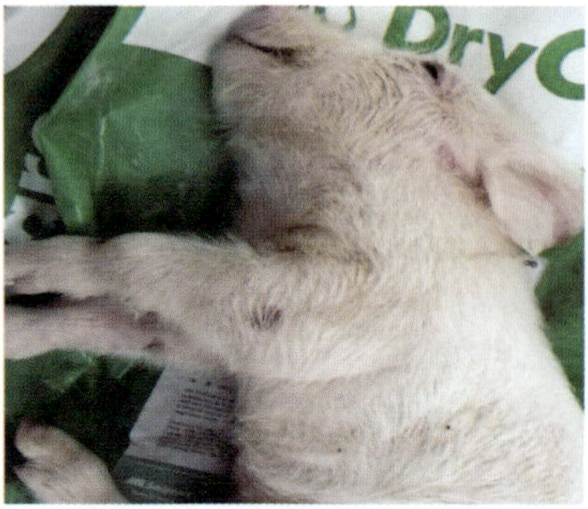

图 157 仔猪腹泻脱水消瘦，被毛干枯

图 158 仔猪排白色稀粪

图 159 仔猪排白色稀粪，粪便中含有气泡

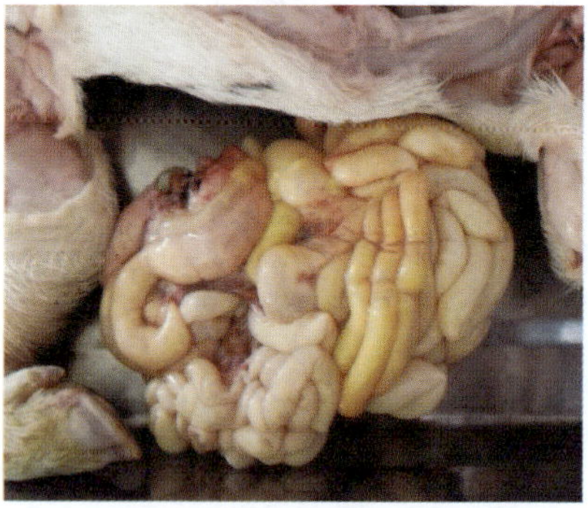

图 160 肠壁变薄，肠内充满黄白色内容物

3. 防治

治疗药物同仔猪黄痢，以收敛、止泻、助消化为主要用药，最好以药敏试验为依据，选择最敏感的药物进行治疗。尽早治疗和改善饲养管理条件才能获得良好的效果。如病程延长到 2～3 周及以上，治愈后仔猪生长发育缓慢。平时要加强仔猪的饲养管理，不要让仔猪受凉感冒，有条件的可用本场免疫母猪菌苗进行预防。

（四）猪水肿病

1. 简介

猪水肿病又称猪胃肠水肿，是由溶血性大肠杆菌毒素引起的断奶仔猪眼睑或其他部位水肿、运动共济失调、惊厥为主要特征的传染病。

2. 发病特点

(1)流行病学　该病多发于仔猪断奶后 1～2 周，发病率达 5%～30%，病死率可达 90%以上。近年来该病又有新的流行特点：发病日龄不断增加，40～50 kg 的猪也有发生；采食量大、生长速度快的猪发病率和死亡率高。一般局限于个别猪群，不广泛传播；多见于春季和秋季，特别在气候突变和阴雨后多发；该病的发生还与饲养方式、饲料品质好坏、品种单一及只喂给大量精饲料等因素有关。

(2)临床特征　突然发病，体温在病初可能升高，很快降至常温或偏低。盲目行走或转圈，常表现突然猛向前跃，进而倒地抽搐，在昏迷状态中死亡；各种刺激或捕捉时，触之叫声嘶哑，倒地，四肢乱动，似游泳状，逐渐后躯无力，卧地不起；眼睑或结膜水肿，重者延至颜面、颈部及其他部位，头部变"胖"，病程数小时至 1～2 d。

(3)病理变化　全身多处组织水肿，特别是头部皮下、胃壁及肠系膜的水肿是该病的特征。剖检可见上下眼睑、颜面、下颌部、头部皮下呈白色凉粉样水肿；肺脏水肿，肺间质增宽，胃壁黏膜水肿多见于胃大弯和贲门部，切面流出无色或混有血液而呈茶色的渗出液，黏膜层和肌肉层之间呈胶冻样水肿，整个肠系膜红肿，甚至出血；胃底和小肠黏膜、淋巴结等有不同程度的充血。心包、胸腔和腹腔有程度不等的积液。病理变化如图 161 至图 164 所示

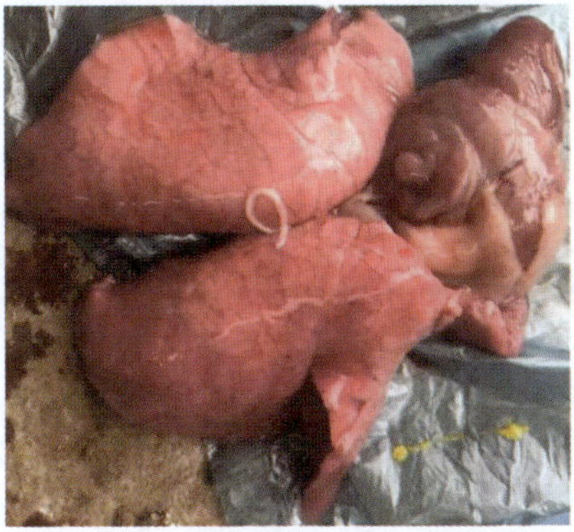

图 161　肺脏水肿，肺间质增宽

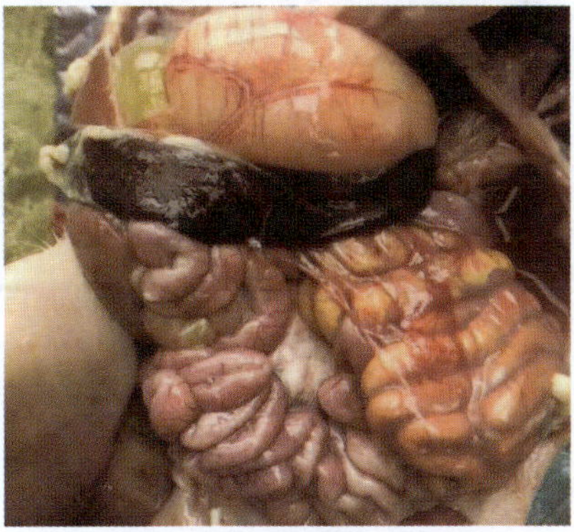

图 162　结肠袢系膜含有水液，呈胶冻状

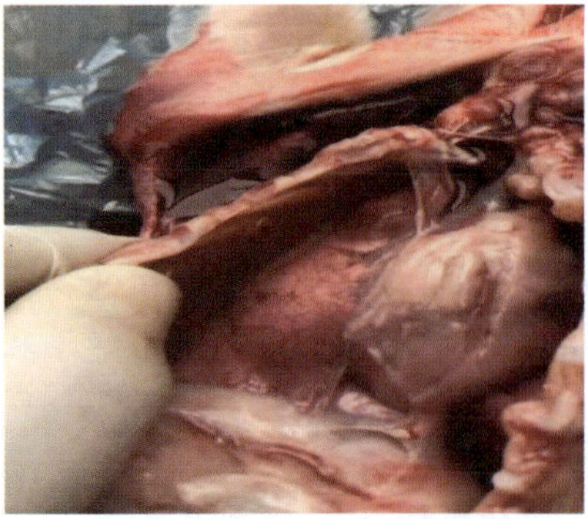

图 163　胸腔积有大量液体

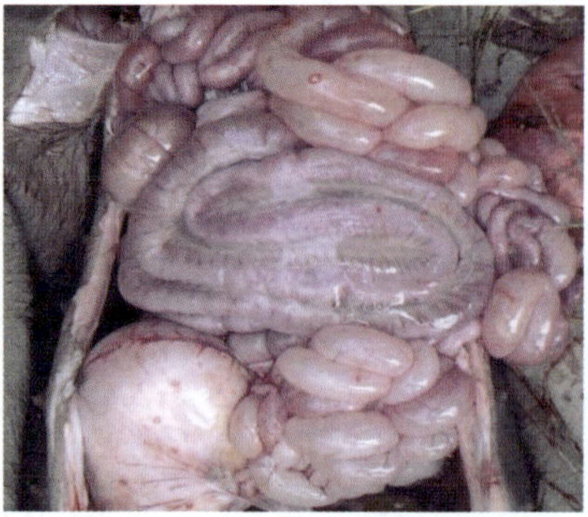

图 164　结肠袢水肿呈胶冻状

3.防治

加强断奶前后仔猪的饲养管理，提早训练采食、补料，使仔猪断奶后能尽快适应独立生活；断奶不要太突然，不要突然改变饲料和饲养方法；饲喂量逐渐增加，防止饲料中蛋白质含量过高，要适当搭配一些青绿饲料，防止饲料单一或过于浓厚，增加维生素丰富的饲料，缺硒地区每头仔猪断奶前应补硒。病初投服适量盐类缓泻剂，促进胃肠蠕动和分泌，以利于排出肠内容物。对此病的治疗主要采用综合的对症疗法，目前尚无特效的治疗措施。

四、猪沙门菌病

猪沙门菌病又称仔猪副伤寒，是由致病性沙门菌引起仔猪的一种传染病。急性型呈败血症变化，慢性型在大肠上发生弥漫性纤维素性坏死性肠炎，有时呈卡他性或干酪性肺炎。属于我国法定三类疫病。

（一）发病特点

1.流行病学

引起猪沙门菌病的病原有猪霍乱沙门菌、猪伤寒沙门菌、鼠伤寒沙门菌、肠炎沙门菌等，其中猪霍乱和猪伤寒沙门菌是引起仔猪患该病的主要原因。该病多发生于2～4月龄的仔猪，呈散发性或地方性流行。气候多变季节和阴雨天气多发，以春、冬两季常见。环境卫生不良、仔猪抵抗力差是发病的诱因。通过病猪和带菌猪的粪便污染环境、饲料和饮水而感染健康猪。

2. 临床症状

（1）急性型　多见于断奶仔猪。病猪体温升高，少食，精神沉郁，喜藏于垫草内，寒战；该病的初期与猪瘟相似，常出现便秘，随后腹泻，粪便恶臭；耳、腹部及四肢皮肤暗红。部分仔猪还有肺炎症状，一般经4～10 d死亡。

（2）慢性型　为最常见的病型，最主要的症状是下痢，粪便呈粥状或水样，灰白、黄绿、黄褐、灰绿或污黑色，气味恶臭，有时混有血液。严重时在吃食、躺卧、起立或行走时都可出现粪便失禁，污染尾部及整个后躯。有的咳嗽时，稀粪呈喷射状排出。部分病猪下痢与便秘交替出现，有的还伴发肺炎，出现咳嗽和呼吸加快等症状。一般慢性病猪体温稍高或正常，喜喝脏水，初期有一定食欲，后期废绝；部分病猪濒临死亡时仍在进食。有的病猪皮肤上出现湿疹样变化，关节肿大。

3. 剖检变化

（1）急性型（败血型）　急性型病猪呈败血症病变，全身淋巴结肿大、出血，脾肿大、质脆，呈紫红色。心内外膜、喉头、肾及膀胱黏膜出血。肠臌气、积液、出血，肠壁变薄，弹性降低。肝淤血，有散在坏死点。

（2）慢性型　慢性型病猪的盲肠、结肠呈坏死性炎症，肠壁增厚，失去弹性，表面附着一层纤维素性伪膜。肠系膜淋巴结肿大，髓样增生。肝脏常有散在坏死灶，胆囊黏膜坏死，出血。肺脏肿大，呈紫红色。胆汁逆流入胃内。临床症状及剖检变化如图165至图175所示。

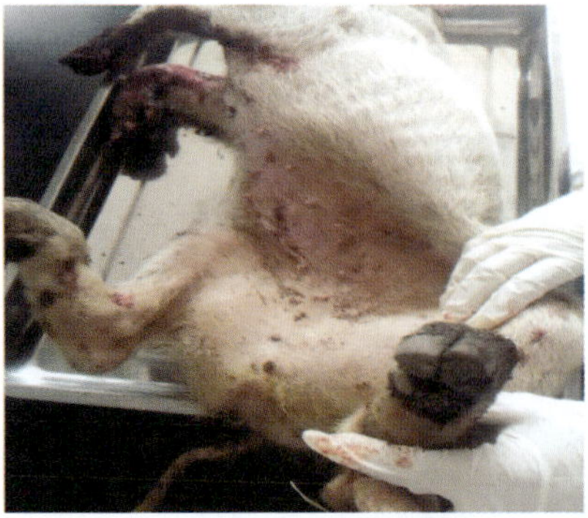

图 165　由沙门菌引起的皮炎

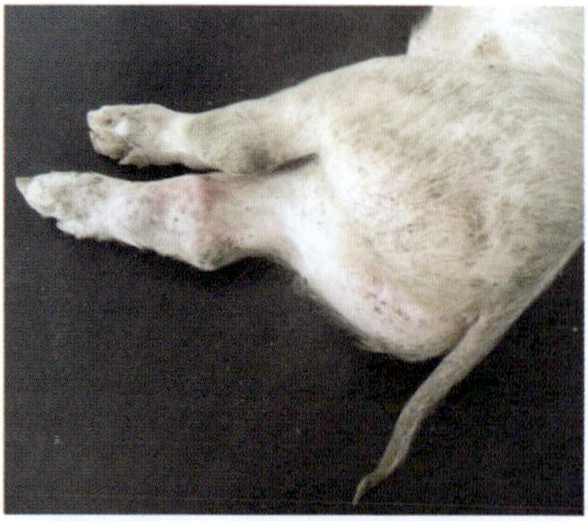

图 166　病猪关节肿大

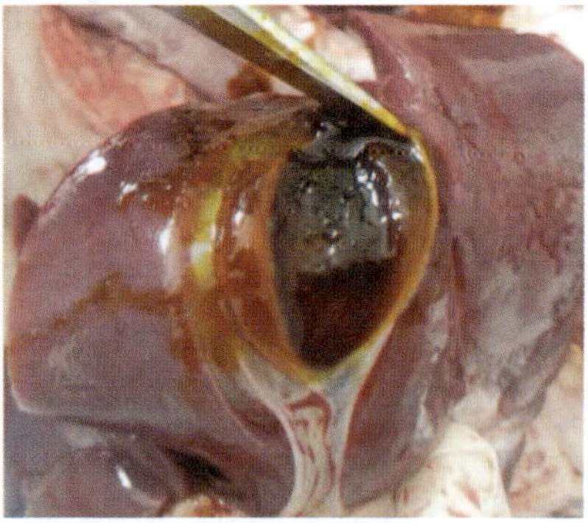

图 167　败血型:胆囊出血

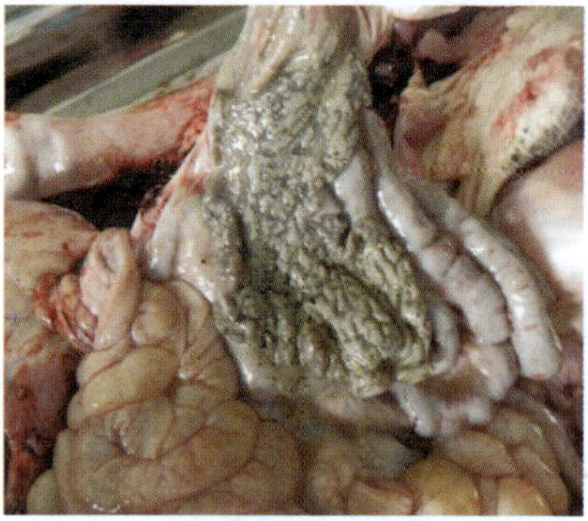

图 168　结肠灰白色伪膜上覆有黑绿色小颗粒

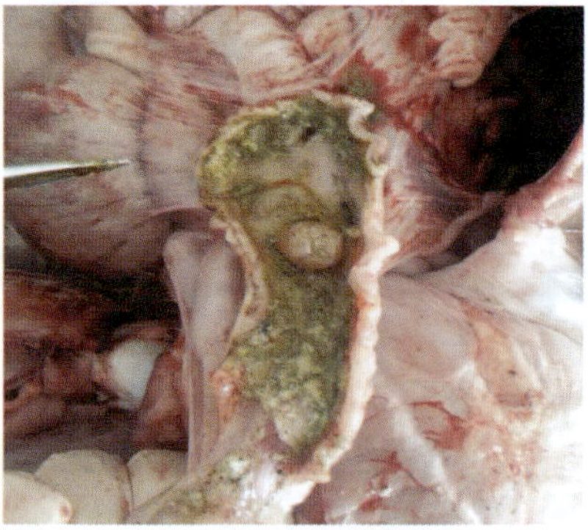

图 169　回盲瓣周围肠黏膜有纤维素性伪膜

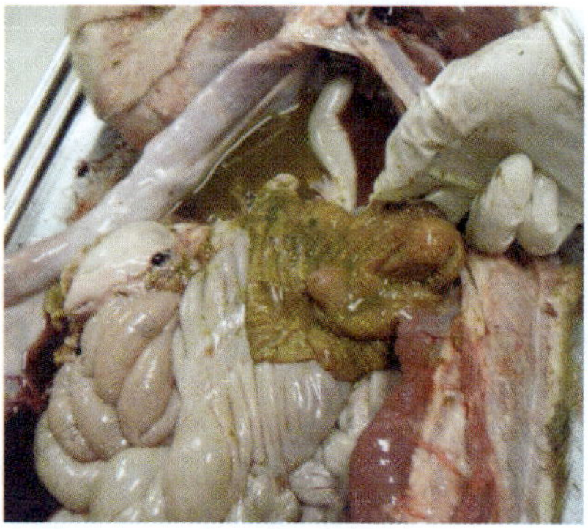

图 170　盲肠黏膜有伪膜

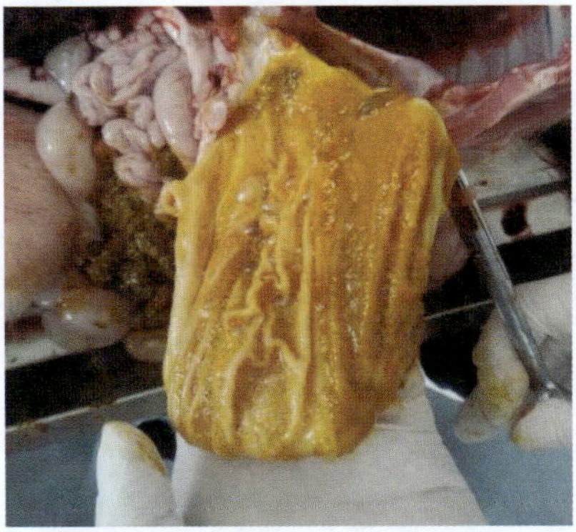

图 171　胆汁逆流入胃内

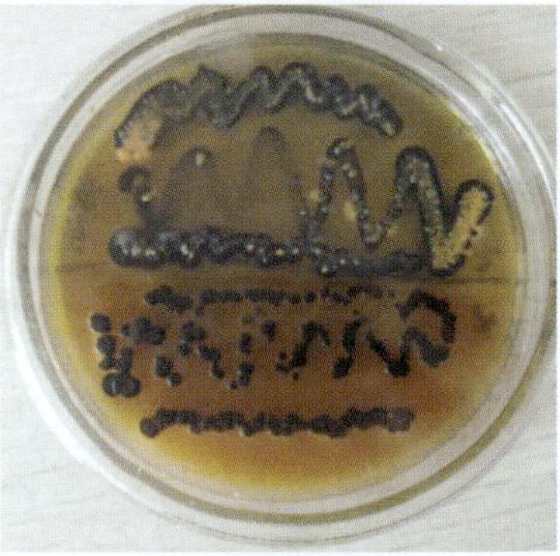

图 172　沙门菌在 HE 培养基上长成黑色菌落

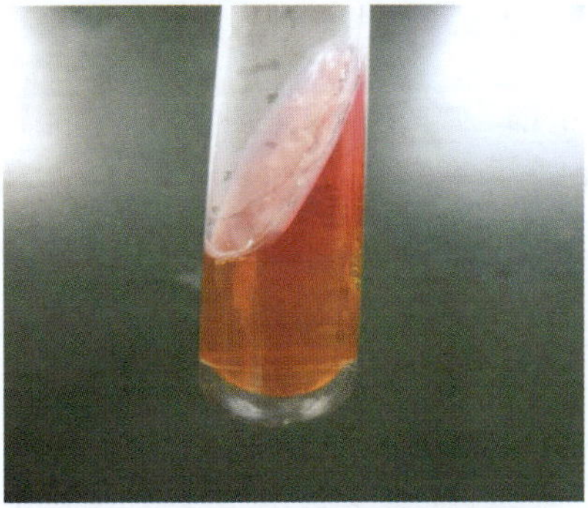

图 173　在三糖铁琼脂斜面培养基上，培养基底部呈黄色并产生空隙，说明沙门菌能发酵葡萄糖产酸产气

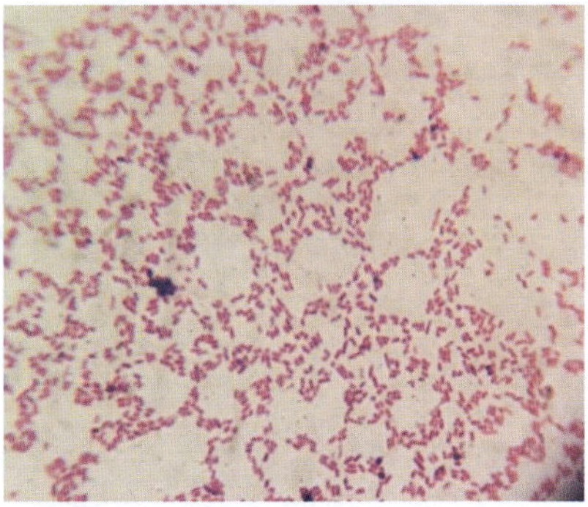

图 174　沙门菌呈粉色小杆菌，为革兰氏阴性

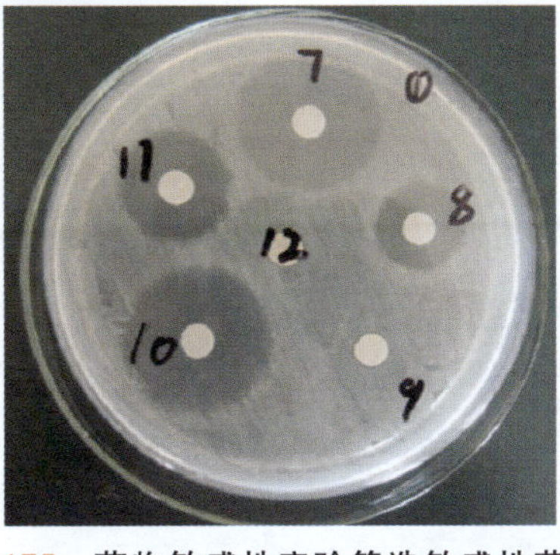

图 175　药物敏感性实验筛选敏感性药物

（二）诊断

根据流行特征、临床症状和典型病变可做出初步诊断。慢性副伤寒的发病特点、症状及病理变化都比较典型，不难做出诊断。急性副伤寒与猪瘟相似，诊断首先需进行细菌分离培养鉴定，但慢性病例不易分离出病原菌。沙门菌在HE培养基上生成黑色菌落，能发酵葡萄糖产酸产气，沙门菌为革兰氏性小杆菌，从病猪体内分离到沙门菌时，也要综合临床症状、病理变化及流行特点进行分析，排除混合感染，全面分析后才能确诊。可进行药物敏感性实验，筛选敏感性药物进行治疗。

（三）防治

（1）加强饲养管理　该病是由仔猪的饲养管理和卫生条件不良导致发生和传播的，因此，预防该病的根本措施是认真贯彻“预防为主”的方针。改善饲养管理，仔猪要提前补料，增强抵抗力。饲养用具和食槽经常清洗和消毒，圈舍要经常清洁，勤换垫草，保持干燥。断乳仔猪根据体质强弱，分槽饲喂。给以优质多样的饲料，适当补充微量元素。在饲料改变时防止突然更换。

（2）定期预防接种　在该病常发地区，可对1月龄以上的仔猪接种仔猪副伤寒弱毒冻干菌苗，20%氢氧化铝稀释，肌内注射1 mL，免疫期9个月；口服时，严格按照相关说明，服前用水稀释成每头份5～10 mL，掺入料中及时喂服。

（3）合理治疗　发病后需要隔离病猪，及时治疗。可选用土霉素，每日按每千克体重50～100 g，分2～3次口服，连用3～5 d后，剂量减半，继续用药4～7 d，也可用磺胺类和痢特灵等药物。圈舍要定期清扫、消毒，特别是饲槽要经常刷洗干净。根据发病当时疫情的具体情况，必要时对假定健康猪可在饲料中加入痢特灵或抗生素饲料进行预防。

（4）妥善处理尸体　死猪尸体应深埋，切不可食用，防止人发生沙门菌食物中毒。

五、仔猪梭菌性肠炎

仔猪梭菌性肠炎又称仔猪红痢、仔猪传染性坏死性肠炎，是由C型魏氏梭菌引起的初生仔猪急性传染病。该病的主要特征是出血性下痢，肠坏死，多发生于3日龄以内的仔猪，病程短，常造成初生仔猪整窝死亡，损失很大。

（一）发病特点

1. 流行病学

（1）传播途径　C型魏氏梭菌在环境中广泛存在，通常存在于土壤、尘埃、饲料、污水、粪便及人畜肠道中，在一些母猪的肠道中也有，仔猪出生后很快接触被污染的环境，将本菌随奶或污染物吞入消化道，随后进入空肠，侵入绒毛上皮组织并产生毒素，受害组织充血、出血和坏死。

（2）流行特点　任何品种的猪对该病均易感，主要发生于3日龄以内的新生仔猪，且发病快，病程短。1周以上的仔猪很少发生，同一猪群不同窝的仔猪发病率往往相差很大。病死率高，一般为50%～70%，有时可高达100%。该病没有季节性，一年四季都可发生。

2. 临床症状

（1）最急性型　仔猪出生当天就可发病，后躯沾满血样稀粪便，病猪虚弱，拒食，走路摇晃，很快进入濒死状态。少数病猪不表现症状，突然昏倒死亡。

（2）急性型　病程一般可维持2 d左右，病猪排出含有灰色组织碎片的红褐色水样稀粪。病猪迅速脱水、消瘦，一般在第3天死亡。

（3）亚急性型　病猪开始精神、食欲尚好，但持续性腹泻，有的仔猪出现呕吐和不自主运动，粪便开始为黄色软便，后因含有坏死组织碎片和气泡，变为米粥样。随着病程发展，病猪逐渐消瘦、脱水，于出生后5～7 d死亡。

（4）慢性型　病程1周以上，体温不高，呈现间歇性或持续性腹泻，粪便呈黄灰色糊状。病猪逐渐消瘦、生长停滞，数周后数头甚至整窝死亡，很少有能够耐过的仔猪。

3.剖检变化

外观无明显变化，剖检时可见胸腔和腹腔有大量的樱桃红色积液，主要病变在空肠，有时也可扩展至回肠，常见长短不一的出血性坏死，十二指肠一般无病变。

（1）最急性型　空肠呈暗红色，与正常肠段界线分明，肠腔内充满暗红色液体，有时结肠后部肠腔也含有带血液体。肠黏膜及黏膜下层广泛出血，肠系膜淋巴结深红色。

（2）急性型　出血不太明显，可见肠壁变厚，弹性消失，色泽变黄。坏死肠段浆膜下可见小米粒大小数量不等的小气泡，使肠壁显得粗糙和肥厚，肠腔内含有稍带血色的坏死组织碎片松散地附着于肠壁。肠系膜淋巴结充血。

（3）亚急性型和慢性型　病变肠段黏膜呈坏死状，可形成坏死性假膜，易于剥下，肠管外观正常。脾边缘有小出血点，肾呈灰白色，其他实质器官也呈组织变性，并有出血点。临床症状及剖检变化如图176至图179所示。

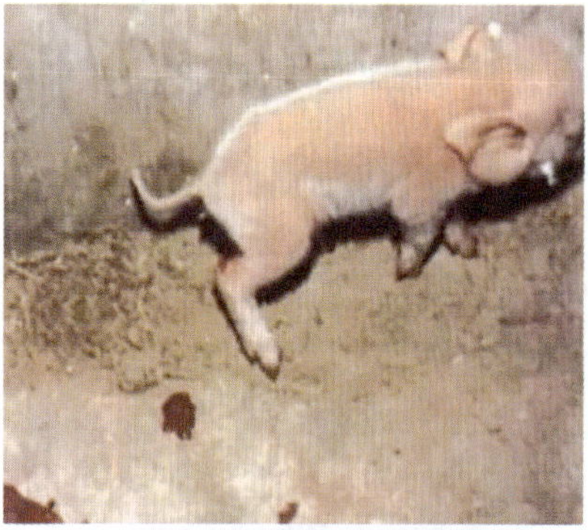

图176　仔猪排红色稀便

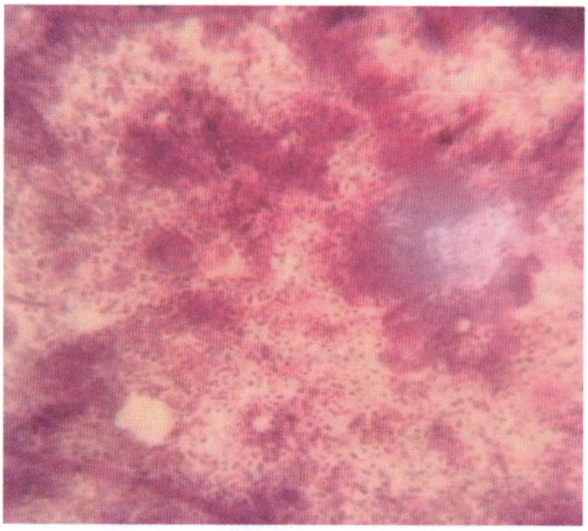

图177　病猪肠内容物革兰氏染色镜检，可见大量杆菌

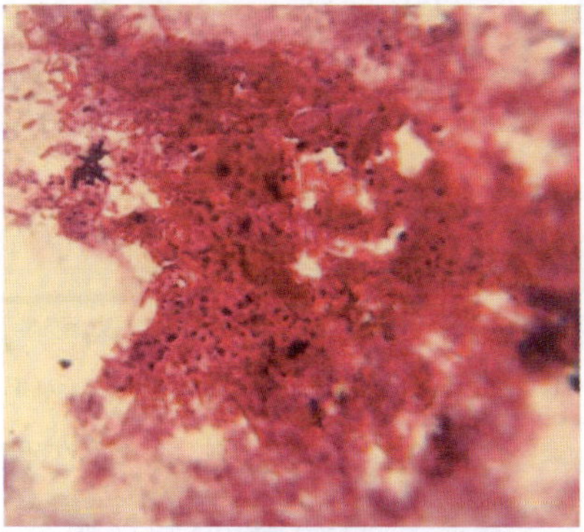

图 178　病猪肠内容物镜检，可见大量杆菌

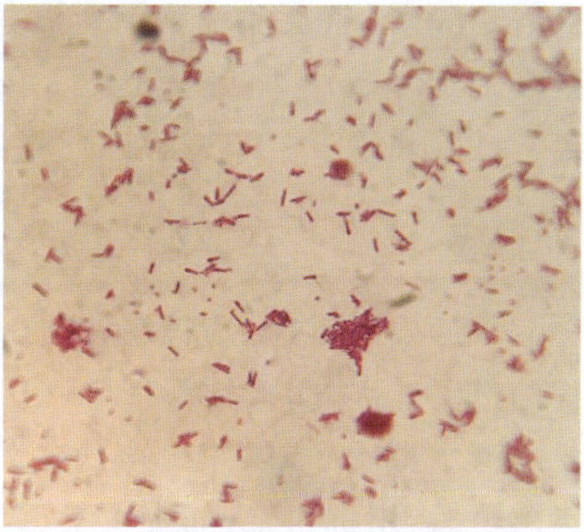

图 179　肠内容物分离培养后，镜检可见革兰氏阳性杆菌

（二）诊断

1. 病原

仔猪红痢的病原为C型魏氏梭菌（又称C型产气荚膜梭菌）革兰氏染色为阳性杆菌，菌体较大，大小(3～8) μm×(0.5～1.5) μm。无鞭毛，不运动，有荚膜，芽孢椭圆形，位于菌体中央或近端，但在人工培养基中芽孢不容易形成。在马氏血液琼脂平板上，菌落呈圆形，边缘整齐、光滑，中央隆起，呈明显溶血环。在37 ℃厌气肉肝汤中培养2～3 h即开始生长，肉汤均匀浑浊，并产生大量气体，还可产生强烈的致死α和β毒素，引起仔猪肠毒血症、坏死性肠炎。葡萄糖琼脂表面生长的菌落与空气接触后变成绿色。

C型魏氏梭菌繁殖体的抵抗力不强，一般消毒药均能杀死梭菌的繁殖体，形成芽孢后对热力、干燥和消毒药的抵抗力显著增强，强力消毒液如20%漂白粉、3%～5%的氢氧化钠溶液消毒才能使其失去活力。

2. 实验室诊断

（1）组织病料抹片镜检　取小肠病变部位的内容物，也可采取肝等内脏和胸腹水，涂片后革兰氏染色，镜检，观察到大量产气荚膜梭菌即可确诊。

（2）细菌分离　取肠内容物和肠淋巴结，接种于厌气肉肝汤，80 ℃

水浴 20 min，杀灭非芽孢菌后放入 37 ℃环境中培养。生长后移植于血液葡萄糖琼脂平板进行厌气培养，分离出病原菌毒素，可用小鼠作毒素试验和毒素中和试验进行验证。

（三）防治

该病发展迅速，病程短，一旦临床症状明显，治疗几乎不能改变病程的进展。因此，日常管理中产房要认真打扫，并进行消毒，母猪奶头要用清水擦干净，以减少该病的发生和传播。在常发病猪场，可在仔猪出生后，用抗生素，如青霉素、链霉素、土霉素、泰乐菌素、黏杆菌素、痢特灵等进行预防性口服，可取得良好的预防效果。对常发病猪场，给第一和第二胎的妊娠母猪各肌内注射 2 次 C 型仔猪红痢干粉菌苗免疫母猪，第 1 次在分娩前 1 个月，第 2 次于分娩前半个月左右，剂量为每次 5～10 mL。以后每次在产仔前半个月注射 3～5 mL，能使母猪产生较强的免疫力，仔猪仅可通过初乳获得很好的被动免疫保护。

六、猪痢疾

猪痢疾是一种危害猪的严重传染病之一，又称血痢、黑痢、黏液出血性下痢等。病猪以大肠黏膜卡他性、出血性及坏死性炎症为特征。该病呈世界性分布，我国许多省市都有发生，一旦侵入猪群，仔猪的发病率和死亡率都较高，育肥猪患病后生长速度下降，饲料利用率降低，给养猪业带来巨大的经济损失。

（一）发病特点

1.流行病学

（1）易感动物　不感染其他动物，只感染猪，各种品种和年龄的猪均易感染，但以 2～3 月龄猪发病较多，哺乳仔猪发病较少。

（2）传染源　病猪和带菌猪是主要传染源。康复猪可带菌、排菌长达数月。易感猪与临床康复 70 d 以内的猪在同一猪舍时，仍可感染发病。小鼠和犬感染后也可为传染源。

(3)传播途径 消化道是唯一的感染途径，通过污染的饲料、饮水、用具、人员、动物及环境等媒介引起间接传染。

(4)流行特点 季节性不明显，四季均有发生，流行缓慢，持续期长，流行初期多为急性经过，以后转变为亚急性和慢性病例。

2. 临床症状

该病潜伏期为 2 d 至 3 个月不等，平均为 1～2 周，常见症状为不同程度的腹泻，伴体温升高和腹痛现象，病程长的患猪还表现脱水、消瘦和共济失调。

(1)最急性型 见于暴发初期。突然死亡且死亡率很高，多数病例表现为食欲废绝，病猪肛门松弛，剧烈下痢，粪便开始时呈黄灰色软便，含黏液、血液或血块，气味腥臭。随后迅速转为水样腹泻，高度脱水，寒战，抽搐，死亡。

(2)急性型 多见于流行初、中期。体温升高达 40～40.5 ℃，食欲减少，同时因腹痛表现出弓背，并迅速消瘦，贫血。病初排稀便，继而粪便带有大量半透明的黏液而呈胶冻状，夹杂血液或血凝块及褐色脱落黏膜组织碎片。有的死亡，存活的病猪一周左右转为慢性。

(3)亚急性和慢性型 多见于流行的中、后期。病情较轻，食欲正常或稍减退，下痢时轻时重，反复发生。粪带黏液和血液，病程长的进行性消瘦，生长严重受阻，病死率低。亚急性病程为 2～3 周，慢性为 4 周以上，少数康复猪经一定时间还会复发。

3. 剖检变化

病变主要局限于大肠，最急性和急性病例表现为卡他性出血性炎症、病变肠壁肿胀，肠腔充满黏液和血液，呈红褐色或巧克力色。当病情进一步发展时，大肠壁水肿减轻，而黏膜炎症逐渐加重，出现坏死性炎症。病的后期，病变区扩大，可能分布于整个大肠，肠黏膜表面有点状坏死和伪膜，呈水泥样。刮去伪膜可露出糜烂面，肠内容物混有坏死组织碎片，血液相对较少。肠系膜淋巴结轻度肿胀、充血，腹水增量。小肠和小肠系膜及其他脏器无明显病变。临床症状及剖检变化如图 180 至图 183 所示。

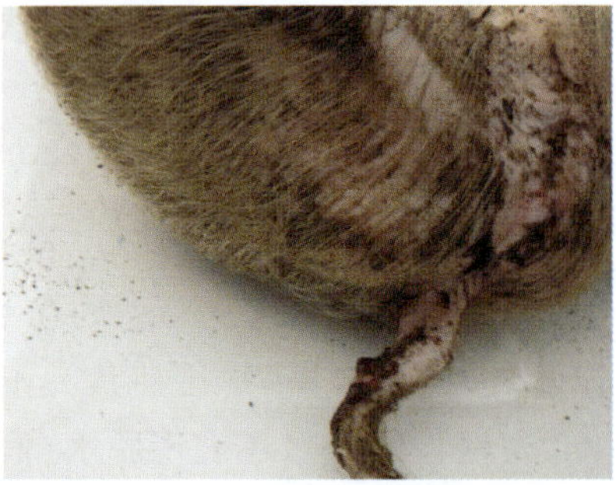

图 180　保育猪排红褐色血便

图 181　种猪肠内容物为灰色，似水泥状

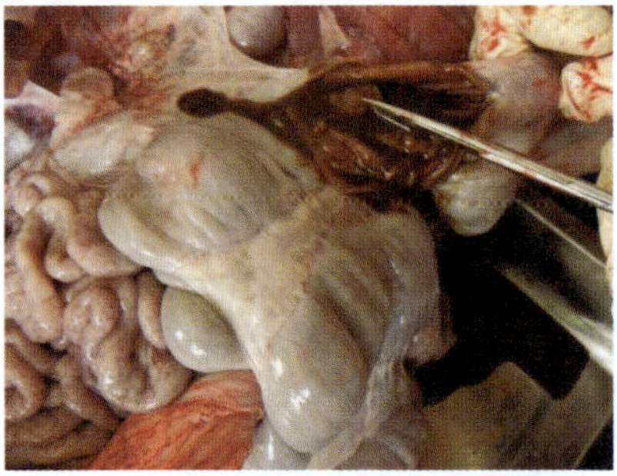

图 182　结肠出血，内容物呈红褐色

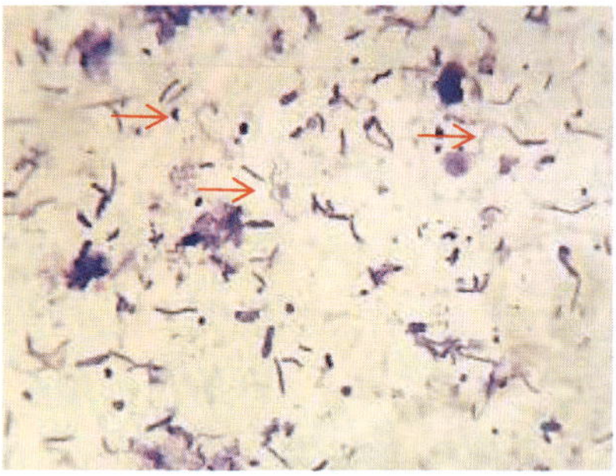

图 183　结肠内容物镜检，可见多量密螺旋体

(二)诊断

1.病原

该病病原为猪痢疾蛇形螺旋体，密螺旋体属。长 6～8.5 μm，宽 0.32～0.37 μm，多为 4～6 个疏螺弯曲，有的 5～6 个。形态为两端尖锐，如双翼状。革兰氏染色阴性，苯胺染料或吉姆萨染液着色良好，但组织切片以镀银染色更好，新鲜病料在暗视野显微镜下可见活泼的螺旋体活动。本菌严格厌氧，对培养基要求较严格，常用酪蛋白激酶消化大豆鲜血琼脂或酪蛋白激酶大豆汤培养基进行培养，纯培养物也可用鲜血琼脂培养，可见明显的 β 型溶血，溶血区内一般不见菌落，偶尔可见云雾状表面生长或针尖大透明菌落。

病原对外界环境有较强的抵抗力，在粪便内 5 ℃环境下可存活

2 个月，25 ℃能存活 7 d，对消毒药敏感，普通消毒药，如过氧乙酸、来苏儿和氢氧化钠均能迅速将其杀死。

根据流行特点、临床症状和病理变化可做出初步诊断，确诊需进一步做实验室诊断。

2. 实验室镜检

取病猪新鲜粪便（最好为带血丝的黏液）少许，或大肠黏膜直接涂片，以草酸铵结晶紫、吉姆萨氏或复红染色液染色 3～5 min，水洗阴干后，在显微镜下观察，如每个高倍（400 倍）视野下能看到 3 个以上蛇形螺旋体，即可初步确诊。应注意健康猪粪中常存在少量非致病性密螺旋体，一般只有 1 个弯曲，两端钝圆，长 4～6 μm。直接镜检法对急性后期、慢性、隐性及用药后的病例检出率很低，需进行分离培养。分离培养时，病料 10 倍连续稀释，每一稀释度取 0.05 mL 划线接种，然后厌氧培养。此外，也可将结肠病料制成悬液给公兔腹腔注射，5～10 d 后穿刺睾丸，取病料涂片、染色后镜检，确诊。

（三）防治

该病目前尚无有效菌苗，在饲料中添加药物，有短期预防作用，但不能彻底消灭，须采用综合防治措施：禁止从疫区购猪，外地引进猪需隔离观察 1 个月以上；在无该病的地区或猪场发生该病时，最好全群淘汰，猪场彻底清扫和消毒，并空圈 2～3 个月，粪便及猪舍均应彻底消毒；若不能立即做到全群淘汰，应用凝集试验或其他方法进行检疫，对感染猪群实行药物治疗，无病猪群实行药物预防。定期消毒，严格控制该病的传播。

药物治疗可选用常见的庆大霉素、四环素族抗生素等多种抗菌药物。

该病愈后易复发，须坚持药物治疗、改善饲养管理及搞好清洁卫生相结合，方能收到好的效果。

七、猪增生性肠炎

猪增生性肠炎（PPE）又称增生性回肠炎或终端性回肠炎，是由细菌引起的胃肠道综合性传染病。PPE 是生长肥育猪的一种常见病，以回肠和结肠隐窝内未成熟的肠细胞发生腺瘤样增生为特征的接触性传染病。

(一)发病特点

1.流行病学

(1)易感动物　该病的宿主范围较广，除猪外，其他多种动物都可感染。白色品种猪易感，猪群中各种年龄的猪都可感染，但多发生于断奶后仔猪，特别是 18～45 kg 的猪多见，有时也发生于刚断奶的仔猪和成年公、母猪。

(2)传染源　该病传染源主要是病猪及病菌携带猪。

(3)传播途径　该病以水平传播为主。病猪和带菌猪病原菌随粪便排出体外，污染外界环境、饲料、饮水等，经消化道感染健康猪发病。

2.临床症状

该病潜伏期 3～6 周，常发生于 6～20 周龄的生长育成猪，有急性型与慢性型之分。但无论是急性型还是慢性型，如无继发感染，体温一般都趋于正常。

(1)急性型　多发于 4～12 月龄的猪，主要表现为突然严重腹泻，排黑色油状粪便，后期转为黄色或血样粪便，不久因虚脱而死亡，发病率、死亡率均较高，可达 40%。皮肤苍白、贫血等症状对该病具有一定诊断意义。

(2)慢性型　多发于 6～12 周龄的猪，症状较轻，间歇性下痢，颜色深暗，呈糊状或水样；断奶后至育肥阶段，表现为食欲减退或废绝，消瘦、生长迟滞、被毛粗乱、精神沉郁或昏睡，少数死亡，大部分猪几天后自动痊愈，其中一些猪成为僵猪。一部分猪腹部膨大，犹如直肠狭窄猪。

(3)亚临床型　无明显的临床症状，有时发生轻微下痢，生长速度和饲料利用率明显下降。

3.剖检变化

剖检常可见小肠末端、结肠袢的上 1/3 和盲肠的肠壁增厚，肠管增粗，浆膜下和肠系膜水肿明显。肠黏膜呈分枝状皱褶，黏膜表面湿润而无黏液，有时附有颗粒状炎性渗出物。黏膜增生或增厚的程度在不同病例间存在很大差异，有些病例回肠下段明显增厚，像橡皮水管一样。有些病猪可见回肠黏膜出现不同程度的溃疡，表面覆盖有黄色、灰白色纤维素性渗出物，浆膜下层或肠系膜水肿。更多的猪表现出增生性、出血性肠炎。粪便呈黑色柏油状，回肠腔内充满凝血块，结肠内混有带血的粪便。临床症状及剖检变化如图184至图186所示。

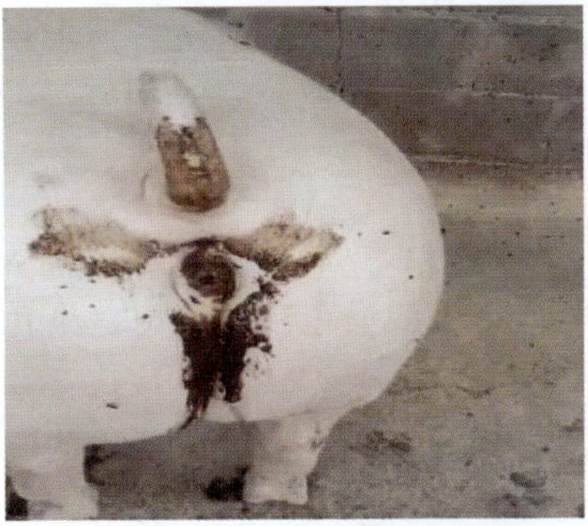
图184　病猪排红褐色血便

图185　结肠黏膜增生

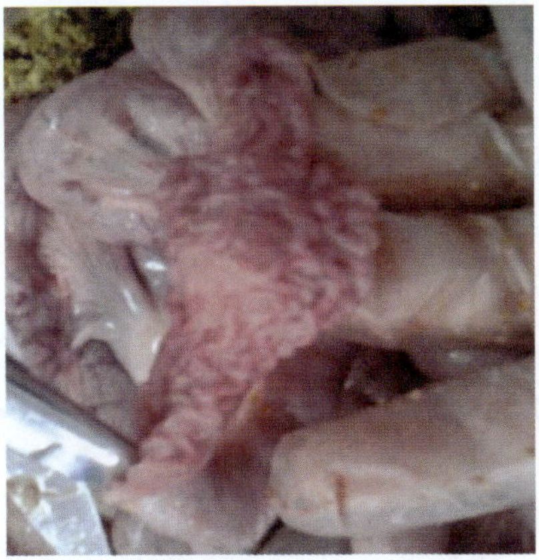
图186　回肠黏膜增生，因充血而潮红

（二）诊断

1. 病原

长期以来，一种肠上皮弯曲杆菌被认为是该病病原，直到 1993 年，随着分子生物学等技术的发展和应用，病理学家应用肠源细胞分离到胞内弯曲杆菌，并用纯培养物接种猪复制 PPE 成功，才最终确定了该菌的致病作用，并命名为细胞内劳森氏菌（也称细胞内罗松菌）。该菌仅能在活细胞内生长繁殖，具有腺瘤样特征，故本病也有增生性腺瘤病之称。

2. 实验室诊断

因增生性肠炎症状是非特异性的，故很难根据临床症状及剖检病变做出准确的诊断。实验室诊断一般采用抗酸染色法和吉姆萨染色法对肠黏膜涂片进行镜检，并结合病理变化做出初步诊断。该病常并发或继发猪痢疾、沙门菌病、结肠螺旋体病、鞭虫病等，引起严重的临床症状，要注意鉴别诊断。

（三）防治

该病由于流行广泛，加强饲养管理，改善饲养环境，采用全进全出饲养制度，提高猪体本身的抵抗力为主要预防措施；在流行期间，可在饲料中阶段性添加泰妙菌素、林可霉素、大观霉素、泰乐菌素等药物，增强机体免疫力，从而有效地预防该病的发生。

抗生素对该病的治疗有一定效果，可选用四环素和泰乐菌素，但疗效不一。

该病常与猪的霉菌中毒混合感染，预防过程中也应同时添加脱霉剂，以减少霉菌中毒发病概率，从而降低损失。

第六节　以呼吸道症状为主的传染病

一、猪圆环病毒感染

猪圆环病毒感染是由猪圆环病毒Ⅱ型引起猪的一种多系统功能障碍性传染病，临床上主要表现为断奶仔猪多系统衰竭综合征和新生仔猪先天性震颤、繁殖障碍等，并出现严重的免疫抑制，从而容易导致继发或并发其他传染病，被世界各国公认为是最重要的猪传染病之一。

（一）发病特点

1.流行病学

（1）易感动物　圆环病毒的天然宿主是猪，各种年龄、不同性别的猪均可感染该病毒，但不一定都能表现出明显的临床症状，哺乳仔猪和育成猪最易感且临床症状明显。

（2）传染源　病猪和带毒猪为该病的主要传染源。病毒存在于病猪的呼吸道、肺脏、脾和淋巴结中，从鼻液和粪便中排出。

（3）传播途径　该病毒可经口腔、呼吸道进行水平传播，也可经胎盘垂直传播。

（4）流行特点　该病的发生无季节性。因圆环病毒可破坏猪的免疫系统，使猪免疫力下降，产生免疫抑制，因此感染圆环病毒的猪易继发或并发猪繁殖与呼吸综合征、猪伪狂犬病、猪细小病毒病、猪链球菌病、猪附红细胞体病、副猪嗜血杆菌病等。该病的发生及危害程度与猪群的饲养管理及环境卫生等密切相关，各种环境因素，如拥挤、空气污浊、气候变化、饲料更换等应激因素都会削弱机体的抗病能力，继发其他传染病而加重病情，造成不同程度的经济损失。

2. 临床症状

猪圆环病毒感染主要引起断奶仔猪多系统衰竭综合征、仔猪先天性震颤和皮炎肾病综合征。

（1）断奶仔猪多系统衰竭综合征　病猪表现精神沉郁、食欲不振、发热、被毛粗乱、进行性消瘦、生长迟缓、呼吸困难、咳嗽、喘气、贫血、皮肤苍白、体表淋巴结肿大。有的表现皮肤与可视黏膜发黄、腹泻、嗜睡。临床上约有 20% 的病猪呈现贫血与黄疸症状，具有诊断意义。

（2）仔猪先天性震颤　又称抖抖病，其临床症状的变化性很大，震颤程度不等，同窝仔猪的发病数量也不定，通常表现为双侧性震颤，当仔猪休息或睡眠时可得到缓解，但受到寒冷或噪声等外界刺激时，震颤可重新激发或加重。1 周龄内出现严重震颤的仔猪往往由于不能得到哺乳而死亡，1 周龄以上的仔猪常常能耐过，也有震颤症状延至生长期或育肥期。

（3）皮炎肾病综合征　病猪皮下有圆形的红色或棕色的出血斑，多发于断奶猪和生长育肥猪。

3. 剖检变化

仔猪先天性震颤尚未见剖检病变，组织学变化主要是脊索神经的髓鞘形成不全。

发生断奶仔猪多系统衰竭综合征时，剖检可见间质性肺炎和黏液性支气管炎变化。肺脏肿胀，间质增宽，质地坚硬似橡皮样，其上面散在有大小不等的褐色实变区（间质性肺炎）。肝硬化、发暗或变浅。肾脏水肿、呈灰白色，皮质部有白色病灶。脾脏轻度肿胀，变形。胃黏膜水肿，有大片溃疡形成。盲肠和结肠黏膜出血。全身淋巴结肿大 4～5 倍，切面呈灰黄色。特别是腹股沟、肺门和肠系膜与颌下淋巴结病变明显。如有继发感染则可见胸膜炎、腹膜炎，心包积水、心肌出血、心脏变形，质地柔软。临床症状及剖检变化如图 187 至图 208 所示。

图 187　保育猪皮肤苍白

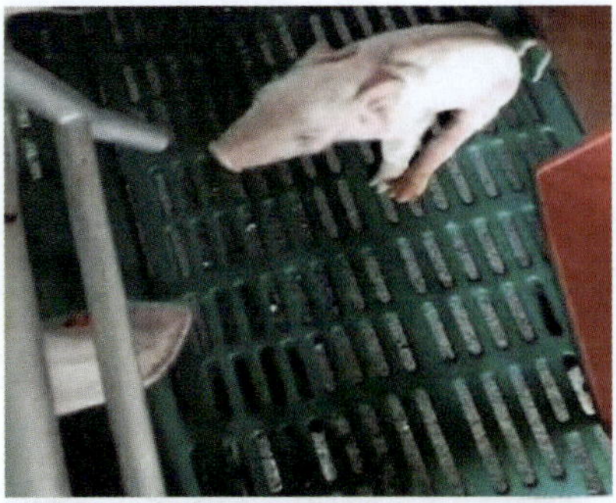

图 188　初生仔猪震颤，呈“八”字腿

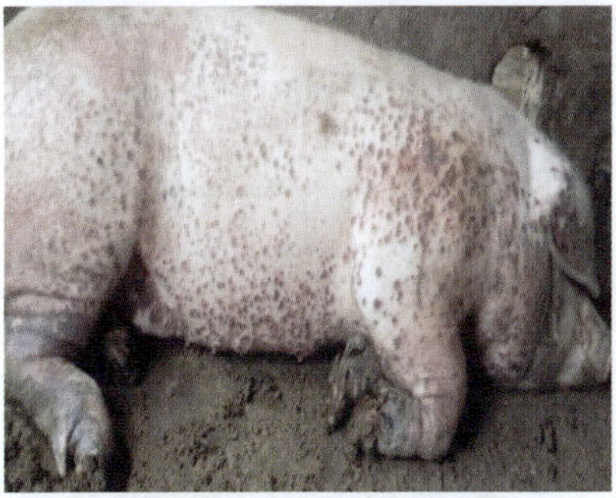

图 189　肥猪皮肤红疹

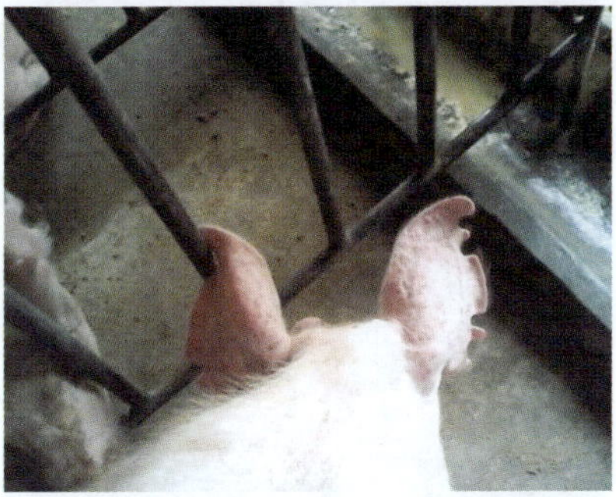

图 190　猪耳朵红色丘疹

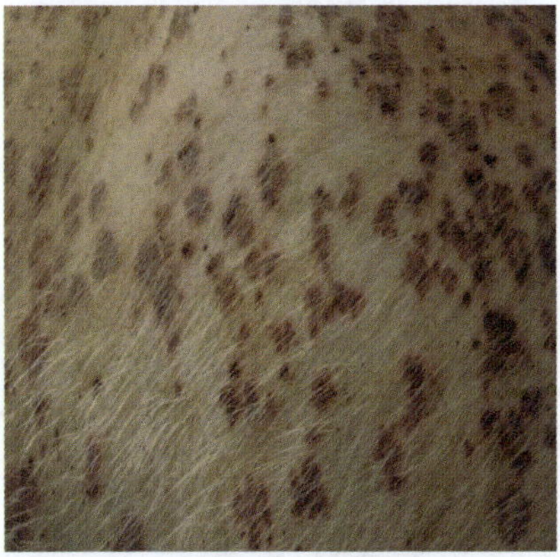

图 191　皮肤散在红色圆形凸出于皮肤表面的丘疹

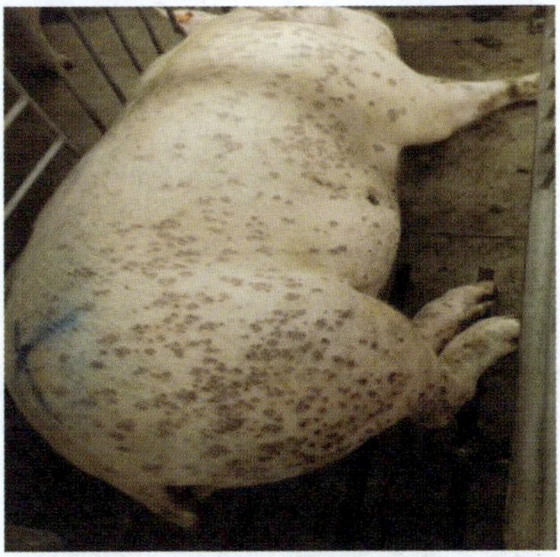

图 192　皮肤圆形丘疹

图 193　疾病前期，丘疹呈紫红色

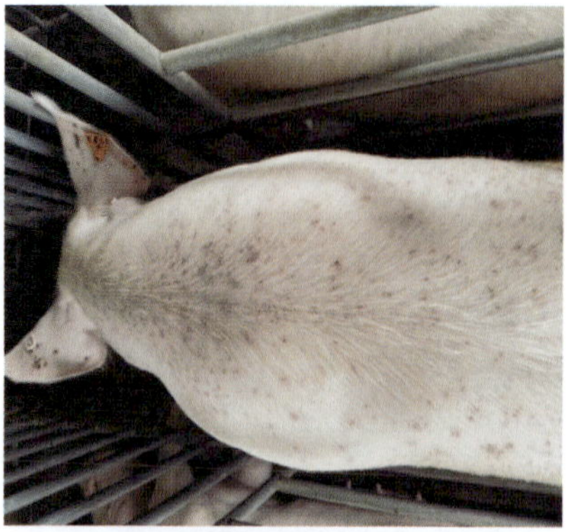

图 194　疾病后期，丘疹萎缩结痂呈黑色

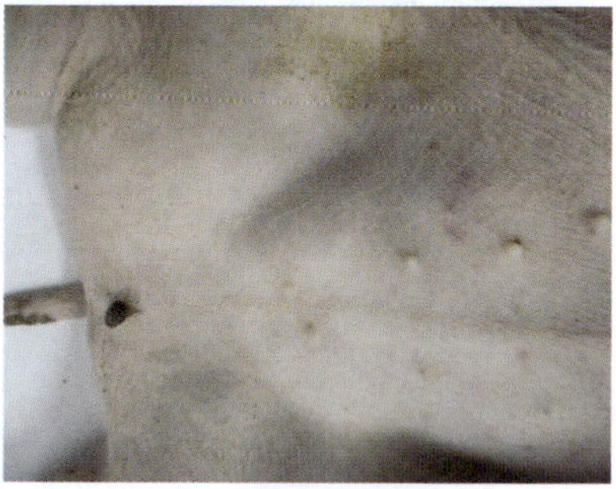

图 195　保育猪皮肤苍白，
腹股沟淋巴结肿大

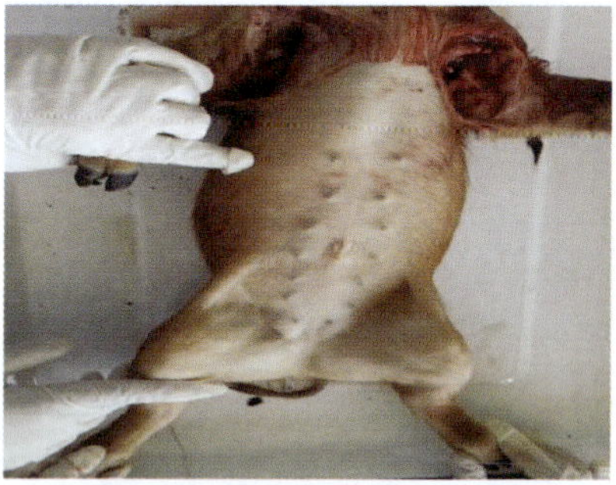

图 196　保育猪腹股沟淋巴结肿大

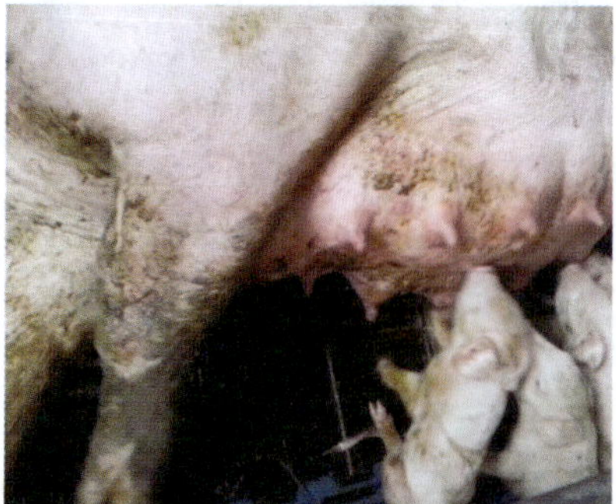

图 197　初生仔猪震颤，
乳猪找不到乳头

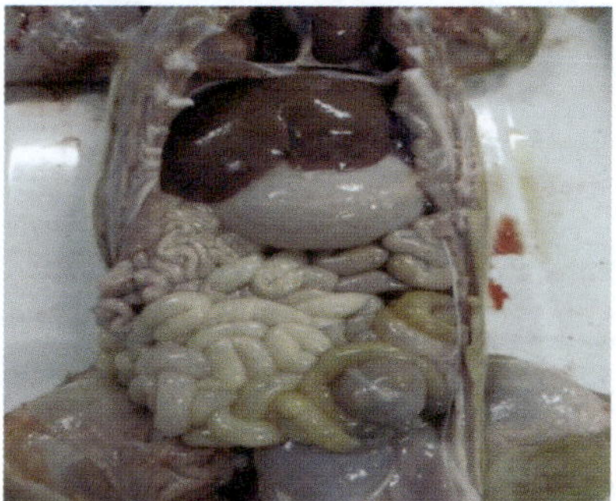

图 198　保育猪内脏颜色变浅

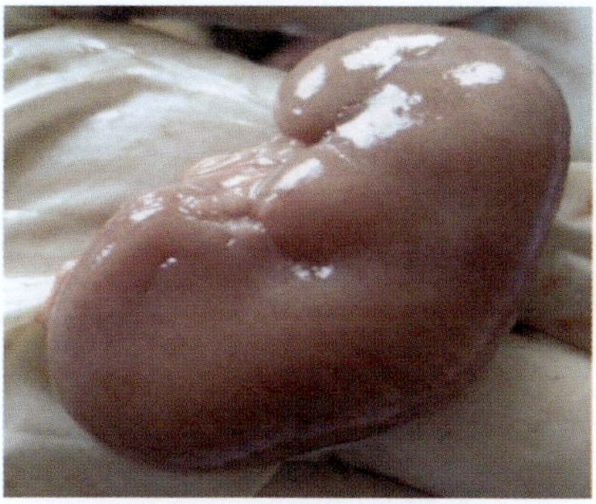
图 199 肾脏表面有沟

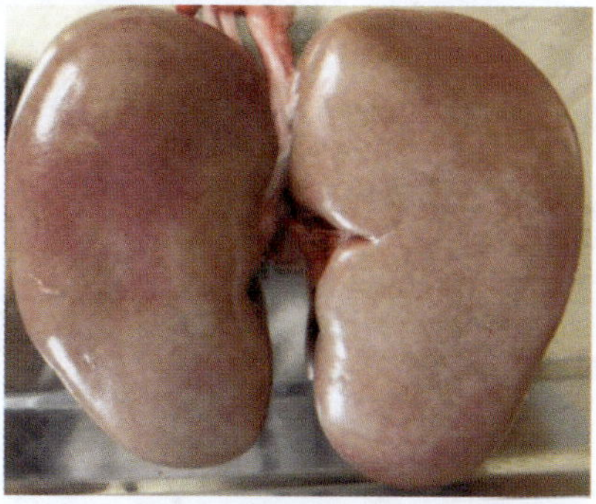
图 200 肾脏表面有大量白色坏死点

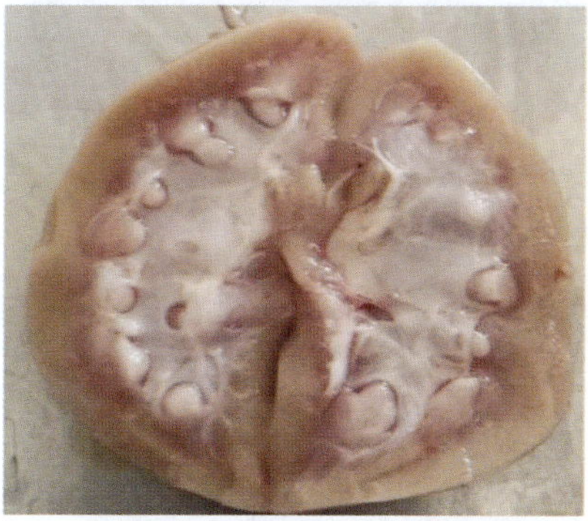
图 201 肾脏贫血颜色变浅

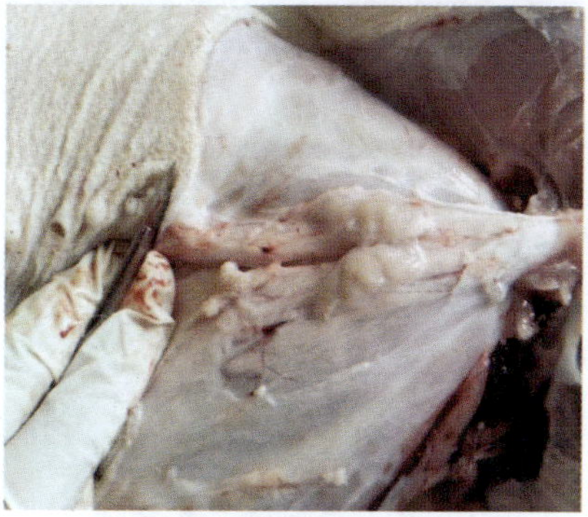
图 202 腹股沟淋巴结肿大

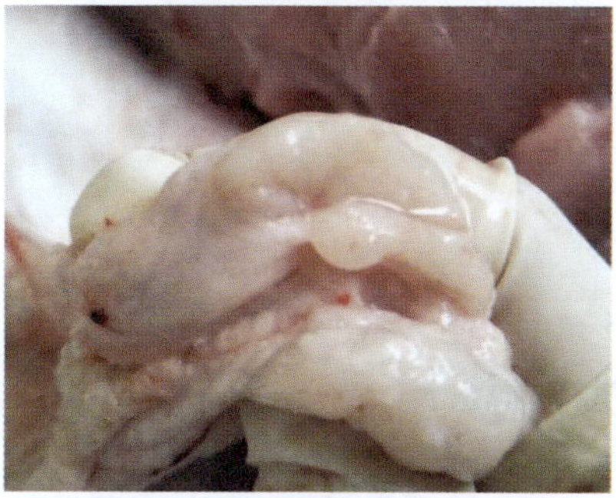
图 203 腹股沟淋巴结切面外翻，似“肥油”状

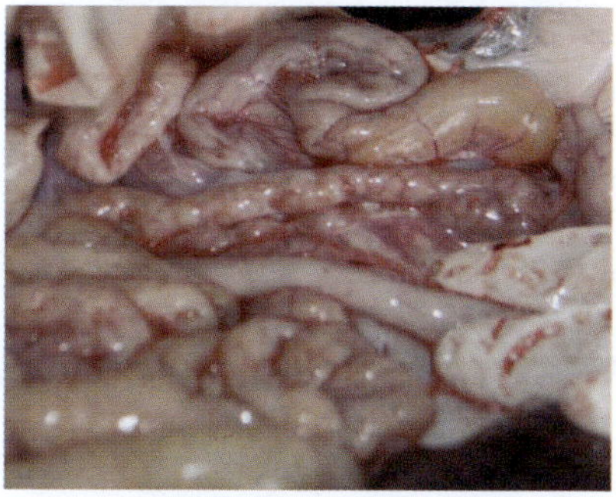
图 204 肠系膜淋巴结肿大呈索状

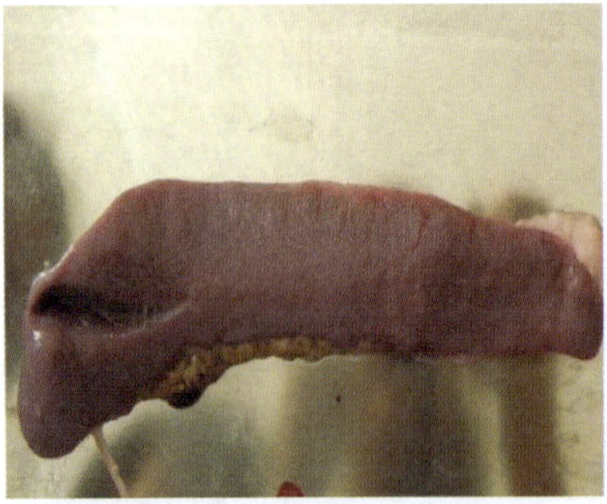

图 205　脾脏萎缩，脾头有裂痕

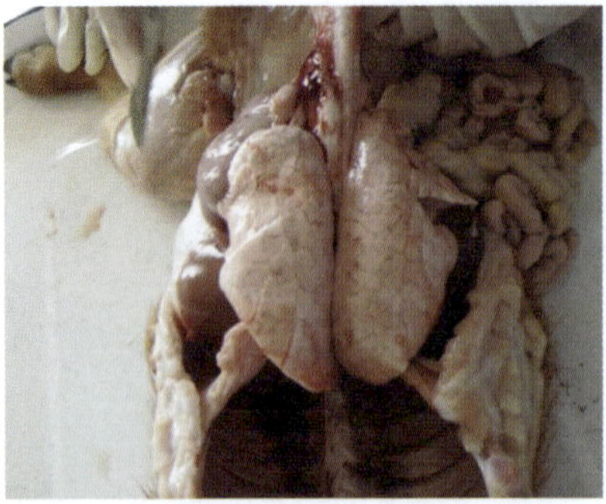

图 206　肺脏气肿，呈苍白色

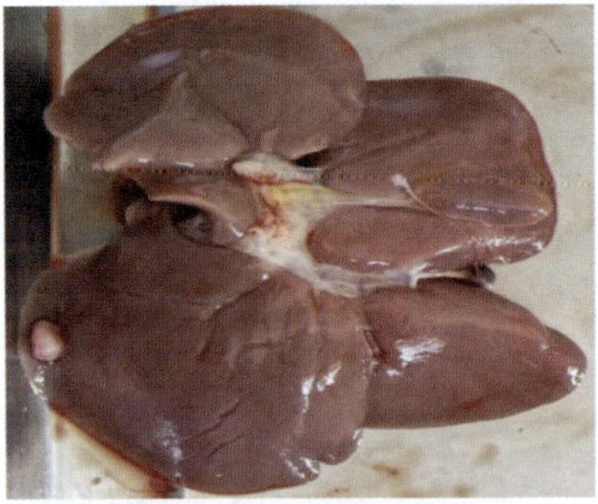

图 207　肝脏颜色变浅，胆囊充盈，胆汁稀薄

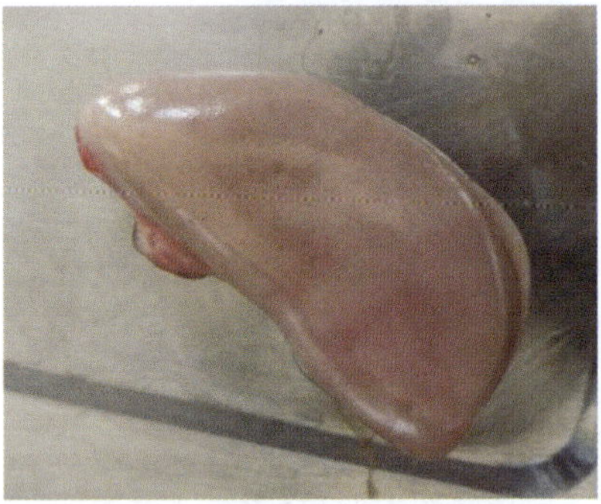

图 208　肾脏贫血，颜色变浅

（二）诊断

1. 病原

圆环病毒

猪圆环病毒是动物病毒中最小的一种病毒，其粒子直径为 14～25 nm，二十面体对称，无囊膜。该病毒分为 2 个型，即猪圆环病毒 Ⅰ型和猪圆环病毒Ⅱ型。猪圆环病毒Ⅰ型对猪无致病性，但能产生血清抗体，在猪群中普遍存在。猪圆环病毒Ⅱ型对猪有致病性，可引起猪发病。该病毒对外界环境的抵抗力较强，对氯仿不敏感，在 pH 3 的酸性环境中很长时间不被灭活。70 ℃时可存活 15 min。该病毒不能凝集牛、羊、猪、鸡等动物和人的

红细胞。

2. 实验室诊断

根据该病的流行特点，结合该病的临床症状、剖检变化和病理变化一般可以做出诊断，确诊需要进行实验室诊断。常用的实验室诊断方法有免疫荧光技术、聚合酶链反应（PCR）技术和酶联免疫吸附试验（ELISA）等。检测抗体的方法主要是酶联免疫吸附试验（ELISA）。

（三）防治

目前还没有控制和消灭猪圆环病毒感染的有效措施，也没有切实可行的疫苗预防猪圆环病毒感染。只能用一般防治措施来预防该病。

1. 购入种猪要严格检疫，隔离观察

应用酶联免疫吸附试验（ELISA）与聚合酶链反应（PCR）技术对购入种猪进行检疫，隔离饲养 1 个月，健康者方可进入猪场生产区。

2. 严格实行“全进全出”制度，落实生物安全措施

猪舍要清洁卫生，保温，通风良好，降低氨气及有害气体的浓度；饲养密度要适中，不同日龄的猪应分群饲养，不要混养；减少各种应激因素，创造一个良好的饲养环境。

3. 定期消毒，杀死病原体、切断传播途径

生产中应用 3% 的氢氧化钠溶液、0.3% 的过氧乙酸溶液及 0.5% 的强力消毒灵和抗毒威，消毒效果较好。

4. 药物预防继发感染

如应用支原净、卡那霉素、强力霉素、庆大霉素、磺胺嘧啶钠、抗病毒药等治疗，同时肌内注射维生素 B_{12}、维生素 C 及肌酐和静脉注射葡萄糖注射液等有一定的治疗效果。

二、猪巴氏杆菌病

猪巴氏杆菌病，又称猪肺疫、猪出血性败血症，俗称锁喉风或肿脖子瘟，是由特定血清型的多杀性巴氏杆菌引起猪的一种急性、散发性

或继发性传染病。急性病例以败血症和炎性出血为特点，死亡率高；慢性病例则以皮下、关节以及各脏器的局灶性和化脓性炎症为特点，呈散发性。

该病一年四季均可发生，尤其是仔猪及育成猪在春、秋两季更易发生，以秋末、春初及气候骤变季节发生最多，是危害养猪业的常见传染病，在我国属于二类疫病。

（一）发病特点

1. 流行病学

（1）易感动物　多杀性巴氏杆菌对多种动物（家畜、野生动物和禽类）和人均具有致病性。以小猪和中猪的发病率较高。

（2）传染源　患病猪和带菌猪是主要的传染源。健康猪带菌的现象比较普遍，健康猪上呼吸道中常带有本菌，但多半为弱毒或无毒的类型。有人检查屠宰猪扁桃体带菌率达63%。由于猪群拥挤、圈舍潮湿、卫生条件差、长期营养不良、处于半饥饿状态、寄生虫病、长途运输及气候骤变等不良因素，降低了猪体的抵抗力，或发生某种传染病时，病菌乘机侵入机体内繁殖，而增强毒力，引起发病。该病可以引起内源性感染。

（3）传播途径　该病主要通过消化道和呼吸道传播，经猪的飞沫或空气均可传播该病，也能通过呼吸道分泌物污染过的媒介物接触而传播。在不良因素的影响下，动物的抵抗力降低也可引起内源性感染。

2. 临床症状

该病潜伏期长短不一，依细菌毒力强弱而定，自然感染的猪快者为1～3 d，慢者为5～14 d。临床上常分为最急性、急性和慢性三种类型。

（1）最急性型　常见于流行初期，病猪于头天晚上吃喝如常，无明显临诊症状，次晨已死在圈内。症状明显的可见体温升高至41 ℃以上，食欲废绝，精神沉郁，寒战，可视黏膜发绀，耳根、颈、腹等部皮肤出现紫红色斑。较典型的症状是急性咽喉炎，颈下咽喉部急剧肿大，呈紫红色，触诊坚硬而热痛，重者可波及尾和前胸部，致使呼吸极度困难，叫声嘶哑，常两前肢分开呆立，伸颈张口喘息，口鼻流出白色泡沫液体，有时混有血液，严重时呈犬坐姿势张口呼吸，最后窒息而死。病程 1～2 d。病死率较高。

(2)急性型　是该病常见的病型，主要表现为肺炎症状，体温升至 41 ℃左右，精神差，食欲减少或废绝，初为干性短咳，后变湿性痛咳，鼻孔流出浆性或脓性分泌物，触诊胸壁有疼痛感，听诊有啰音，呼吸困难，结膜发绀，皮肤上有红斑。初便秘，后腹泻，消瘦无力。大多 4～7 d 死亡，不死者常转为慢性。

(3)慢性型　初期症状不明显，继而出现食欲和精神不振，持续性咳嗽，呼吸困难，进行性消瘦，行走无力等情况。有时发生慢性关节炎，关节肿胀、跛行。有的病例还发生下痢。如不加治疗常于发病 2～3 周后衰竭而死。

3. 剖检变化

(1)最急性　常表现为败血症，全身皮下、黏膜有明显的出血。咽喉部黏膜因炎性充血、水肿而增厚，使黏膜高度肿胀、引起声门部狭窄。周围组织有明显的黄红色出血性胶冻样浸润。淋巴结急性肿大，切面红色，颚、咽及颈部淋巴结明显，甚至出现坏死。胸腔及心包积液，并有纤维素。肺充血、水肿。脾有点状出血，但不肿大。心外膜出血。

(2)急性型　主要表现为肺部炎症。肺小叶间质水肿增宽，有不同时期的肝变期，坚实如肝，切面有暗红、灰红或灰黄等不同颜色，呈大理石样。支气管内充满分泌物。胸腔和心包内积有多量淡红色浑浊液体，内混有纤维素。胸膜和心包膜粗糙无光泽，上附纤维素，甚至心包和胸膜发生粘连。支气管和肠系膜淋巴结有干酪样变化。剖检变化如图 209 至图 214 所示。

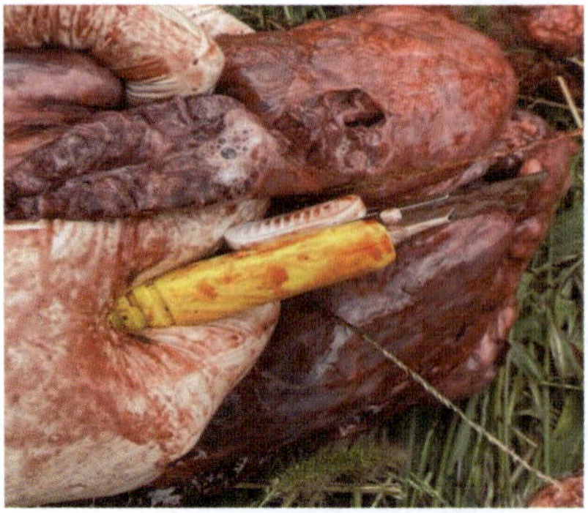

图 209　肺脏出现淤血，切面有大量血沫

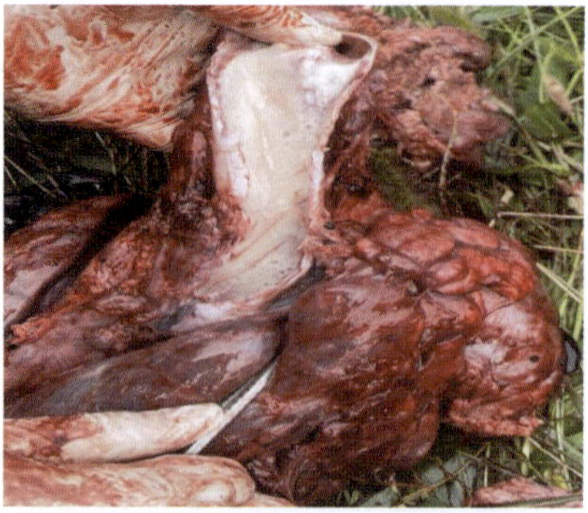

图 210　气管内有大量痰液

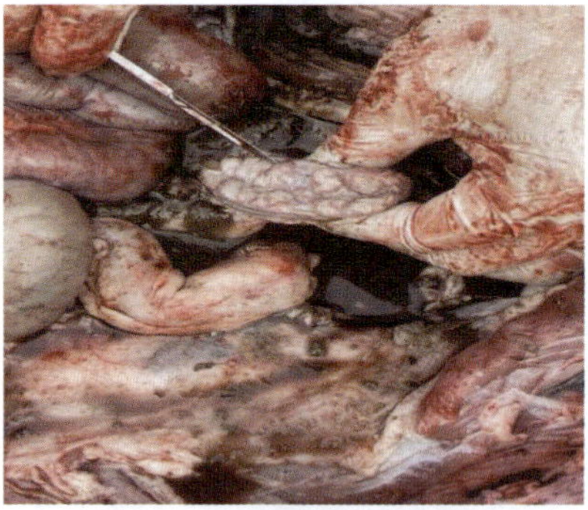

图 211　淋巴结肿大出血，切面呈车轮状

图 212　胸腔粘连，血液凝固不良

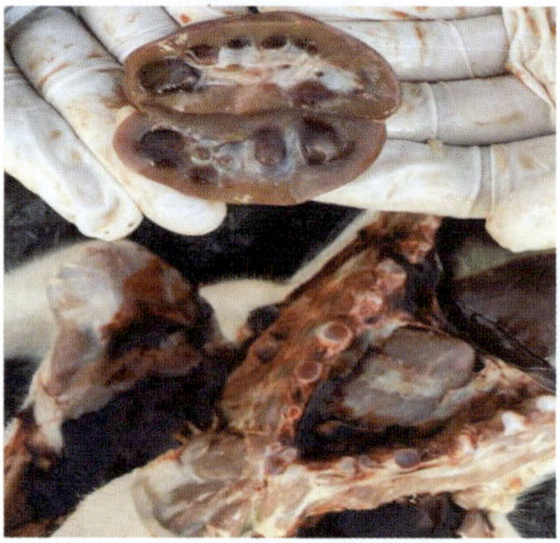

图 213　心包腔纤维素性渗出，肾乳头出血

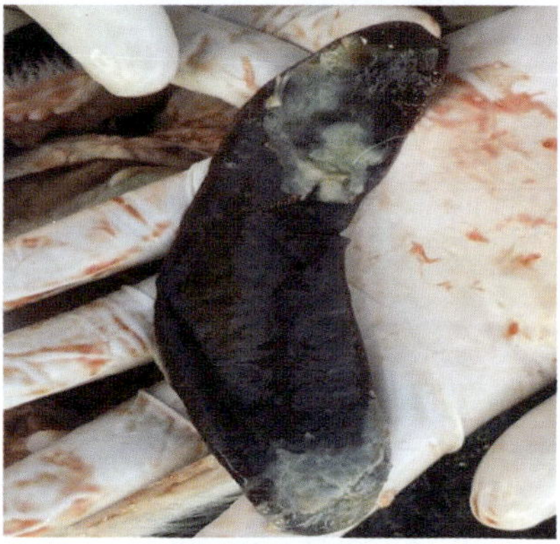

图 214　脾脏肿大出血呈紫黑色，脾脏纤维素性粘连

(二)诊断

1.病原

猪巴氏杆菌病是由流行性多杀性巴氏杆菌引起的,属革兰氏染色阴性菌。呈急性败血性病程,以咽喉病变为主。对外界抵抗力不强。加热至60 ℃、1%石炭酸、5%石灰乳或1%漂白粉均能在1 min内将其杀死。

2.实验室诊断

采取肝、脾、肺、胸腔液或腹腔液等病料,制成涂抹片,用碱性亚甲蓝液染色后镜检,当从各种病料涂片中均见有两极着色的小杆菌时,即可确诊。如果只在肺涂片中见到少数巴氏杆菌,而在其他组织的涂片中未见巴氏杆菌,而肺脏又无明显病变,则可能是带菌猪,不可直接判定为猪肺疫。

注意与猪瘟、猪丹毒区别诊断,另外急性咽喉炎病例要与急性炭疽区分,猪很少发生急性炭疽。

(三)防治

(1)预防该病必须贯彻“预防为主”的方针,消除降低猪体抵抗力的一切不良因素,加强饲养管理,做好兽医卫生工作,以增强猪体的抵抗力,防止发生内源性感染。

(2)定期免疫接种,每年春、秋两季定期进行预防注射,以增加猪体的特异性抵抗力。我国目前使用两种菌苗,一为猪肺疫氢氧化铝菌苗,断奶后的大小猪只一律皮下或肌内注射5 mL。注射后14 d产生免疫力,免疫期为6个月。口服猪肺疫弱毒冻干菌苗,按瓶签说明的头份,用水稀释后,混入饲料或饮水中喂猪,使用方便。不论大小猪,一律口服1头份,免疫期为6个月。还有供注射的弱毒疫苗。

(3)发病时,应及时隔离患病猪,并对墙壁、地面、饲养用具进行严格消毒,垫草烧掉或与粪便堆积发酵。

(4)及时治疗,青霉素、链霉素和四环素类抗生素都有一定疗效,用抗生素和磺胺类药物合用则疗效更好。抗猪肺疫血清(抗出血性败血症多价血清)在疾病早期应用,有较好的效果。

三、猪支原体肺炎

猪支原体肺炎
病猪呼吸困难

猪支原体肺炎又称猪地方流行性肺炎，俗称猪气喘病，是由猪肺炎支原体引起的猪的一种慢性呼吸道传染病。主要临床症状为咳嗽、气喘、呼吸困难，病理变化为融合性支气管肺炎，可见尖叶、心叶、中间叶和膈叶前缘呈“肉样”或“胰样”实变。

该病死亡率虽不高，但长期以来一直被认为是最常发生、流行最广、最难净化的重要疫病之一，是当前集约化养猪业的主要呼吸系统传染病，给养猪业造成了重大经济损失。

（一）发病特点

1.流行病学

（1）易感动物　该病只能使猪患病，其他的家畜、动物和人都不感染。任何年龄、性别、品种和用途的猪都能感染发病。哺乳仔猪患病后症状明显，死亡率高。

（2）传染源　病猪和隐性带菌猪是该病的主要传染来源，特别是隐性带菌病猪是最大的祸根，引种不慎将隐性病猪引入后，常造成该病的流行。病母猪常使吃奶小猪受到传染，在产仔季节，几窝小猪互相串群，或断奶后并群，相互传染，使该病在猪群绵延不断。加之病猪在很长时间内，甚至在病状消失后，还可排出病原体。因此，一个猪场一旦传入该病后，如不下决心，采取综合措施，很难净化该病。

（3）传播途径　病原体存在于病猪呼吸器官内，随病猪咳嗽、气喘和喷嚏的飞沫排出体外。病猪与健康猪同圈，同运动场或同地放牧直接接触时，经呼吸道感染发病。

（4）流行特点　该病一年四季均可发生，但一般在气候多变、阴湿、寒冷的冬春季节发病严重，症状明显。以慢性经过为主，新发病的疫区常呈急性暴发，老疫区呈隐性经过。饲养管理和卫生条件不良是该病发生和加重的主要因素。

2. 临床症状

该病的潜伏期一般在 4～10 d,有的更长,可达 1 个月以上。大多呈慢性经过,主要的临床症状为咳嗽和气喘,体温、食欲和精神都无明显变化,随着病情的发展,其主要症状表现明显。

病的早期,病猪,特别是小猪,主要症状就是咳嗽,在吃食、剧烈跑动、早晨出圈、夜间和天气骤变时发生最多,大多为单声干咳。病猪体温、精神、食欲都无明显变化。随着病程延长,咳嗽增重,次数增多,由单声咳嗽变为五六声,甚至 10 余声连续咳嗽,干咳变为湿咳。病猪咳嗽时常站立不动,弓背、伸颈、头下垂几乎接近地面,直到把呼吸道中的分泌物咳出为止。

病的中期,出现喘气症状,腹部随呼吸有节奏地扇动,特别是在站立不动或静卧时明显,呼吸次数每分钟 40～70 次,甚至达到 100 次左右,小猪为多。一般情况下,病猪的精神、食欲和体温也无多大变化。

病的后期,呼吸急促,呼吸次数增多,病猪呈犬坐姿势,张口呼吸或将嘴支于地面喘息,表情十分痛苦,咳嗽次数少而沉弱,似有分泌物堵塞,难以咳出。听诊肺部有干性或湿性啰音,呼吸音似拉风箱样。这时病猪精神委顿,食欲废绝,体温可能超过 40.5 ℃,被毛粗乱,结膜发绀,怕冷,行走无力,最后可因衰竭窒息而死。

3. 剖检变化

该病的主要病变在肺脏和肺门淋巴结及纵隔淋巴结。肺的心叶、尖叶、膈叶前下缘及中间叶,发生对称性实变。实变区大小不一,呈淡红色或灰红色,随病程延长,病变部转为灰白色或灰黄色。初带有胶样浸润的半透明状,呈淡灰红色,界线分明,如鲜嫩肉样,俗称肉变,切面压之流出黏性浑浊的灰白色液体。随着病程的发展,病变部的颜色转为灰白或灰黄,硬度增强,和胰脏组织相似,有“胰变”之称。随病期延长,胶样浸润减轻,在肺膜下陷处可见粟粒大黄白色小点,切面致实、隆起,小支气管壁肥厚,从小支气管壁中流出白色黏液或带泡沫的暗红色液体。病变部与周围组织有不同程度的淤血和水肿。肺门和纵隔淋巴结肿大,质硬,断面呈黄白色,淋巴滤泡明显增生。其他内脏一般无明显变化。剖检变化如图 215 至图 218 所示。

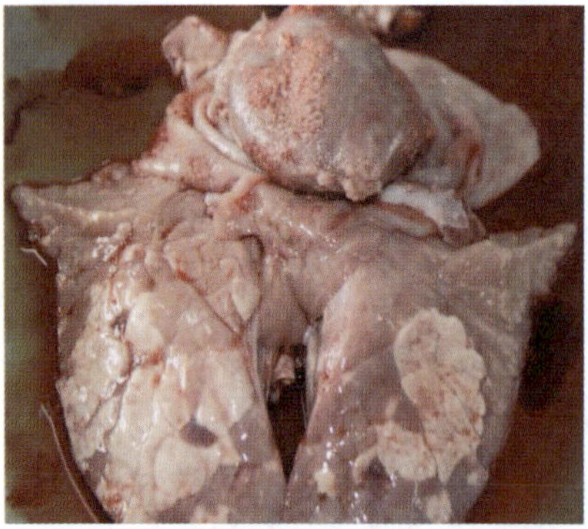

图 215 肺脏对称性病变，肺气肿

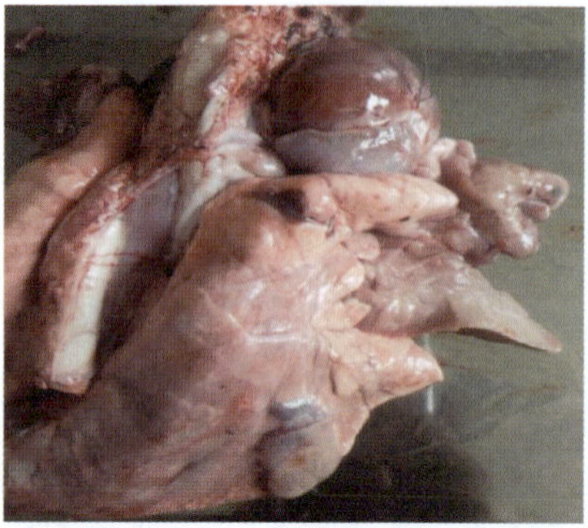

图 216 肺间叶肉变

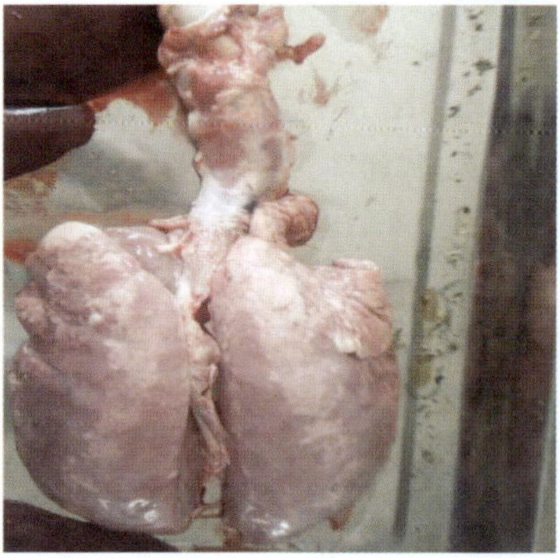

图 217 肺脏大面积实变，呈对称性

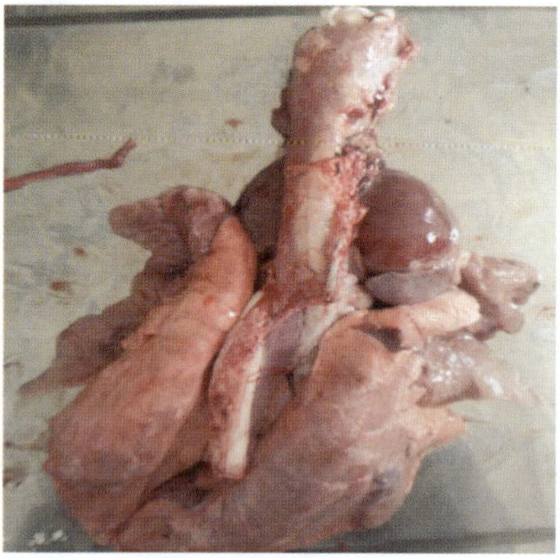

图 218 肺间叶、心叶对称性实变，肺萎缩

(二)诊断

1. 病原

猪气喘病引起病猪干咳

猪肺炎支原体是一种较小的，呈球状、环状、点状、杆状和两极状等多形态的微生物。本菌不易着色，可用吉姆萨或瑞特氏染色，能在无细胞的人工培养基上生长，但发育极为困难，要求有严格的培养基条件，分离用的培养基大多是组织培养基平衡盐类溶液，加入乳清蛋白水解物，酵母浸出物及猪血清，培养材料中必须没有其他支原体存在。本菌对乙醚

敏感，对葡萄糖能利用并产酸，1∶5 000 的亚甲蓝溶液可抑制生长。适于在 37 ℃有氧条件下培养。

病原体对外界环境及理化因素的抵抗力不强，当病原体排出体外后，其生存时间一般不超过 36 h，日光、干燥及常用的消毒液，都可在较短时间杀灭病原。病肺组织中的病原体在 −5 ℃ 可保存 45 d，在 1～4 ℃ 可存活 7 d。对青霉素、链霉素和磺胺不敏感。在人工感染时，用壮观霉素、金霉素、土霉素、卡那霉素、林可霉素、泰乐菌素等广谱抗生素，可阻止肺炎病变发展。常用的化学消毒剂均能达到消毒目的。

2. 实验室诊断

根据流行特点、临床症状、病理变化及血清学试验，可以对该病做出确诊。最常见的是呼吸道症状，急性感染要与猪流感相区别，慢性感染注意与传染性胸膜肺炎、猪肺疫、猪肺丝虫病、蛔虫病等相区分。临床症状明显的病变诊断较容易，隐性患猪需进行血清学诊断或 X 线透视检查。在流行特点上，冬春季多发；土种猪、新疫区易暴发，症状严重；老疫区多为慢性或隐性经过，常呈地方性流行。在临床上主要表现为慢性干咳，生长发育迟缓，病程长，死亡率低，发生及扩散慢，反复发作，体温变化不大。

（三）防治

1. 定期预防接种

接种疫苗是预防该病的重要措施，通常采用猪支原体灭活疫苗和猪肺炎支原体兔化弱毒苗进行免疫接种。由于无法预测仔猪在何时会受到感染，考虑到母源抗体对疫苗的影响，两周龄以后的哺乳仔猪应首免一次。种猪每年春秋各注射疫苗一次，到确定留种时再进行第二次免疫，育肥猪不做二免。

2. 药物治疗

抗生素类药如泰乐菌素、林可霉素、氟甲砜霉素、泰妙灵、四环素、土霉素、卡那霉素、金霉素对猪肺炎支原体均有较好的治疗作用，但总的来说，抗生素不会阻止感染的发生，且一旦停止用药，很快就会复发。

3.综合防治措施

培育和建立无特定病原(SPF)猪群,以新培育的健康母猪取代原来的母猪(但由于猪肺炎支原体可以通过气溶胶传播,很难隔离阻断,而且花费很大,可操作性不强)。

人工清除干粪,加强通风、消毒,降低舍内氨气浓度,减少尘埃,保持栏舍清洁干燥,减少各种应激因素;尽可能自繁自养,全进全出,远离感染猪群及生猪贩运的主干道,降低猪群饲养密度,必须引进种猪时,应远离生产区隔离饲养三个月,并经检疫证明无疫病,方可混群饲养。

仔猪断奶后 10～15 d 内环境温度应为 28～30 ℃,保育阶段温度应在 20 ℃以上,最少不低于 16 ℃。保育房、产房还要注意减少温差,同时注意防止猪群过度拥挤,使用良好的地板隔离,对猪群进行定期驱虫。

给种猪和新生仔猪接种疫苗,以提高猪群免疫力。加强饲养管理,保持猪群合理、均衡的营养水平,对控制该病有重要的作用。

四、猪传染性胸膜肺炎

猪传染性胸膜肺炎是由胸膜肺炎嗜血杆菌引起的一种高度接触传染性较强的呼吸道传染病。该病以胸膜肺炎症状和病变为特征,急性型死亡率高,慢性型常能耐过,但生长速度降低。随着集约化养猪的发展,该病呈逐年增多的趋势,并成为猪的重要传染病之一。日本、韩国、泰国等数十个国家以及中国内地均有发生。

(一)发病特点

1.流行病学

(1)易感动物　该病对不同年龄的猪均有易感性,尤以断奶猪与架子猪发病率最高。

(2)传染源　病猪和带菌猪是该病的主要传染源,尤其慢性带菌猪是重要的传染源。

(3)传播途径 该病病菌主要存在于病猪的呼吸道中,主要通过相互接触传播。在急性暴发期,猪传染性胸膜肺炎可通过空气跳跃式传播。集约化猪场最易接触感染,人工授精传播该病的可能性不大,但公猪的移动也能引起该病的传播。

(4)流行特点 新疫区一般传染性较高,老疫区则趋于稳定。拥挤、猪舍有害气体浓度过高、气温突变、相对湿度过高、猪的移动及并群等应激因素,都有助于该病的发生和传播。在急性暴发期,发病率可高达90%以上。

2.临床症状

(1)最急性型 多见于断奶仔猪。病猪突然发病,体温升高至41.5 ℃,初期精神沉郁、食欲废绝,咳嗽,呼吸困难,常出现心脏衰竭,短期轻度腹泻和呕吐。中后期则张口呼吸,呈犬坐姿势。口、鼻、四肢皮肤出现蓝紫色。一般发病1 d左右死亡,死前从口和鼻孔流出带泡沫血样渗出物,也有个别猪不见任何症状突然死亡。

(2)急性型 病猪体温升高至40.5～41 ℃,食欲减退,呼吸困难,张口伸舌,咳嗽,心衰,皮肤发红或出现紫斑,可发生死亡或转为慢性型。

(3)慢性型 常由急性转变而成,在慢性感染猪群中,常有大量无症状病猪。有时可见病猪体温升高至39～40 ℃,有些病例无症状,间歇性咳嗽,病情缓和,增重速度下降。但有时在其他病原体感染或应激条件下,可能使症状加重,甚至转为急性。

3.剖检变化

病变主要存在于呼吸道,特别是以局部肺炎病变为主。肺炎多为两侧性,涉及心叶、尖叶和部分膈叶,与周围健康组织界线分明,纤维素性胸膜炎明显。

(1)最急性与急性型 突然死亡的猪,剖检多无明显病变。急性型剖检可见胸腔内有血样液体,呼吸道气管和支气管内充满带血色的黏液性的泡沫渗出物,肺呈紫红色、坚实、切面似肝、间质充满血色黏液性液体,黏膜水肿、出血。全身淋巴结肿大,暗红色,切面呈大理石状花纹。

(2)慢性型　可见肺脏有大小不同的脓肿样结节,并由一层厚的结缔组织膜包裹,有黄色胶样渗出物,心包膜与心脏粘连,如图 219 和图 220 所示。有些病例肺部病变消失,只残留部分病灶和胸膜粘连。

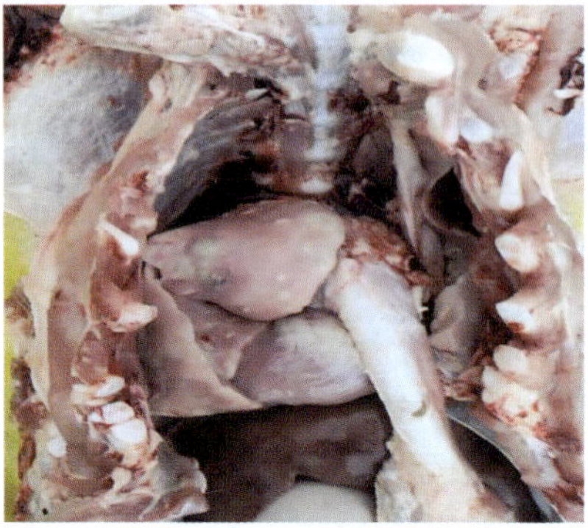

图 219　胸腔粘连,肺脏散在大小不一的坏死结节

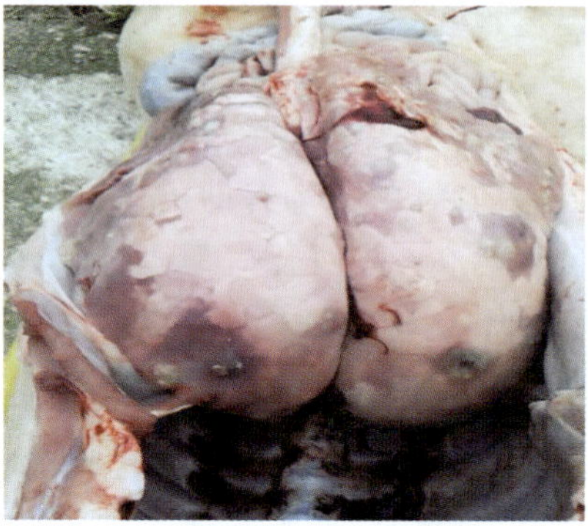

图 220　肺脏有大量坏死结节,肺气肿

(二)诊断

1. 病原

该病病原为胸膜肺炎嗜血杆菌,也称胸膜肺炎放线杆菌。属革兰氏染色阴性、微小至中等大小的球杆状或小杆状菌。有时形成丝状,并表现出多形性和两极着色性。有荚膜,无运动性,属兼性厌氧菌。本菌抵抗力不强,常用的消毒药均能将其杀死。

2. 鉴别诊断

该病与猪肺疫、猪支原体肺炎的症状、病变相似,应注意区别。可进行实验室诊断。

(三)防治

1. 预防

搞好猪舍日常环境卫生。坚持自繁自养,加强检疫,严格消毒,严防将带菌猪引入。

2. 定期接种

免疫母猪通过初乳传递的母源抗体可在5～9周内保护仔猪免受感染，所以仔猪首免不应早于6～8周龄，首免后隔2周再免一次。初产的妊娠母猪产前6～7周首免，产前2～3周加强免疫1次；经产母猪每次分娩前2～3周免疫1次，种公猪在引入时或6月龄进行免疫。

3. 合理治疗

早期治疗效果较好，恩诺沙星有特效，也可以选用青霉素、氨苄青霉素及头孢菌素（先锋）等药物。另外庆大霉素、多黏菌素、增效磺胺及四环素也有一定效果。若猪食欲正常，可采取注射与口服同时给药治疗。胸膜肺炎放线杆菌容易产生耐药性，因此在饲料中不可长期添加同一种抗生素药物。

五、猪传染性萎缩性鼻炎

猪传染性萎缩性鼻炎是由产毒性多杀性巴氏杆菌单独或与支气管败血波氏杆菌联合引起猪的一种慢性呼吸道传染病。其特征是生长迟缓、鼻炎、鼻甲骨萎缩和鼻变形。断奶以后的仔猪感染，症状较轻，3月龄以上的猪感染多呈隐性。我国将其列入二类动物疫病。

（一）发病特点

1. 流行病学

（1）易感动物　任何年龄的猪均可发生感染，尤其以幼龄猪和生长阶段的猪易感。其他动物如犬、猫、牛、马、鸡、兔、鼠和人，也能引起慢性鼻炎和支气管肺炎。

（2）传染源　病猪和带菌猪是该病的主要传染源。

（3）传播途径　该病主要通过飞沫或气溶胶经口、鼻感染猪，也可通过呼吸道分泌物污染的媒介物接触传播。

（4）流行特点　该病传播比较缓慢，多为散发。存在明显的年龄相关性，年龄越小感染率越高，临床症状越严重。只有生后几天至几周的仔猪感染后才能产生鼻甲骨萎缩，成年猪感染后看不到症状而成为带菌猪。营养水平、遗传因素，不同的品种和品系以及饲养密度大、卫生条件差、通风不良等因素均可促使发病。

2. 临床症状

最初呈现鼻炎症状，多见于6～8周龄仔猪。表现为喷嚏(当饲喂和运动时表现尤为剧烈)、剧烈地将鼻端向周围的墙、物上摩擦，鼻腔流出(少量)浆性或黏性、脓性鼻汁，吸气时鼻开张，发出鼾声，严重的张口呼吸。鼻泪管阻塞，可见流泪及附着于眼内角下的弯月形的黄、黑色斑点(泪斑)。继鼻炎后出现鼻甲骨萎缩，致使鼻腔和面部变形，是该病的特征症状。如两侧鼻甲骨病损相同时，外观鼻短缩；若一侧鼻甲骨萎缩严重，则使鼻弯向一侧；鼻甲骨萎缩额窦不能正常发育，使两眼间宽度变小，头部轮廓变形。体温一般正常，病猪生长停滞，难以肥育，有的成为僵猪。但多数病猪出现鼻甲骨萎缩与感染周龄和是否发生重复感染以及其他应激因素存在与否的关系非常密切。感染时年龄越小，则发生鼻甲骨萎缩的越多，也越严重。一次感染后，若无发生新的重复或混合感染，萎缩的鼻甲骨可以再生。有的鼻炎延及筛骨板，则感染可经此扩散至大脑，发生脑炎。此外，病猪常有肺炎发生，其原因可能是鼻甲骨损坏，异物和继发性细菌侵入肺部，也可能是主要病原的直接作用。因此，鼻甲骨的萎缩会促进肺炎的发生，而肺炎又反过来加重鼻甲骨萎缩过程。临床症状如图221至图224所示。

3. 剖检变化

一般局限于鼻腔及其周围组织。剖检见鼻腔的软骨和骨组织软化和萎缩，主要是鼻甲骨有萎缩，特别是鼻甲骨的下卷最为常见。有时上下卷都呈现萎缩状态，甚至鼻甲骨完全消失。有时也可见鼻中隔部分或完全弯曲。鼻黏膜充血水肿，鼻窦内常积聚多量黏性、脓性或干酪样分泌物。肝、肾表面有淤血斑，脾表面广泛性点状出血或边缘有梗死灶，肺萎缩。

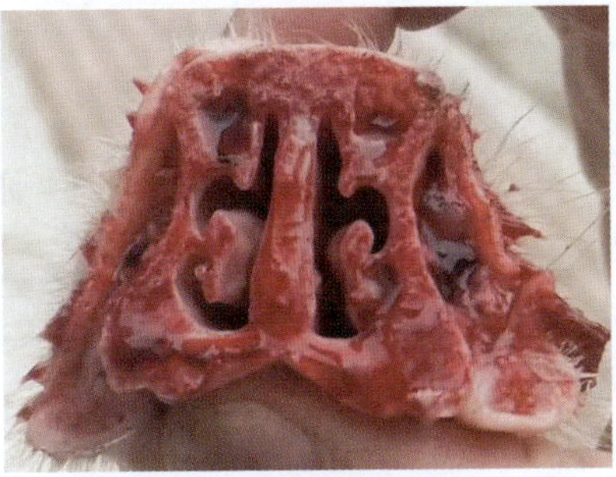

图 221　鼻腔充血、出血，鼻甲骨萎缩

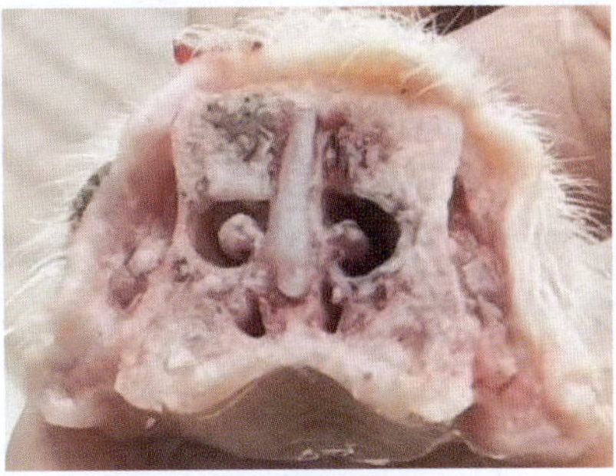

图 222　鼻甲骨萎缩，鼻腔内有干酪样物

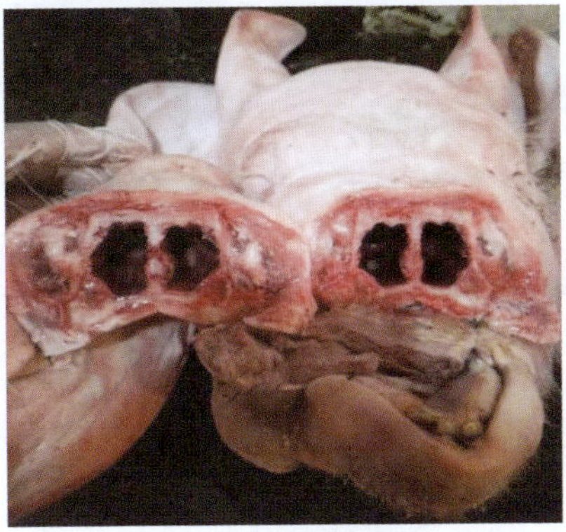

图 223　鼻甲骨萎缩

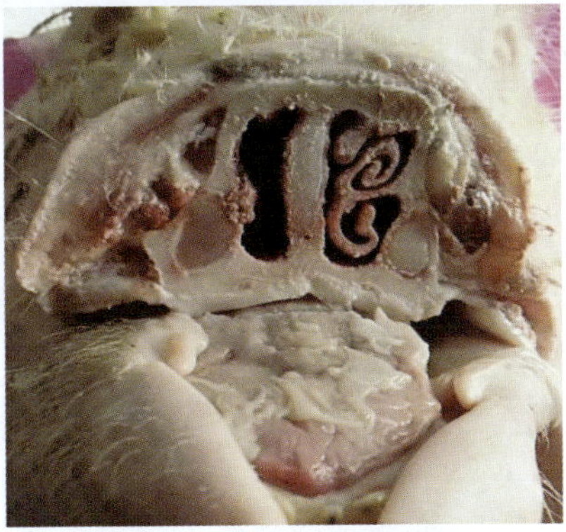

图 224　单侧鼻甲骨萎缩

(二)诊断

1.病原

该病病原为支气管败血波氏杆菌和产毒性多杀性巴氏杆菌。支气管败血波氏菌为革兰氏染色阴性小杆菌，有运动性，不形成芽孢，为严格需氧菌。本菌在鲜血琼脂中能产生溶血，可使马铃薯培养基变黑而菌落呈黄棕色或微带绿色。本菌有 3 个菌相，Ⅰ相菌毒力较强，Ⅱ、Ⅲ相菌毒力较弱。本菌对外界环境抵抗力弱，常规消毒药即可达到消毒目的。

产毒性多杀性巴氏杆菌属巴氏杆菌科巴氏杆菌属。本菌为革兰氏染色阴性，不形成芽孢，无鞭毛，不能运动，所分离的强毒菌株有荚膜，并产生毒素。本菌的抵抗力不强，一般消毒药均可杀死。

2.实验室诊断

（1）细菌分离培养　急性症状的患病仔猪有较高的检出率。但确诊需作细菌的分离鉴定（从病肺组织），用灭菌鼻拭子探进鼻腔的1/2处，小心转动数次，取黏液性分泌物作细菌分离培养，最常用的培养基是含1%葡萄糖的血清麦康凯琼脂，37 ℃ 48 h后观察，如菌落呈烟灰色，中等大小、透明，培养物有特殊腐霉气味，染色为革兰氏阴性杆菌，用支气管败血波氏杆菌的兔免疫血清进行玻板凝集反应为阳性，则移植于肉汤、琼脂进一步作生化鉴定。最后用抗O、抗K血清作凝集反应来确认Ⅰ相菌。

（2）病理解剖学诊断　将第1、2对臼齿间或第一臼齿与犬齿间的连线锯成横断面，可观察鼻甲骨的形态和变化。发生萎缩时，卷曲变小而钝直，甚至消失。

（3）鉴别诊断　注意与坏死性鼻炎、骨软病、传染性鼻炎、包涵体鼻炎等相区别。

（三）防治

1.加强饲养管理

加强饲养管理，降低猪群的饲养密度、维持良好的通风条件，减少空气中病原菌、有害气体和尘埃的浓度；避免各种大的应激因素，如温差幅度大，冷风袭击等。

2.严格执行卫生防疫措施

发现病猪应淘汰处理。对猪场彻底消毒，病猪迅速隔离，淘汰症状严重的病猪，进行无害化处理，并彻底消毒，空栏一个月后，重新引种。采用全进全出制度，提高母猪群的年龄，避免一次性大量引种，不从疫区引进猪只，即使从非疫区引进猪只，也需隔离检疫，确定健康后方可混群饲养。

3.疫苗接种

我国已制成支气管败血波氏杆菌Ⅰ相菌油佐剂灭活菌苗，对妊娠母猪在分娩前8周和分娩前3周各皮下注射免疫1次，剂量分别为1 mL及2 mL，下一胎在分娩前4周加强免疫一次，剂量为2.5 mL；对未免疫的母猪所生的仔猪，在1周龄和3～4周龄分别皮下注射免疫1次，再配合滴鼻用药，可明显提高猪体的抗感染能力。此外，还可用支气管败血波氏杆菌Ⅰ相菌和产毒性D型多杀性巴氏杆菌油佐剂二联灭活菌苗，妊娠母猪在分娩前4周注射免疫1次，对未免疫的母猪所生的仔猪，在1、4和8周龄各注射免疫1次，可产生较强的免疫力。

4.药物预防

预防性投药是控制传染性萎缩性鼻炎的有效方法，用土霉素等抗菌素及磺胺类药物防治该病有效。土霉素按0.6 g/kg饲喂，连喂3 d，可防止新病例出现，产前1个月、产后1～3个月长期投药有预防效果，能提高增重率和饲料利用率，但难以消除带菌状态。

六、猪副嗜血杆菌病

猪副嗜血杆菌病又称多发性纤维素性浆膜炎和关节炎，也称格拉泽氏病，是由猪副嗜血杆菌引起的猪的一种接触性传染病。这种细菌在环境中普遍存在，世界各地都有发生，甚至健康的猪群当中也能发现。

（一）发病特点

1.流行病学

（1）传播　该病通过呼吸系统传播。饲养环境不良时该病多发。断奶、转群、混群或运输也是常见的诱因。猪副嗜血杆菌病曾一度被认为是由应激引起的。当猪群中存在繁殖与呼吸综合征、流感或地方性肺炎时，该病更容易发生。

（2）继发感染　这种细菌也会作为继发的病原伴随其他主要病原混合感染，尤其是地方性猪肺炎。在肺炎中，猪副嗜血杆菌被假定为一种随机入侵的次要病原，是一种典型的“机会主义”病原，只在与其他病毒或细菌协同时才引发疾病。这些病毒主要有猪繁殖与呼吸综合征、圆环病毒、猪流感和猪呼吸道冠状病毒。

(3)多发日龄　猪副嗜血杆菌只感染猪，主要在断奶前后和保育阶段发病，通常见于5～8周龄的猪，发病率一般在10%～15%，严重时死亡率可达50%。

2. 临床症状

急性病例，往往首先发生于膘情良好的猪，病猪发热(40.5～42.0 ℃)，精神沉郁，食欲下降，呼吸困难(腹式呼吸)，皮肤发红或苍白，耳梢发紫，眼睑皮下水肿，行走缓慢或不愿站立，腕关节、跗关节肿大，共济失调，临死前侧卧或四肢呈划水样，有时会无明显症状突然死亡；慢性病例多见于保育猪，主要是食欲下降，咳嗽，呼吸困难，被毛粗乱，四肢无力或跛行，发育不良，直至衰竭而死。

3. 剖检变化

主要病理变化是浆液性和纤维素性浆膜炎。胸腔、腹腔、心包腔和关节腔等大量积液和纤维素性渗出是该病的主要特点。肺水肿，肺间质增宽，喉管内有大量黏液。心包腔积液和纤维素性渗出，形成“绒毛心”。肺脏与胸膜腔粘连。四肢关节切开有胶冻样物。剖检变化如图225至图234所示。

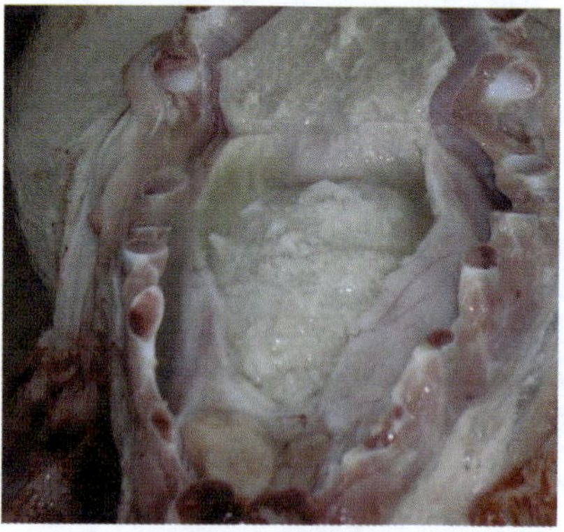

图225　胸腔和心包腔有大量积液，纤维素性渗出

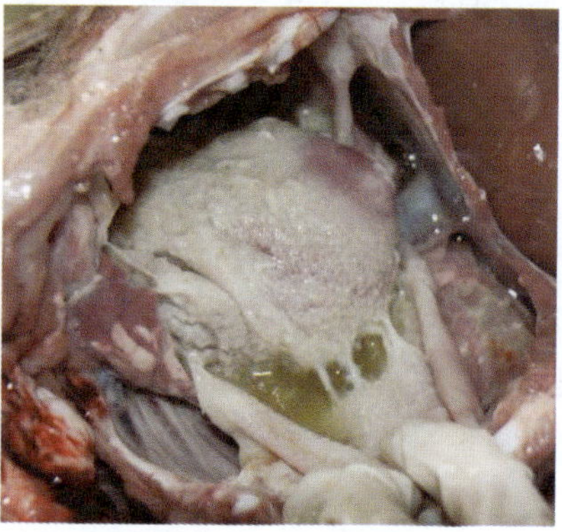

图226　心包腔粘连

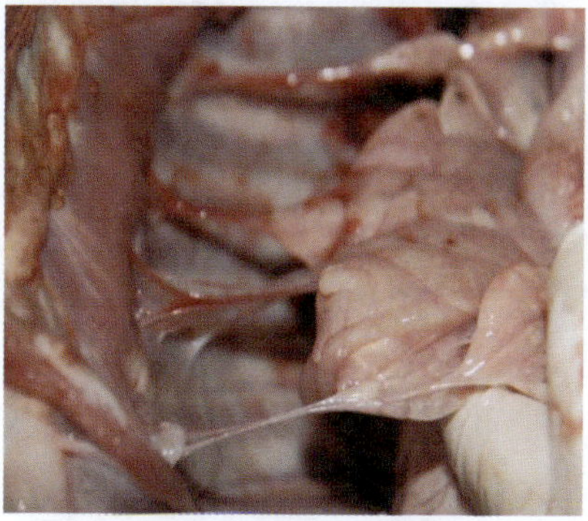

图 227　胸腔纤维素性渗出，发生粘连

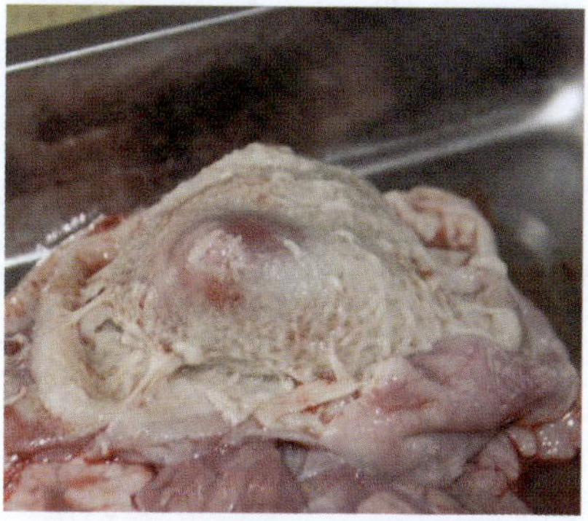

图 228　心脏表面纤维素性渗出，形成“绒毛心”

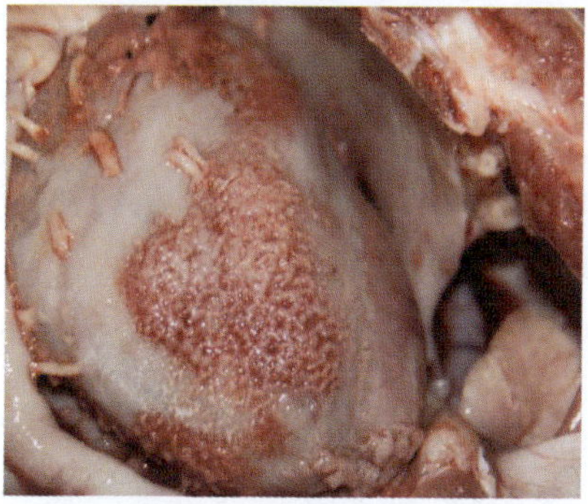

图 229　绒毛心

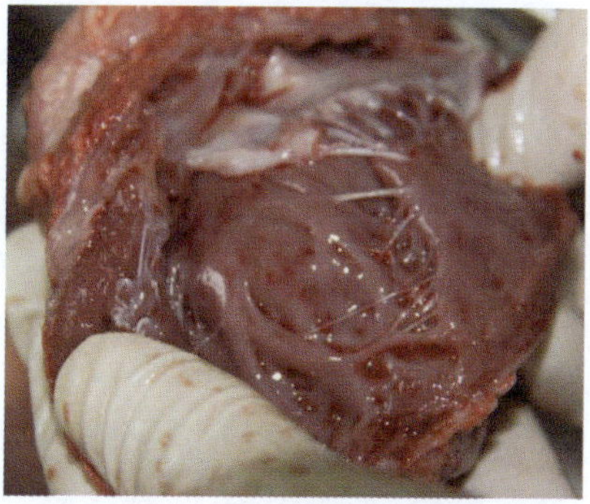

图 230　心肌内壁出血

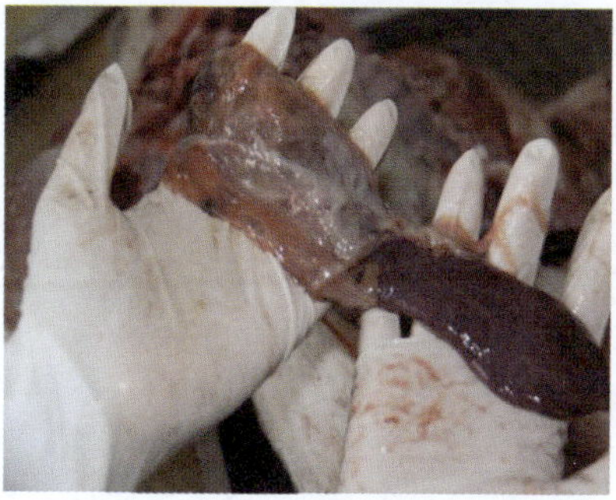

图 231　脾脏表面有纤维素性渗出

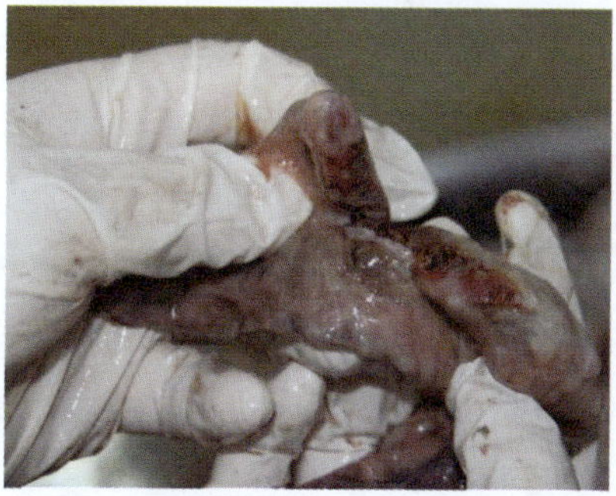

图 232　脾脏萎缩，切面脾脏结构不清晰

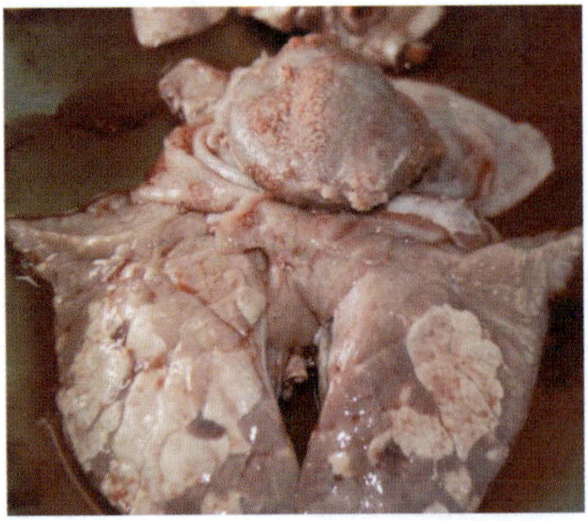

图 233 支原体和猪副嗜血杆菌混合感染，绒毛心，肺脏对称性肉变

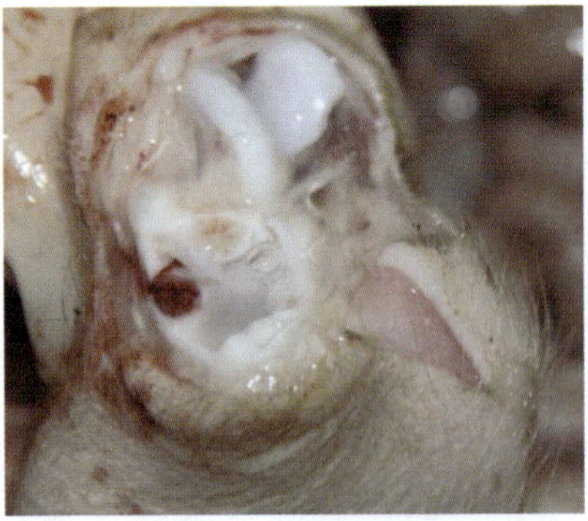

图 234 关节积液

（二）诊断

1. 病原

猪副嗜血杆菌属革兰氏阴性短小杆菌，形态多变，有 15 个以上血清型，其中血清型 5、4、13 最为常见（占 70%以上）。

2. 实验室诊断

（1）细菌分离培养 猪副嗜血杆菌生长时需要烟酰胺腺嘌呤二核苷酸（NAD 或 V 因子），不需要 X 因子（血红素或其他卟啉类物质），在血液培养基和巧克力培养基上生长，菌落小而透明，在血液培养基上无溶血现象；在葡萄球菌菌台周围生长良好，形成卫星现象。革兰氏染色镜检可初步诊断。一般条件下难以分离和培养，尤其是应用抗生素治疗过病猪的病料。

（2）免疫学诊断 该病可采取待检猪静脉血，分离血清，采用酶联免疫吸附试验（ELISA）对未免疫猪群进行猪副嗜血杆菌抗体检测，如果为阳性，再结合猪群临床症状，即可确诊为感染。

(三)防治

1.严格消毒

彻底清理猪舍卫生,用2%氢氧化钠水溶液喷洒猪圈地面和墙壁,2 h后用清水冲净,再用复合碘喷雾消毒,连续喷雾消毒4~5 d。

2.加强饲养管理

消除诱因,加强饲养管理,减少各种应激,在疾病流行期间有条件的猪场仔猪断奶时可暂不混群,对混群的一定要严格把关,把病猪集中隔离在同一猪舍,对断奶后保育猪分级饲养,这样也可减少PRRS、PCV-2在猪群中的传播。注意保温和温差的变化。在猪群断奶、转群、混群或运输前后可在饮水中加一些抗应激的药物,如维生素C等。

3.治疗

隔离病猪,用敏感的抗菌素进行治疗,口服抗菌素进行全群性药物预防。抗生素饮水对严重的该病暴发可能无效。一旦出现临床症状,应立即采取抗生素拌料的方式对整个猪群进行治疗,对发病猪大剂量肌内注射抗生素。大多数血清型的猪副嗜血杆菌对氟苯尼考、替米考星、头孢菌素、庆大及磺胺类等药物敏感,对四环素、氨基苷类和林可霉素有一定抵抗力。为控制该病的发生发展和耐药菌株出现,应进行药敏试验,科学使用抗菌素。

4.免疫

用自家苗(最好是能分离到该菌,增殖、灭活后加入该苗中)、猪副嗜血杆菌多价灭活苗能取得较好效果。种猪用猪副嗜血杆菌多价灭活苗免疫能有效保护小猪早期发病,降低复发的可能性。

初次免疫,母猪产前40 d一免,产前20 d二免。经免母猪,产前30 d免疫一次即可。受该病严重威胁的猪场,小猪也要进行免疫,根据猪场发病日龄推断免疫时间,仔猪免疫一般安排在7日龄到30日龄内进行,每次1 mL,最好一免后过15 d再重复免疫一次,二免距发病时间要有10 d以上的间隔。

第七节　以神经症状为主的传染病

一、破伤风

破伤风又称强直症、锁口风，是由破伤风梭菌引起的一种人畜共患的急性创伤性中毒性传染病。特征是患病动物骨骼肌持续性痉挛和神经反射兴奋性增高。该病广泛分布于世界各国，呈散发性发生。

(一)发病特点

1.流行病学

(1)易感动物　各种家畜均有易感性，其中单蹄兽最易感，其次是猪，牛、羊和犬发病较少见。幼龄动物较老龄动物更为易感。人的易感性也较高。

(2)传染源　破伤风梭菌广泛存在于自然界，但感染该病主要是由于创伤引起的，特别是钉伤、断脐、阉割、鞍伤、带鼻环及大手术等。

(3)传播途径　患病动物不能直接传染给健康动物。但在临床上有1/3～2/5的病例往往查不到伤口，可能是创伤已愈合或可能经子宫、消化道黏膜损伤感染而发病。

(4)流行特点　该病多散发，无明显季节性。幼龄动物的感受性较高。

2.临床症状

潜伏期一般为1～2周，短者1 d，长者达40 d。猪常因阉割而感染。主要是骨骼肌强直性痉挛及反射兴奋性增高。病猪牙关紧闭，瞬膜外露，四肢僵硬，全身痉挛及角弓反张。多在1～3 d内死亡。

（二）诊断

1. 病原

破伤风梭菌又名强直梭菌，是一种两端钝圆、细长、平直或稍弯的革兰氏染色阳性大杆菌，无荚膜，有鞭毛，有芽孢。芽孢圆形位于菌体一端，呈鼓槌状。本菌为严格厌氧菌。在厌氧的条件下破伤风梭菌可生长繁殖并产生2种外毒素，一种为痉挛毒素，痉挛毒素是一种神经毒素，其毒性仅次于肉毒梭菌，这种毒素对热敏感，经甲醛处理后可成为类毒素。另一种为溶血毒素，可使红细胞发生溶血，组织坏死，但是它与破伤风梭菌的致病性无关。

本菌繁殖体抵抗力不强，一般消毒药均能在短时间内将其杀死，但芽孢体抵抗力极强，在土壤中可存活几十年，煮沸经1～3 h才能杀死。10%漂白粉和10%碘酊10 min、5%石炭酸15 min、1%升汞和1%盐酸30 min等消毒药可将其杀死。

2. 实验室诊断

根据病畜的特殊症状，如骨骼肌持续性痉挛，反射兴奋性增高，体温正常，神志清醒，并有创伤病史，可以确诊。实验室可进行细菌的分离培养，镜检。

（三）防治

平时要注意饲养管理和环境卫生，防止家畜受伤。

人的破伤风多由创伤感染引起，病初表现低热不适、头痛、四肢痛、咽肌痉挛，继而出现张口困难、牙关紧闭，呈苦笑状，随后颈背、躯干及四肢肌肉发生阵发性强直痉挛，不能坐起，颈不能前伸，两手握拳，两足内翻，咀嚼困难，饮水呛咳，有时可出现便秘和尿闭，严重时呈角弓反张状态。任何刺激均可引起痉挛发作或加剧。

一旦出现创伤后，应正确处理伤口，防止厌氧环境形成，并及时注射破伤风抗毒素。此外，还应注意防止新生儿脐带感染。

二、猪链球菌病

猪链球菌病是由多个不同血清群链球菌感染引起猪的多种不同临床症状传染病的总称，急性猪链球菌病常以败血症和脑炎为特征，慢性猪链球菌病以关节炎、化脓性淋巴结炎等为主要特性。

（一）发病特点

1.流行病学

（1）易感动物　在自然条件下，猪对该病易感，不同年龄、性别、品种的猪均能感染该病。一般情况下，仔猪、架子猪和妊娠母猪发病率高。对仔猪危害大，尤其断奶后10多天到转栏的仔猪感染后易发生败血症及脑炎而死亡。哺乳仔猪及母猪多发生关节炎及化脓性淋巴结炎。牛、犬和禽类不易感。实验动物中，以家兔最敏感，仓鼠、小鼠次之。猪链球菌也可感染人。

（2）传染源　病猪及带菌猪是该病自然流行的主要传染源。病猪的鼻液、尿液、粪、唾液、血液、肌肉、内脏、关节液均含有病原菌。病猪和带菌猪是人感染猪链球菌病的主要传染源，目前尚未发现人类间传播的确切证据。

（3）传播途径　猪链球菌病可通过呼吸道、消化道、受损的黏膜和皮肤感染。人在接触病、死猪时，致病菌经破损皮肤或黏膜侵入人体可能为主要传播途径。

（4）流行特点　该病一年四季均可发生，但5—11月发生较多，呈地方性流行。在该病的流行过程中，急性败血型常表现为来势凶猛，传播迅速。此外，猪舍通风条件差，过于拥挤和其他应激因素都是诱发该病的因素，现代集约化密集养猪条件下，易流行该病。

2.临床症状

该病潜伏期一般为1～3 d，长的可达6 d以上。

（1）最急性型　该病发病急、病程短，病畜常无任何症状突然死亡。突然减食或饮食废绝，体温升高达41～43 ℃，呼吸急促，多在

24 h 内死于败血症。

(2)急性型　突然发病，体温升高达 40～43 ℃，呈稽留热。病畜呼吸迫促，鼻镜干燥，流浆液性或脓性鼻涕。结膜潮红，流泪。颈部、耳郭、腹下及四肢下端皮肤呈紫红色，并有出血点。

(3)脑膜脑炎型　多见于哺乳仔猪和断奶仔猪。主要表现为神经症状，如磨牙、口吐白沫，转圈运动，抽搐、倒地四肢划动似游泳状，最后麻痹而死。

(4)慢性型　表现为多发性关节炎，一肢或多肢关节发炎。关节肿胀，跛行或瘫痪，最后因衰弱、麻痹致死。慢性型还可能因外伤引起脓肿、发炎。

3. 剖检变化

(1)急性败血型　以出血性败血症病变和浆膜炎为主。血液凝固不良，耳、腹下及四肢末端皮肤有紫斑，黏膜、浆膜及皮下出血。鼻黏膜紫红色、充血及出血。喉头、气管黏膜出血，常见大量泡沫。肺充血肿胀。全身淋巴结有不同程度的充血、出血、肿大，有的切面坏死或化脓。心肌出血，心包及胸腹腔积液、浑浊、含有絮状纤维素。脾脏肿大。

(2)脑膜脑炎型　脑膜充血、出血，严重者溢血，部分脑膜下有积液，脑切面有针尖大的出血点，并有败血型病变。

(3)慢性型　关节腔内有黄色胶冻样或纤维素性、脓性渗出物。淋巴结脓肿。有些病例心瓣膜上有菜花样赘生物。临床症状及剖检变化如图 235 至图 253 所示。

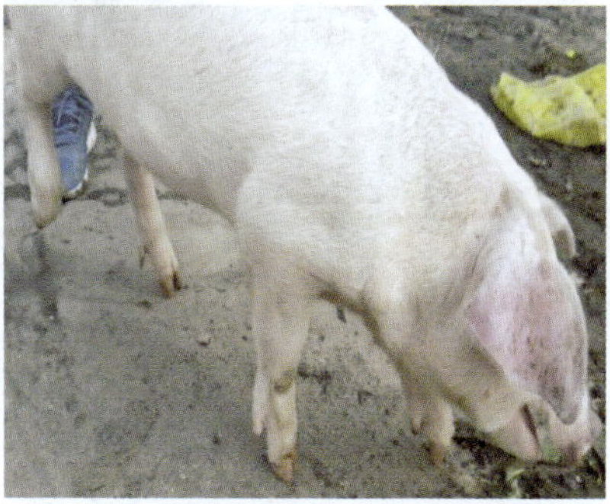

图 235　病猪关节炎，后腿不敢着地

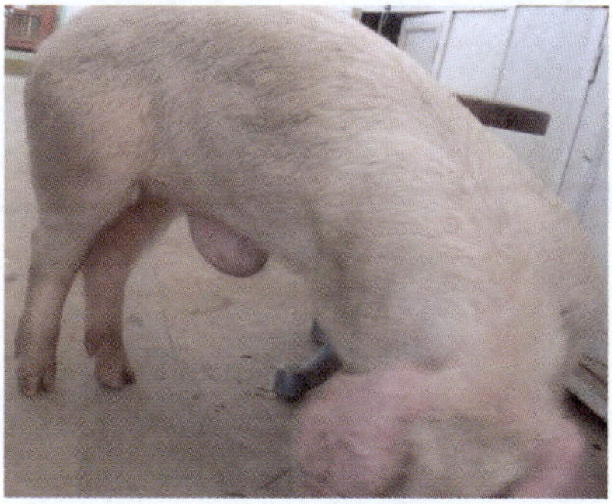

图 236　保育猪脐疝

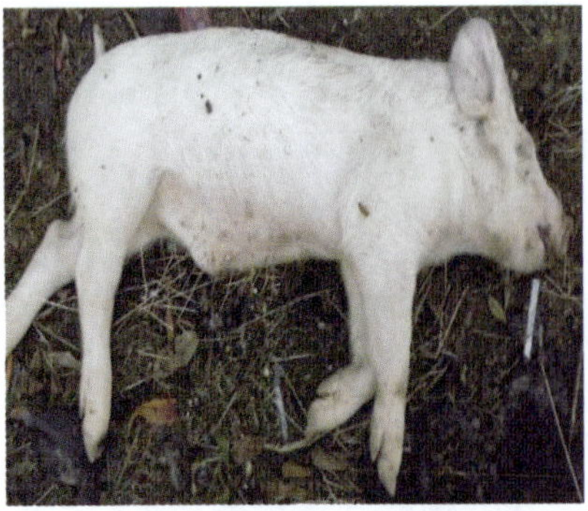

图 237　脑炎型，病猪抽搐

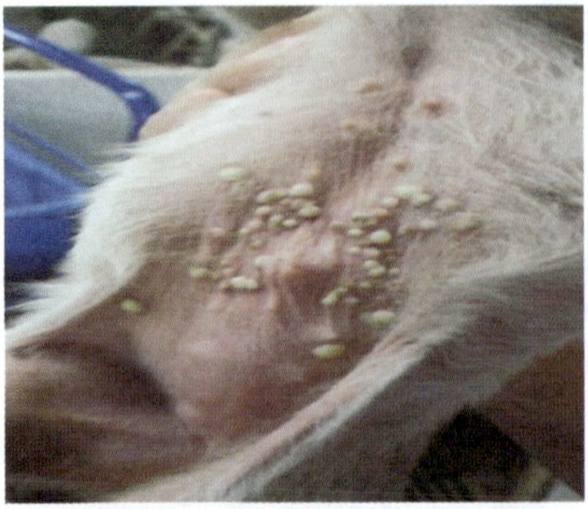

图 238　皮肤形成大小不一的脓包

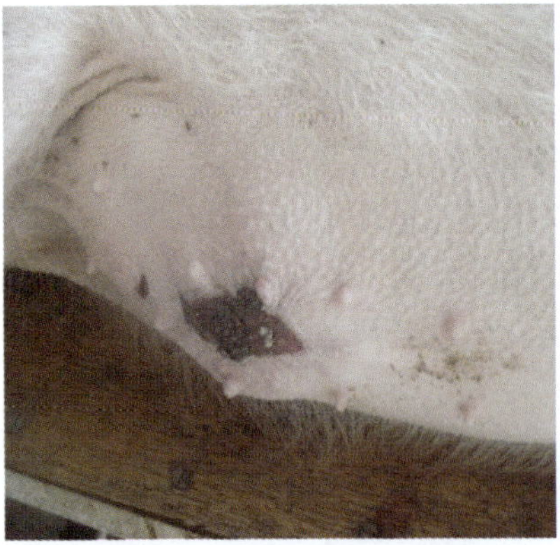

图 239　脐部外伤感染结痂

图 240　关节炎，病猪跛行

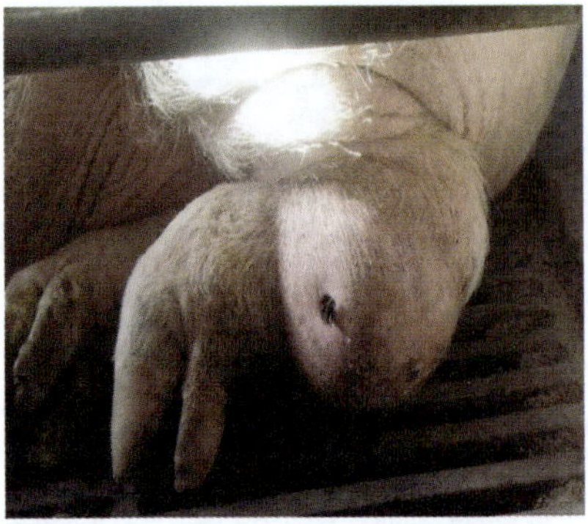

图 241　关节肿大，内含大量脓汁

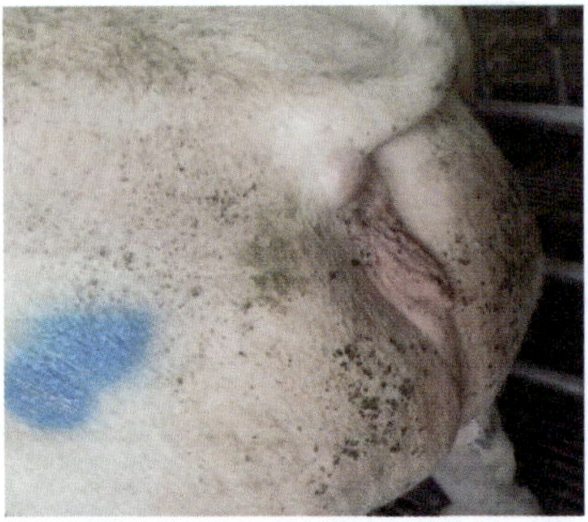

图 242　尾根下脓包

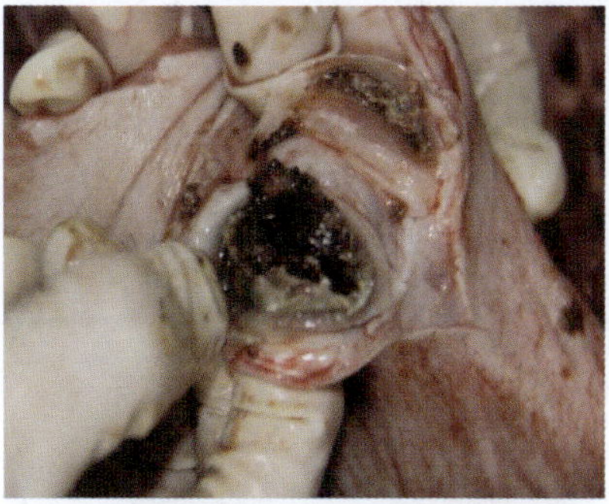

图 243　皮下脓肿，切面脓汁形成坏疽

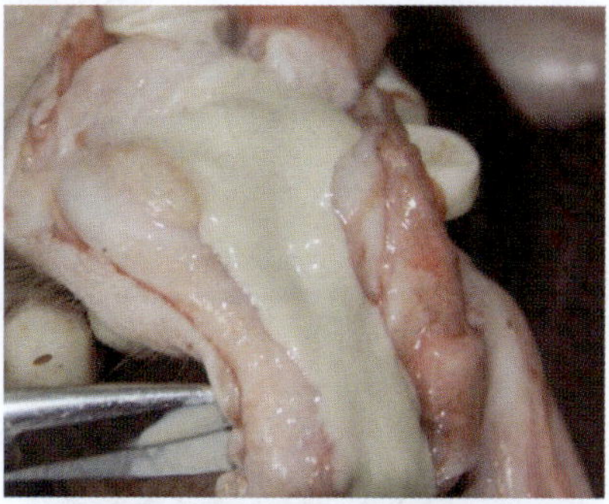

图 244　脓包内含有大量脓汁

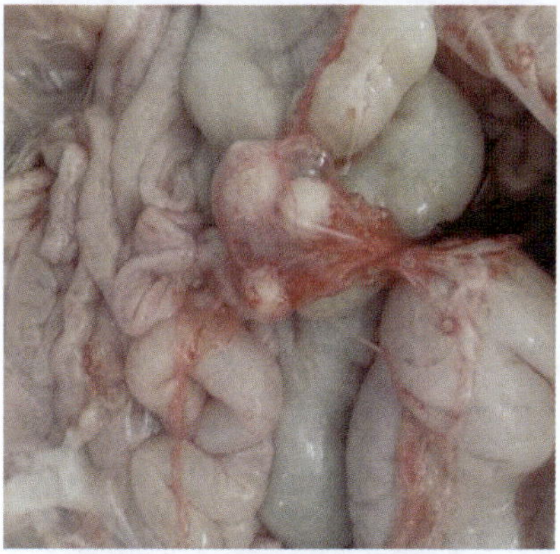

图 245　腹腔内形成脓肿

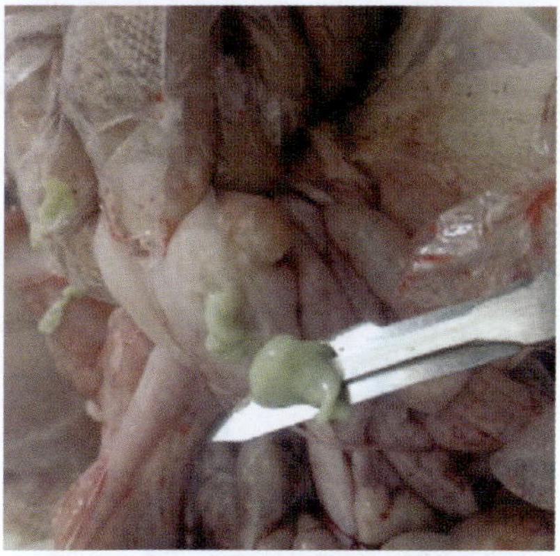

图 246　脓肿内含有乳白色脓汁

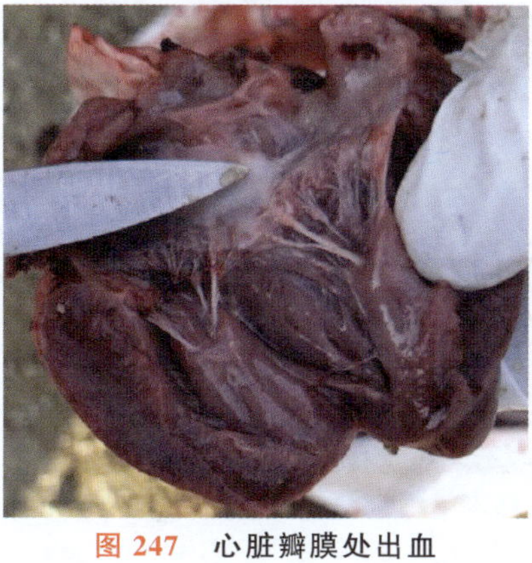

图 247　心脏瓣膜处出血

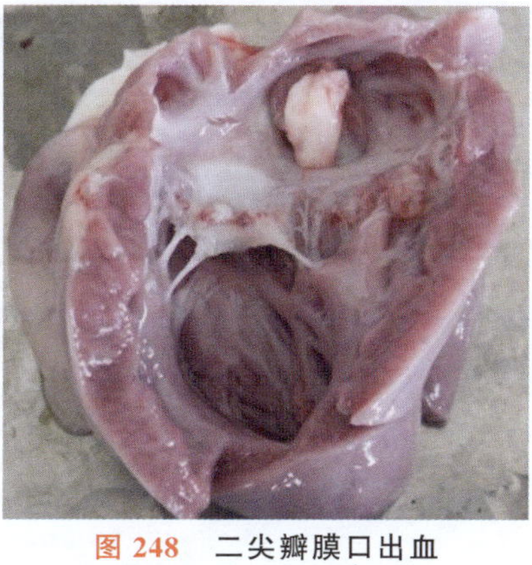

图 248　二尖瓣膜口出血

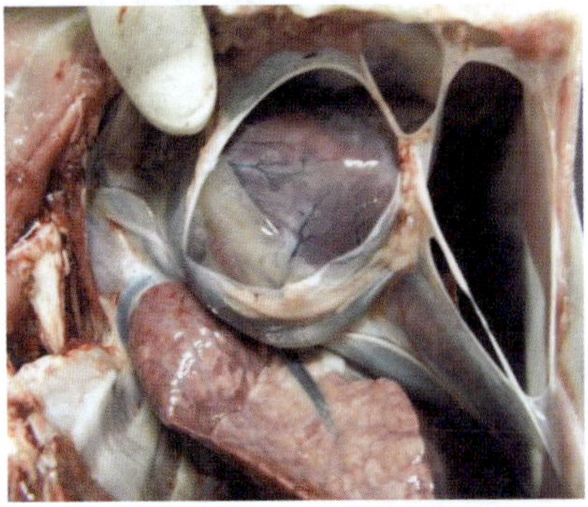

图 249 心包腔积液

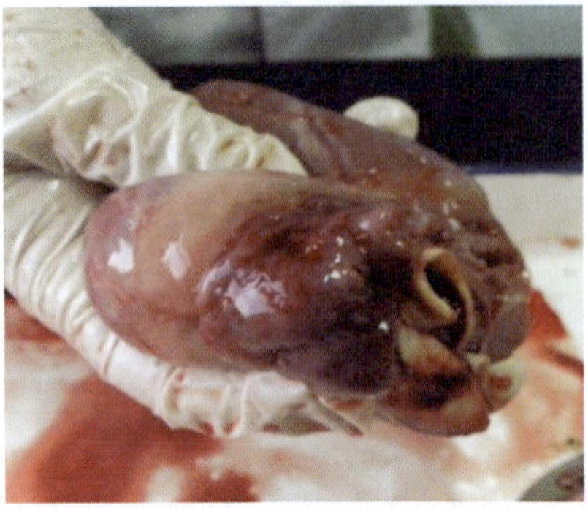

图 250 心房外壁出血

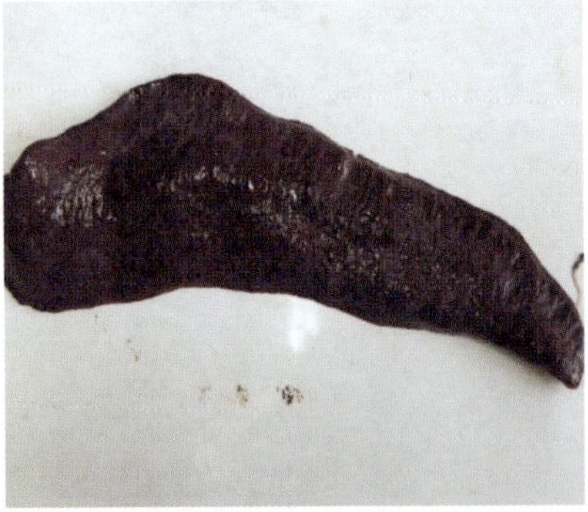

图 251 脾脏肿大,增生变形

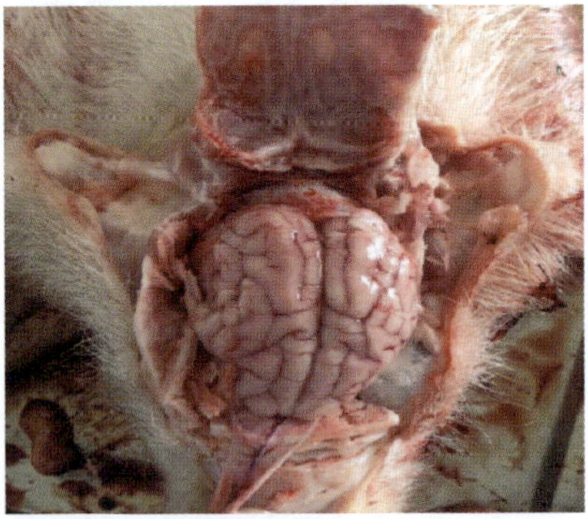

图 252 脑充血出血,脑回沟变浅

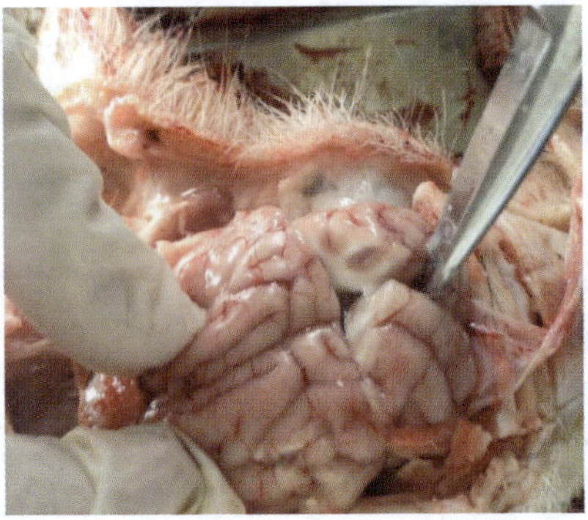

图 253 脑切面积有大量脑脊液

(二)诊断

1.病原

链球菌血清型众多、抗原结构复杂,广泛存在于自然界,在正常动物及人的呼吸道、消化道、生殖道等也常存在。链球菌为革兰氏阳性球菌,呈长短不一的链状,但猪链球菌多数成短链或成对排列。多数链球菌为兼性厌氧。最适培养温度为 37 ℃,对营养要求比较苛刻,需在培养基中加入血液、血清或葡萄糖。在血液琼脂平板上培养 24 h 后形成灰白色、圆形、隆起、光滑、半透明小菌落。多数致病菌株能形成β溶血,菌落周围出现透明溶血环。

猪链球菌属于链球菌属细菌,菌体呈圆形或椭圆形,直径小于 2.0 μm,为不产生芽孢的革兰氏阳性细菌,但结晶紫着色不良,多呈圆形或椭圆形,单个或成对排列,少数呈短链状,血液或肉汤培养基中可见呈长链状,有紫色荚膜。本菌在普通培养基中生长较差,在厌氧肉汤中生长良好,在半固体琼脂中不扩散,葡萄糖有利于猪链球菌生长。猪链球菌按其荚膜抗原的差异,可分为 35 个血清型(1～34 及 1/2),猪链球菌 2 型(SS2) 是其中致病力最强、最常见的一种,是一个重要的人畜共患病原菌,可引起猪败血症,脑膜炎及急性死亡,并可导致人感染,甚至死亡。SS2 菌株分为毒力株、弱毒力株和无毒力株。毒力株可引起猪的严重临床症状(如脑炎);弱毒力株的菌株只能引起猪轻微的临床症状(如肺炎);非致病性的菌株对猪是完全无毒力的。

链球菌对外界的抵抗力较强,0 ℃以下可存活 150 d 以上,室温下可存活 6 d,60 ℃经 30 min 可以灭活。对一般消毒药均敏感。对青霉素、红霉素、金霉素、四环素及磺胺类药敏感。

2.实验室诊断

根据该病的流行病学特点、临床症状和病理变化可做出初步诊断,确诊需进一步做实验室诊断。

(1)镜检　病猪的肝、脾、肺、血液、淋巴结、脑、关节囊液等均可作涂片,染色镜检,如发现有单个,或成双、或呈短链的革兰氏染色阳性球菌,即可确诊。

（2）分离培养　取上述病料接种于血液琼脂平皿，37 ℃培养24～48 h，可见β溶血的细小菌落，取单个的纯菌落进行生化试验鉴定。选取菌落抹片、染色、镜检也见上述相同细菌。

（3）动物接种　将病料制成5～10倍乳剂，给家兔皮下或腹腔注射1～2 mL，或给小鼠皮下注射0.2～0.5 mL，接种动物死亡后，取心血、脾脏抹片或分离培养，进一步确诊。病原镜检如图254至图258所示。

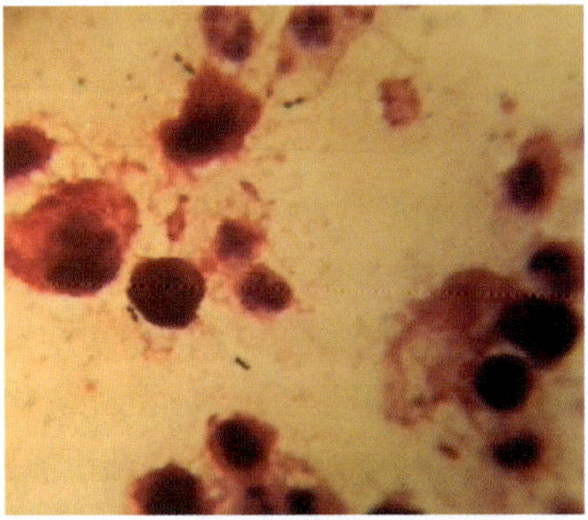

图254　脑部触片镜检可见成对出现的球菌

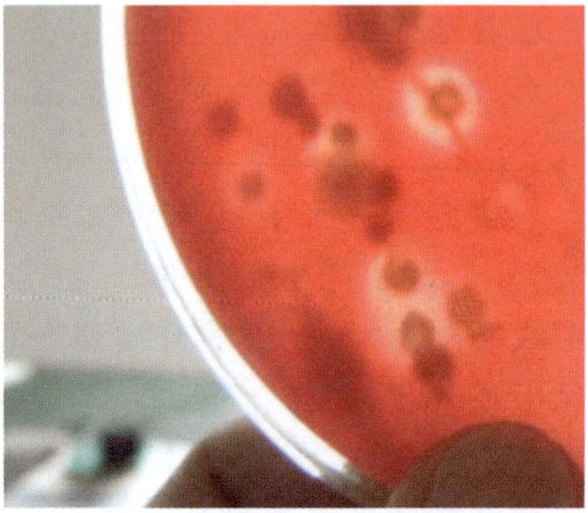

图255　血液琼脂平板培养，可见菌落周围有溶血环图

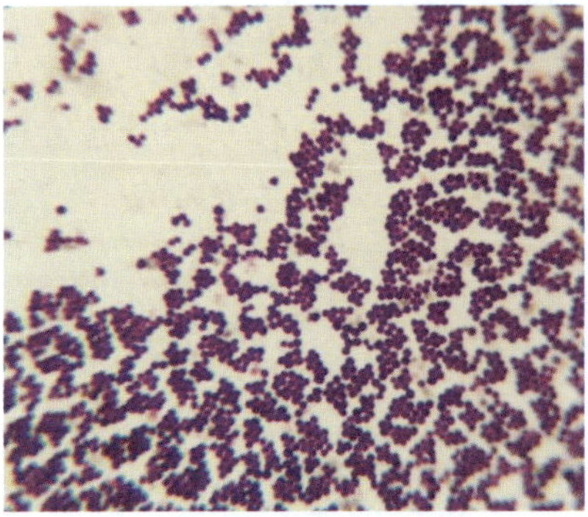

图256　镜检细菌呈蓝紫色，为革兰氏阳性球菌

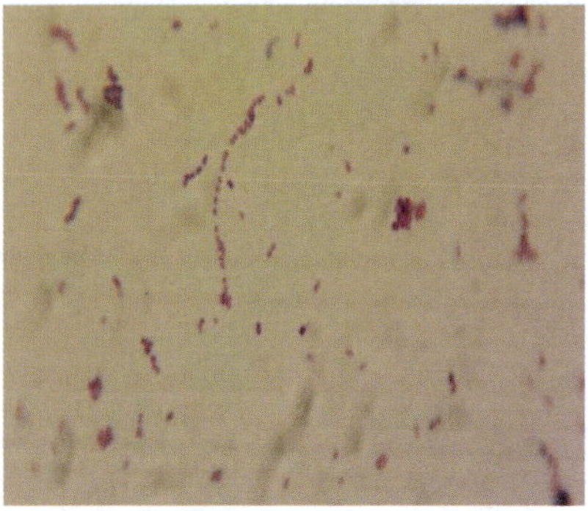

图257　液体培养基培养，镜检细菌呈长链状排列的革兰氏阳性球菌

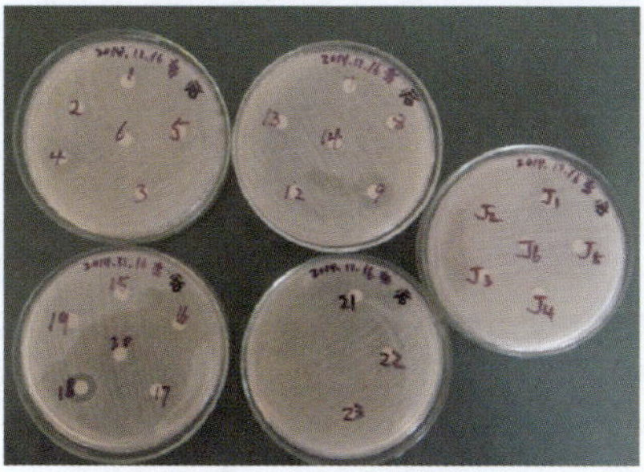

图 258　药敏试验结果

猪链球菌性脑炎

（三）防治

1. 综合预防措施

加强管理和消毒，出现外伤及时处理，坚持自繁自养和全进全出制度，严格执行检疫隔离制度，淘汰带菌母猪等措施对预防该病有重要作用。

2. 疫苗预防

目前有猪链球菌弱毒菌苗和灭活苗，最好选用当地菌株疫苗。

3. 药物治疗

治疗病猪可用大剂量青霉素和链霉素混合肌内注射，连用 3～5 d。此外，发病早期用氨苄青霉素，先锋霉素，小诺霉素和磺胺嘧啶，磺胺六甲氧等药物治疗有一定的疗效。

第二章

猪寄生虫病的防治

第一节　猪姜片吸虫病的防治

姜片吸虫病是由片形科姜片属的布氏姜片吸虫寄生于猪和人的小肠内引起的一种肠道寄生虫病。临床表现为腹痛、腹泻、营养不良和发育障碍等。

一、发病特点

1.流行病学

(1)感染源　病猪、带虫猪和病人。

(2)感染途径　经口感染。流行区猪生食了菱角、浮萍、水浮莲等水生植物或饮用了含囊蚴的生水而感染。

(3)易感动物　猪和人易感染。

(4)流行特点　姜片吸虫病是地方性流行病,以水乡为主,主要发生于以水生饲料喂猪的地区,秋季多发。

2.临床症状

病猪表现为精神沉郁,目光呆滞,低头,流涎,眼黏膜苍白。食欲减退,消化不良,但有时有饥饿感。腹泻,每日数次、量多、有恶臭,粪便稀薄，混有黏液和未消化食物。幼猪发育不良，被毛稀疏无光泽。母猪泌乳量下降，产仔率下降。

3.病理变化

姜片吸虫的吸盘发达，可给吸着部位带来机械性损伤，引起肠炎，肠黏膜点状出血和水肿，全身贫血、消瘦和营养不良。严重感染时可导致机械性阻塞，甚至引发肠破裂或肠套叠而死亡。

二、诊断

1.病原

(1)形态结构　姜片吸虫是吸虫中最大的一种，新鲜时呈肉红色，肥厚，不透明，经福尔马林固定后呈灰白色，形似斜切的姜片，故称姜片吸虫。成虫大小为(20～75) mm×(8～20) mm×(0.2～0.3) mm，腹吸盘极大，位于虫体的前方，靠近口吸盘，为口吸盘的4～6倍。咽和食管短，两条肠管弯曲，但不分枝，向后延伸至虫体后端。雌雄同体，有2个分枝状的睾丸，前后排列在虫体后部的中央。卵巢一个，有分枝，位于虫体中部稍偏后方。囊蚴呈扁圆形，外形似凹透镜，外壁厚薄不一，脆弱易破，内壁光滑坚韧，厚度均匀，内含一个后尾蚴，如图259至图262所示。

虫卵为长椭圆形或卵圆形，卵壳很薄，有卵盖，呈淡黄色或棕色，虫卵较大，为(130～175) μm×(85～97) μm。卵内含有一个分裂的胚细胞和30～50个卵黄细胞，如图263所示。

图259　福尔马林固定后的姜片吸虫背面和腹面，可见口吸盘和腹吸盘

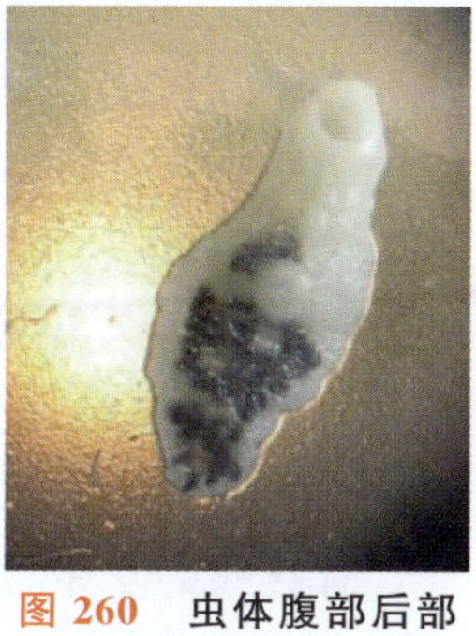

图260　虫体腹部后部为黑褐色，内部含有大量虫卵

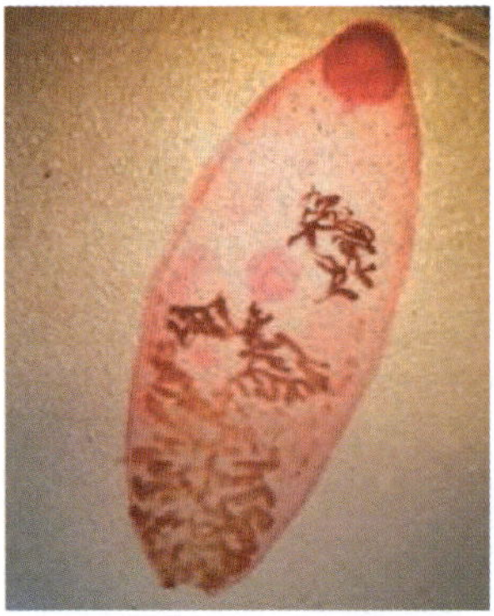

图 261　染色后的姜片吸虫

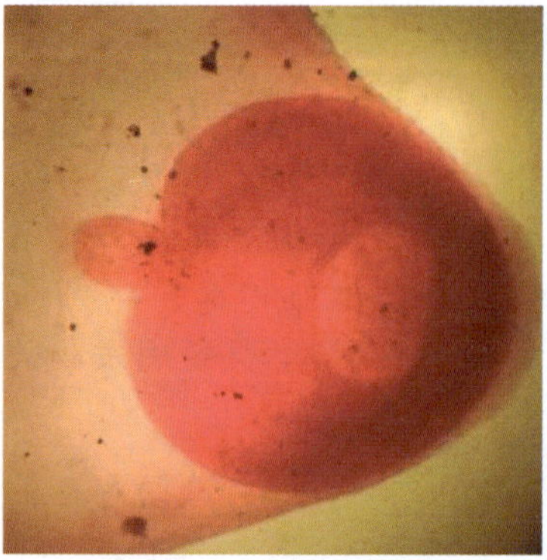

图 262　姜片吸虫口腹吸盘

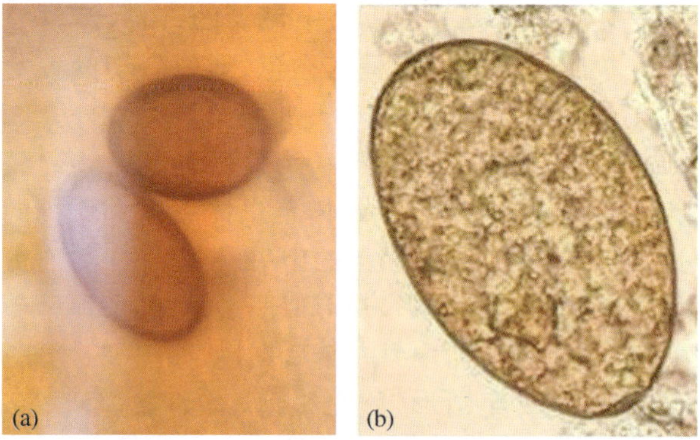

图 263　姜片吸虫的虫卵(左图为放大 1 600 倍)

(2)生活史(图 264)

①中间宿主。扁卷螺。

②终末宿主。猪和人。

③发育过程。成虫寄生在猪或人的十二指肠内,虫卵随粪便排出,落入水中,逸出毛蚴。毛蚴侵入螺体后,发育为胞蚴、母雷蚴、子雷蚴和尾蚴。尾蚴从扁卷螺体内逸出,很快地附在水浮莲、日本水仙、满江红、浮萍、无根萍等各种水生植物的茎和叶上发育形成囊蚴。猪吞食含有囊蚴的水生植物或成熟的尾蚴被感染。

④发育时间。由毛蚴侵入螺体至尾蚴逸出,在水生植物上形成囊蚴,平均需要 50 d。囊蚴进入猪体内发育至成虫需 2～3 个月。

⑤成虫寿命。虫体在猪体内的寿命为 9～13 个月。

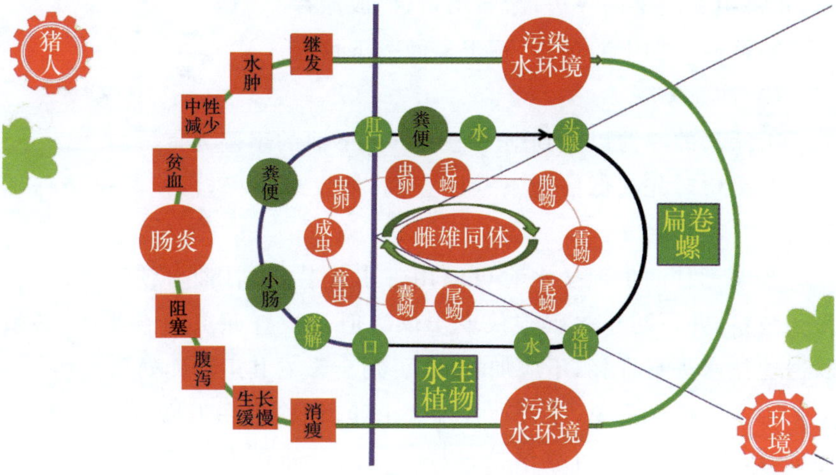

图 264 姜片吸虫的生活史

2. 实验室诊断

根据流行病学、临床症状和病理变化,可做出初步诊断。对病猪做粪便检查,应用直接涂片法和反复沉淀法查出虫卵确诊。直接涂片虫卵检查法具体操作如下:

(1)主要设备和试剂 载玻片、火柴棒或牙签、盖玻片、显微镜、50%甘油水溶液。

(2)操作流程

①粪便采集。必须采集新鲜且未被尿液等污染的粪便,从粪便的内外两层采取。对于大家畜可直肠直接采取,也可用 50%甘油或生理盐水灌肠采粪;粪样一般不少于 60 g,盛于洁净容器内。粪样立即送检,若当天不能检查,应放在阴凉处或冰箱内(应不超过 5 ℃),但不宜加防腐剂。若异地检查时,可浸于等量的 5%～10%甲醛液或石炭酸中,加热到 50～60 ℃送检。

②取片加液。取一片洁净的载玻片,在玻片中央滴加 1～2 滴 50%甘油生理盐水。

③加粪混匀。用镊子或牙签挑取少量粪便，与甘油生理盐水混匀，并将粗粪渣推向一边，涂布均匀，作成涂片。

④镜检。加上盖玻片，置于显微镜下检查。

(3)注意事项

①涂片的厚薄以放到书上隐约可见下面的字迹为宜。

②镜检时先在低倍镜下顺序查找，如发现虫卵，再换高倍镜仔细观察。

③如无甘油生理盐水时可以用常水代替，加甘油可使标本清晰，易于观察，并可防止涂膜很快变干燥。但是检查原虫的滋养体，必须以生理盐水进行稀释，不应加甘油，否则会影响其运动而妨碍观察。

④本法操作简单，能检查各种蠕虫卵，但检出率不高，特别是轻度感染时，往往得不到可靠结果，因此，本法只能作为辅助的诊断方法，并且每次检查要重复观察 8～10 片，才能收到确实的效果。

三、防治要点

1. 治疗

(1)吡喹酮　按每千克体重 50 g，一次内服。

(2)硫双二氯酚　50～100 kg 以下的猪按每千克体重 100 g；体重 100～150 kg 以上的猪按每千克体重 50～60 g，混在少量精料中喂服。

(3)敌百虫(95%纯度)，剂量为每千克体重 0.1 g，大猪每头极量不超过 8 g，混在少量精料中喂给，早晨空腹喂猪，隔日一次，两次为一疗程。如有呕吐或卧地不起等反应时，应及时皮下注射硫酸阿托品解毒。

(4)硝硫氰胺(7505)　按每千克体重 10 g，一次内服。

2. 预防措施

(1)定期驱虫　病猪及时治疗，本病发生地区每年春、秋两季进行预防性驱虫。

（2）加强粪便管理 粪便发酵处理后，再做水生植物的肥料。

（3）消灭中间宿主扁卷螺 使用灭螺剂灭螺，如硫酸铜、生石灰等。

（4）加强饲养管理 勿放猪到池塘自由采食，水生植物洗净浸烫或青贮后喂猪。

（5）卫生防护 加强卫生宣传教育，普及防病知识，提倡不食生水生植物、不喝生水。

第二节 猪蛔虫病的防治

猪蛔虫病是由蛔科蛔属的猪蛔虫寄生于猪小肠中引起的疾病。主要特征为仔猪生长发育不良，严重的可导致发育停滞，形成“僵猪”，甚至死亡。仔猪感染率高，特别是在卫生状况差的猪场和营养不良的猪群中，感染率更高。

一、发病特点

1. 流行病学

（1）感染源 病猪、带虫猪和带有感染性虫卵的粪便。

（2）感染途径 经口感染。猪食入感染性虫卵污染的饮水、饲料或土壤等。母猪乳房沾染虫卵，仔猪在哺乳时感染。

（3）易感动物 仔猪易感。以 3～6 月龄的仔猪感染严重；成年猪多为带虫者的感染源。

（4）繁殖力 蛔虫繁殖力强，产卵数多，每条雌虫每天平均可产卵 10 万～20 万个；卵对外界因素抵抗力强，虫卵具有 4 层卵膜，内膜能保护胚胎免受化学物质的侵蚀，中间两层能保持虫卵内水分，外层有阻止紫外线透过的作用，且对外界其他不良因素有很强的抵抗力；虫卵的全部发育过程都在卵壳内进行，使胚胎和幼虫得到保护，大大增加了感染性虫卵在自然界的数量。

(5)抵抗力　虫卵的发育除要求一定的湿度外，以温度影响较大。高于 40 ℃或低于 −2 ℃时，虫卵停止发育，45～50 ℃时 30 min 死亡。在 −27～−20 ℃时，感染性虫卵可活 30 d。在 28～30 ℃时，虫卵内胚细胞发育为第 1 期幼虫需 10 d，12～18 ℃时需 40 d。虫卵对各种化学药物有较强的抵抗力，常用消毒药的浓度不能杀死虫卵，如在 2% 福尔马林中可以正常发育。一般用 60 ℃以上的 3%～5% 热碱水，20%～30% 的热草木灰或新鲜石灰水才能杀死虫卵。卵在疏松湿润的耕地或园土中一般可以生存 2～3 年；在夏季阳光直射条件下，数日内即死亡。

(6)流行特点　猪蛔虫属土源性寄生虫，分布极其广泛。一年四季均可发生。在饲养管理不良，卫生条件差，特别在饲料中缺乏维生素和矿物质时易感染。

2. 临床症状

仔猪在感染早期，易引起肺炎（虫体移行），轻度湿咳，体温 40 ℃左右。感染严重时，精神沉郁，食欲缺乏，异嗜，营养不良，被毛粗糙；有的生长发育受阻，成为僵猪；有的出现嗜伊红粒细胞增多症；有的呼吸困难，常伴发声音沉重而粗粝的咳嗽，并有呕吐、流涎和腹泻等。寄生数量多时，可引起肠道阻塞，表现为疝痛，引起死亡。虫体误入胆管时，可引起胆道阻塞而出现黄疸，可引起死亡。

成年猪寄生数量不多时症状不明显，但因胃肠机能遭受破坏，常有食欲不振、磨牙和增重缓慢等症状。

3. 病理变化

初期肺组织致密，表面有大量出血斑点，肝、肺和支气管等器官常可发现大量幼虫。小肠卡他性炎症、出血或溃疡。肠破裂时可见有腹膜炎和腹腔内出血。胆道蛔虫时，胆管内有虫体。病程较长者，有化脓性胆管炎或胆管破裂，肝脏黄染和硬变等，如图 265、图 266 所示，胃肠内可见蛔虫，如图 267、图 268 所示。

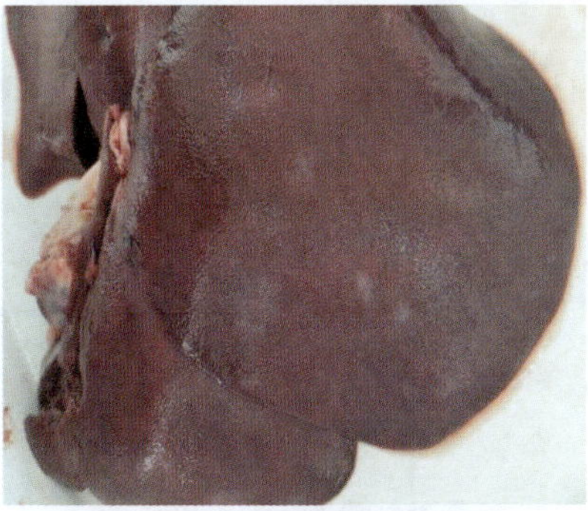

图 265　肝脏表面有乳白色坏死点，俗称乳斑肝

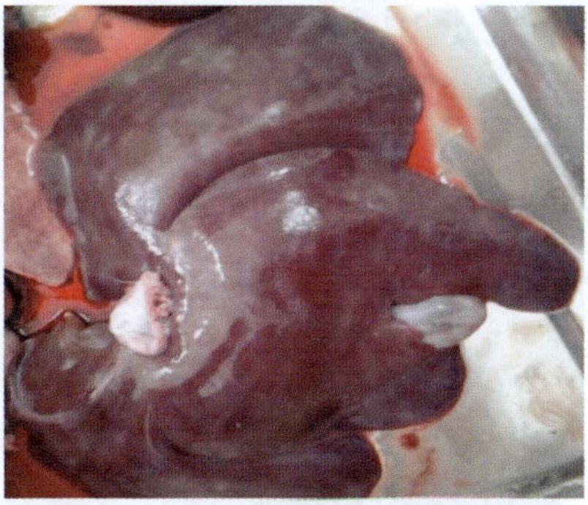

图 266　肝脏表面有大量白色坏死点

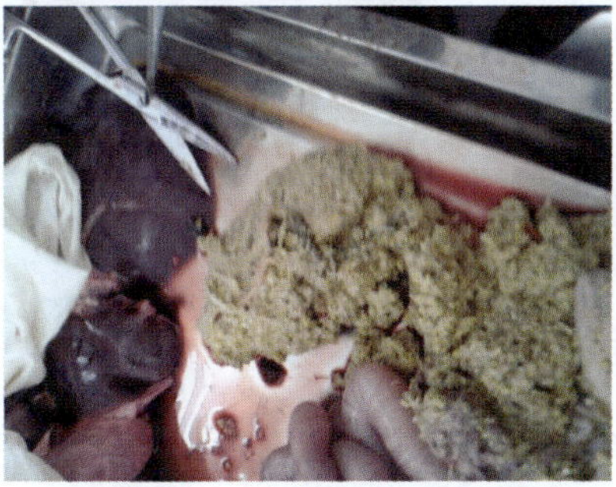

图 267　胃内含有蛔虫

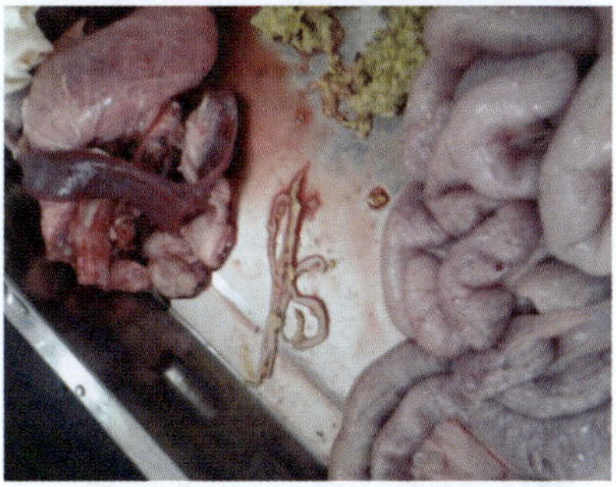

图 268　胃肠内的蛔虫

二、诊断

1. 病原

（1）形态构造　猪蛔虫是寄生于猪小肠的大型线虫。虫体近圆柱形。活体呈淡红色或淡黄色，死后呈苍白色。虫体前端有 3 个唇片，1 片背唇较大，2 片腹唇较小，排列成“品”字形。唇之间为口腔。口腔后为大食道，呈圆柱形。雄虫体长 15～25 cm，宽约 0.3 cm；尾端向腹面弯曲，形似渔钩；泄殖腔开口距后端较近；具有 1 对较粗大、等长的交合刺，无引器。雌虫体长 20～40 cm，宽约 0.5 cm；尾端直；生殖器为双管形；两条子宫合为 1 个短小的阴道，阴门开口于虫体腹中线前 1/3

处；肛门距虫体末端较近。

虫卵近圆形，黄褐色，卵壳厚，由四层组成，最外层为呈波浪形的蛋白质膜。虫卵大小为 60 μm。未受精卵较狭长，多数没有蛋白质膜，或有但很薄，且不规则，内容物为很多似油滴状的卵黄颗粒和空泡。猪蛔虫和虫卵的形态构造如图 269 至图 274 所示

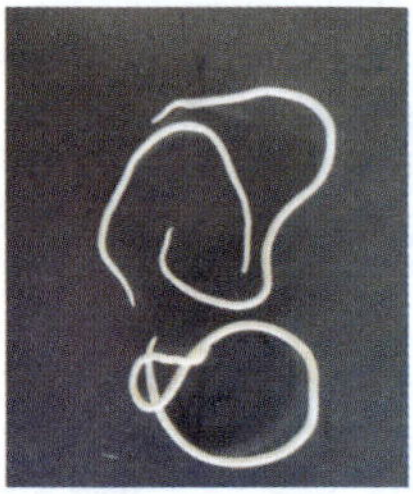

图 269　猪蛔虫

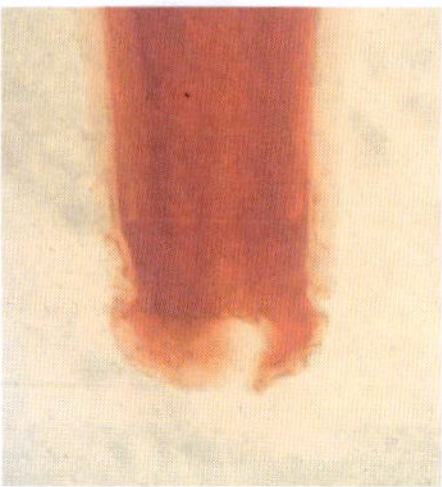

图 270　蛔虫的唇

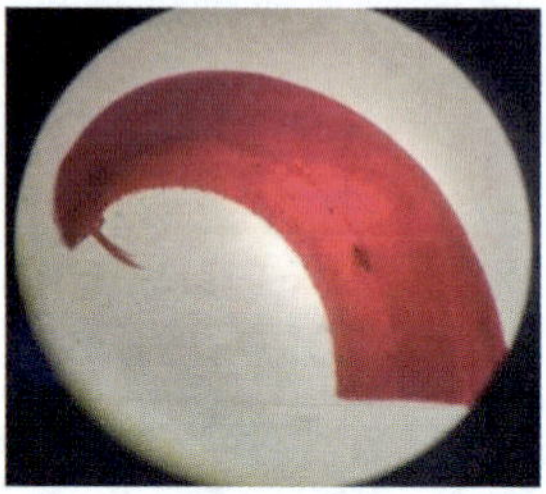

图 271　蛔虫的雄虫交合刺

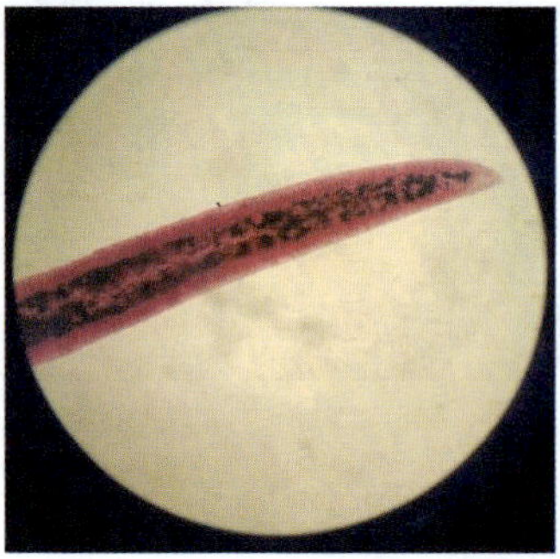

图 272　蛔虫雌虫的生殖器

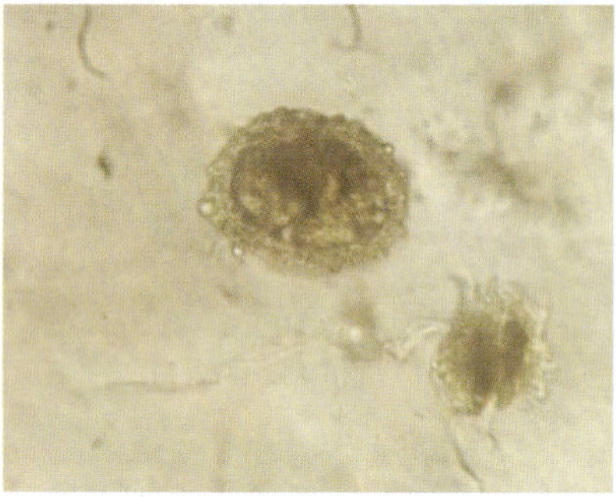

图 273　蛔虫未受精的卵

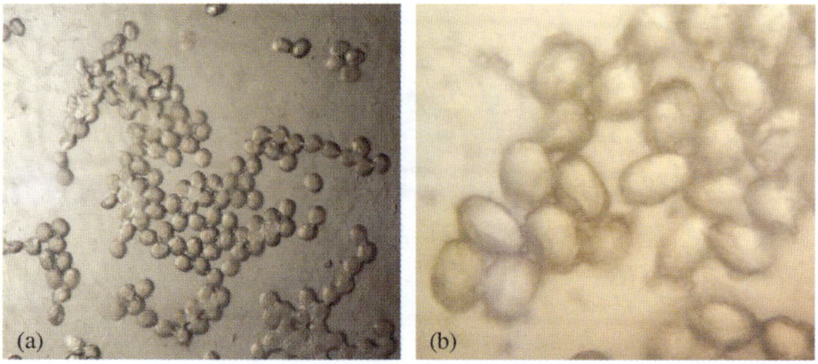

图 274　蛔虫未受精的卵

（a. 放大 400 倍；b. 放大 1 000 倍）

(2)生活史

①直接为发育型,不需要中间宿主。

②发育过程。成虫寄生于猪的小肠,雌虫受精后,产出的虫卵随粪便排出体外,在适宜的温度、湿度和充足的氧气环境下,在卵内发育为第1期幼虫,蜕皮变为第2期幼虫,此时虫卵尚无感染力,经过一段时间发育为感染性虫卵,被猪吞食后在小肠内孵出幼虫。大多数幼虫很快钻入肠壁血管,随血液循环进入肝脏,进行第2次蜕化,变为第3期幼虫,幼虫随血液经肝静脉、后腔静脉进入右心房、右心室和肺动脉,穿过肺毛细血管进入肺泡,在此进行第3次蜕化发育为第4期幼虫并继续发育。幼虫上行进入细支气管、支气管、气管,随黏液到达咽部,被咽下后,经食道、胃进入小肠,经第4次蜕化发育为第5期幼虫(童虫),继续发育为成虫。

③发育时间。虫卵发育为感染性虫卵需3～5周;猪从感染虫卵到在小肠内发育为成虫,需要2～2.5个月的时间。

④成虫寿命。成虫在猪体内可生存6个月,自行随粪便排出。

2. 实验室诊断

根据流行病学、临床症状、粪便检查和剖检等综合判定。粪便检查采用直接涂片法或漂浮法,由于猪蛔虫较常见,1 g粪便中虫卵数达到1 000个以上时才可确诊。剖检发现虫体即可确诊。幼虫移行出现肺炎时,用抗菌素治疗无效,可为诊断提供参考。饱和生理盐水漂浮法具体操作如下:

(1)主要设备和试剂　锥形瓶、玻璃棒、烧杯、水浴锅、纱布、试管或安瓿瓶、载玻片、盖玻片、显微镜、食盐等。

(2)操作流程

①粪便采集。

②配制饱和盐水溶液。将水倒入锥形瓶,放入水浴锅将水煮开,然后加入食盐搅拌,使之溶解,边搅拌边加食盐,加至食盐不再溶解而生成沉淀为止(1 000 mL沸水中约加食盐380 g),再以双层纱布过滤至另一个干净的烧杯内,待凉后即可使用。

③粪液制备。取粪便5～10 g,置于100～200 mL的烧杯中,先加

入少量饱和盐水，把粪便调匀，然后加入约为粪便12倍量的饱和盐水，搅拌均匀，用纱布或40目的铜丝筛过滤于另一个干净的烧杯内，滤液静置30～40 min，得到粪液。

④制片镜检。将滤液直接倒入试管或安瓿瓶内，补加饱和盐水使试管充满，加上载玻片（盖玻片应与液面完全接触，不能留有气泡），静置30～40 min，取下盖玻片，贴在载玻片上进行镜检。

（3）注意事项

①本法的原理是采用比重比虫卵大的溶液，使虫卵浮集于液体的表面，形成一层虫卵液膜，然后蘸取此液膜，进行镜检。

②溶液凉后如出现食盐结晶，则说明该溶液是饱和的，合乎要求，其比重为1∶18，此溶液应保存于温度不低于13 ℃的环境中，才能保持较高的比重。

③本法检出率高，在实际工作中广泛应用，可以检查大多数的线虫卵和绦虫卵，为了提高漂浮效果，可用其他饱和溶液代替饱和盐水。如在检查比重较大的后圆线虫时，可先将猪粪便按沉淀法操作，取得沉渣后，在沉渣中加入饱和硫酸镁溶液，进行漂浮，收集虫卵。

三、防治要点

1. 治疗

（1）左咪唑　按每千克体重10 g，口服或混料喂服。

（2）丙硫苯咪唑　按每千克体重10 g，一次口服。

（3）甲苯咪唑　按每千克体重10～20 g，混料喂服。

（4）氟苯咪唑　按每千克体重30 g，混料喂服，连用5 d。

（5）伊维菌素　按每千克体重0.3 g，一次皮下注射。

2. 防治措施

（1）定期驱虫　对散养育肥猪，仔猪断奶后驱虫1次，4～6周后再驱虫1次。母猪在怀孕前和产仔前1～2周驱虫。育肥猪在3月龄和5月龄各驱虫1次。引入的种猪要进行驱虫。规模化养猪场对全群猪驱虫后，以后每年对公猪至少驱虫2次；母猪产前1～2周驱虫1次；

仔猪转入新圈、群时驱虫1次；后备猪在配种前驱虫1次。新引入的猪驱虫后再合群。

(2)加强饲养管理　圈舍要及时清理，勤冲洗，勤换垫草，粪便和垫草发酵处理；产房和猪舍在进猪前要彻底清洗和消毒；母猪转入产房前要用肥皂水清洗；运动场保持平整，排水良好。

第三节　猪后圆线虫病的防治

后圆线虫病是由后圆科后圆属的多种线虫寄生于猪支气管、细支气管和肺泡所引起的疾病，又称为肺线虫病。主要危害仔猪，引起支气管炎和支气管肺炎，严重时可造成大批死亡。

一、发病特点

1.流行病学

(1)感染源　病猪、带虫猪。

(2)感染途径　经口感染。猪食入感染性虫卵污染的饮水、饲料或土壤等。

(3)易感动物　仅家猪和野猪易感。主要发生于6～12月龄的散养猪。

(4)抵抗力　后圆线虫的虫卵和第1期幼虫对外界的抵抗力较强，在外界可生存6个月以上。感染性幼虫可在蚯蚓体内长期保持感染性。

(5)流行特点　该病分布很广。猪的发病季节与蚯蚓的活动季节一致，一般在夏秋季发生感染。

2.临床症状

轻度感染时影响猪的生长。严重感染时，猪发育不良，阵发性咳嗽，尤其在早晚运动或遇冷空气刺激时，咳嗽尤为剧烈；被毛干燥、无光泽，鼻孔内有脓性黏稠液体流出，呼吸困难。有的在胸下、四肢和眼睑部呈现浮肿。严重病例发生呕吐、腹泻，最后因极度衰竭而死亡。

3.病理变化

眼观病变常不显著。严重感染时在肺膈叶腹面边缘有楔状气肿区，支气管增厚、扩张，靠近气肿区有坚实的灰色小结，小支气管周围呈淋巴样组织增生和肌纤维状肥大，支气管内有虫体和黏液。

二、诊断

1.病原

(1)形态构造　猪后圆线虫呈乳白色或灰色，如图275所示，口囊很小，口缘有1对分3叶的侧唇。雄虫交合伞有一定程度的退化，有1对细长的交合刺。雌虫两条子宫并列，至后部合为阴道，阴门紧靠肛门，前方覆角质盖，虫体后端有时弯向腹侧。卵胎生。常见的病原体有：

①野猪后圆线虫。又称长刺后圆线虫。雄虫长11～25 mm，交合伞较小，前侧肋大，顶端膨大，中侧肋和后侧肋融合在一起，背肋极小；交合刺长，呈丝状，末端有单钩，无引器。雌虫长20～50 mm，阴道长，尾端稍弯向腹面。虫卵呈钝椭圆形，壳厚，表面不光滑。排出时已含有发育成形的幼虫盘曲在内。虫卵大小为(51～54) μm×(33～36) μm。

②复阴后圆线虫。雄虫长16～18 mm，交合伞较大，交合刺末端有双钩，有引器。雌虫长22～35 mm，阴道短，尾直，有较大的角质膨大覆盖肛门和阴门。虫卵大小为(57～63) μm×(39～42) μm。

图275　肺丝虫

③萨氏后圆线虫。雄虫长17～18 mm，交合刺长，末端有单钩。雌虫长30～45 mm，阴道长，尾端稍弯向腹面。虫卵大小为

(53～56) μm×(33～40) μm。

(2)生活史

①中间宿主。蚯蚓。

②终末宿主。野猪后圆线虫寄生于猪和野猪外，偶见于人、羊、鹿、牛和其他反刍兽。复阴后圆线虫和萨氏后圆线虫寄生于猪和野猪。

③发育过程。雌虫在宿主支气管内产卵，卵和支气管黏液混合，由于咳嗽转至口腔，与唾液混合，随唾液被咽下，再经消化道随粪便排到外界。虫卵在潮湿的土壤中，可因吸收水分，卵壳膨大而破裂，孵出第 1 期幼虫。蚯蚓吞食了第 1 期幼虫或虫卵(第 1 期幼虫在其体内孵化)，经 2 次蜕化变为感染性幼虫，随蚯蚓粪便排至土壤中。蚯蚓受伤时幼虫也可经伤口逸出。猪吞食了蚯蚓或土壤中的感染性幼虫而感染，幼虫在小肠逸出钻入肠壁，沿淋巴系统进入肠系膜淋巴结，在此蜕化变为第 4 期幼虫，然后沿淋巴进入血液循环系统，随血流至心脏和肺脏，穿过肺泡进入支气管，再蜕化变为第 5 期幼虫，进而发育为成虫。

④发育时间。进入蚯蚓体内的第 1 期幼虫发育为感染性幼虫约需 10 d；进入猪体内的感染性幼虫发育为成虫需 25～35 d。

⑤成虫寿命。一般可存活 1 年左右。

2. 实验室诊断

根据流行病学、临床症状和粪便检查综合确诊。粪便检查用漂浮法(用饱和硫酸镁或硫代硫酸钠溶液作为漂浮物)。只有检出大量虫卵时才能认定。剖检时，在肺隔叶发现虫体，即可确诊。

三、防治要点

1. 治疗

可用以下药物驱虫。肺炎严重的猪，应采用抗生素防止继发感染。

(1)左咪唑　按每千克体重 10 g，口服或混料喂服。

(2)丙硫苯咪唑　按每千克体重 10 g，一次口服。

(3)甲苯咪唑　按每千克体重 10～20 g，混料喂服。

(4)伊维菌素 按每千克体重0.3 g,一次皮下注射。

2.防治措施

(1)定期驱虫 在流行地区,春、秋各进行1次驱虫。

(2)加强饲养管理 猪实行圈养,防止采食蚯蚓。

(3)加强粪便管理 及时清除粪便,进行生物热发酵。

第四节 猪毛首线虫病的防治

猪毛首线虫病是由毛首科毛首属的猪毛首线虫寄生于猪大肠(主要是盲肠)引起的一种寄生虫病。虫体为乳白色,前部细长,后部短粗,外观极似马鞭,又称猪鞭虫病。该病主要危害仔猪,严重感染时死亡,长期以来一直是影响养猪业发展的一个普遍问题。

一、发病特点

1.流行病学

(1)感染源 病仔猪、带虫仔猪。

(2)感染途径 经口感染。猪食入感染性虫卵污染的饮水、饲料或土壤等。

(3)易感动物 仔猪。1.5月龄的仔猪即可检出虫卵,4月龄的猪,粪便中虫卵数和感染率均很高,14月龄以上的猪很少感染。

(4)抵抗力 卵的抵抗力极强,可在土壤中存活5年。

(5)流行特点 该病一年四季均可感染,夏季发病率最高。

2.临床症状

轻度感染的仔猪一般无明显症状。严重感染时精神沉郁,食欲减少,结膜苍白,贫血,顽固性腹泻,粪稀薄,有时夹血丝或血便。身体虚弱,弓腰吊腹,行走摇摆。体温39.5~40.5 ℃,死前排水样血色粪,带黏液。最后因呼吸困难、脱水、极度衰竭而死。

3. 病理变化

猪鞭虫寄生于猪和野猪的盲肠。盲肠、结肠充血、出血，结肠黏膜上布满乳白色细针尖样虫体，虫体钻入处形成结节，有的结节呈圆形囊状物。盲肠和结肠出现出血性坏死、水肿和溃疡，还有与结节线虫病类似的结节，结节中含有虫体或虫卵。肝脏表面形成白色坏死斑，称为乳斑肝。病理变化如图 276 至图 279 所示。

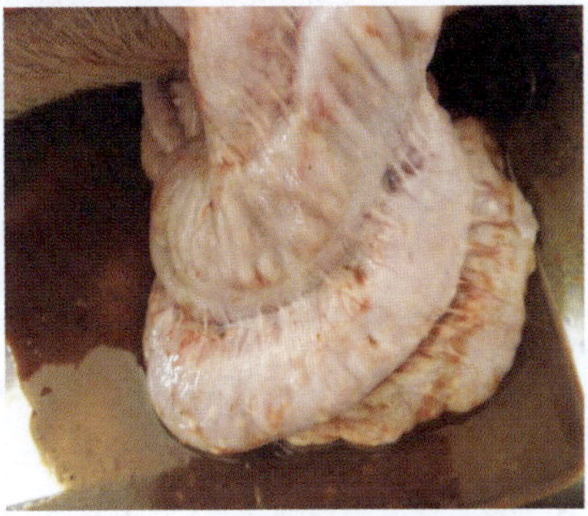

图 276 结肠浆膜有大量结节

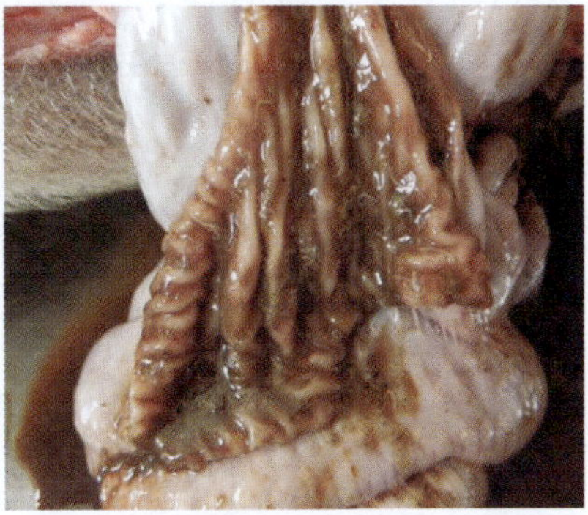

图 277 结肠有大量鞭虫寄生，肠壁出血，内容物呈红褐色

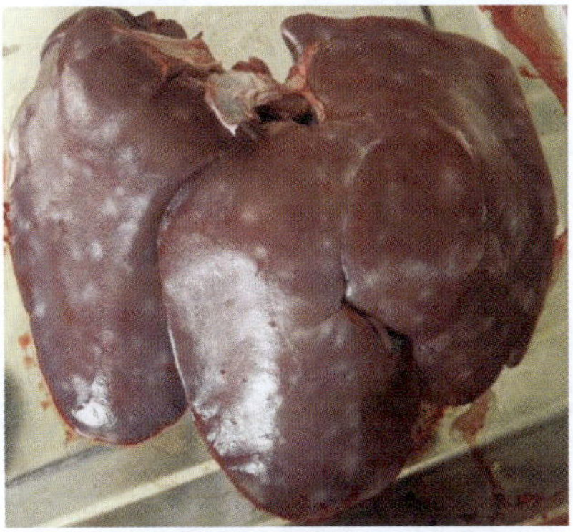

图 278 鞭虫微丝蚴寄生在肝脏，形成白色坏死斑，称为乳斑肝

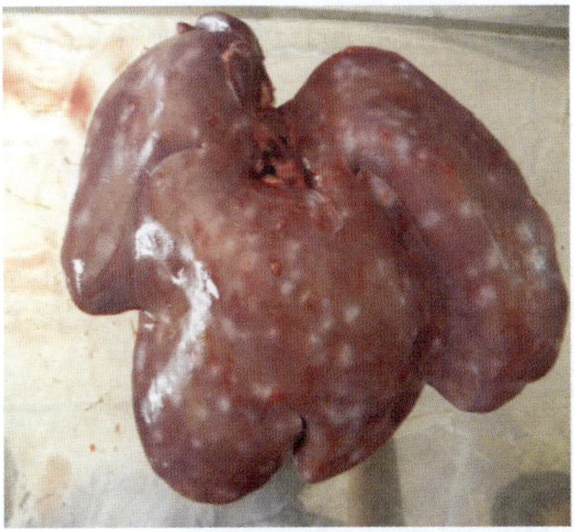

图 279 白斑多，有大量虫体寄生

二、诊断

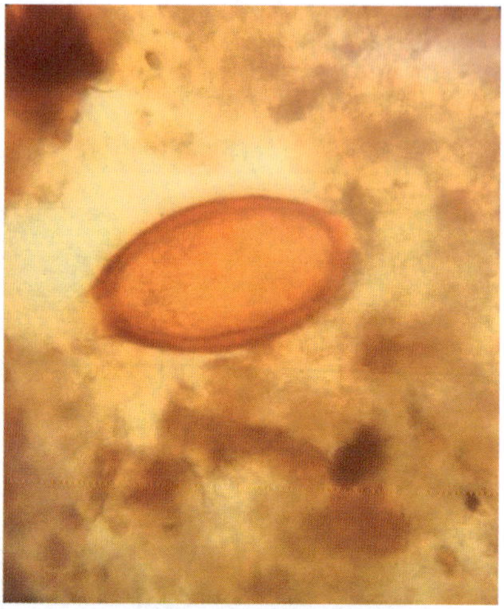
图 280 鞭虫虫卵棕黄色，呈腰鼓状

1.病原

(1)形态结构　猪毛首线虫呈乳白色，前部为食道部，细长，呈毛发状，内含单细胞的食道，占虫体全长的2/3；后部为体部，短粗，内有肠管和生殖器。雄虫长20～52 mm，雌虫长39～53 mm虫卵呈棕黄色，呈腰鼓状，卵壳厚，两端有塞，如图280所示。

(2)生活史

①宿主。猪和野猪。

②发育过程。成虫在猪盲肠中产卵，卵随粪便排到体外，在适宜的温度和湿度下，发育为感染性虫卵(含第1期幼虫)。虫卵污染饲料及饮水，被猪吞食后，第1期幼虫在小肠内脱壳而出，钻入肠绒毛间发育，移行到盲肠和结肠并固着在肠黏膜上，钻入肠腺，经四次蜕皮，发育为成虫。

③ 发育时间。虫卵发育为感染性虫卵约需3周；感染性虫卵发育为成虫需40～50 d。

④ 成虫寿命。成虫的寿命为4～5个月。

2.实验室诊断

根据流行病学、临床症状、病理变化和粪便检查(漂浮法)综合确诊。粪检若查出虫卵(呈腰圆形，两端有塞状结构，壳厚，外壳光滑、黄褐色)即可确诊。

三、防治要点

1. 治疗

(1)敌百虫　按每千克体重100 g,拌料喂服或灌服。

(2)驱虫净(噻咪唑)　按每千克体重25 g,口服;或配成3%～10%浓度,按每千克体重15～20 g,肌内注射。

(3)丙硫苯咪唑　按每千克体重20 g,口服,36 h后即可排虫。

(4)左旋咪唑　按每千克体重7.5 g,口服或肌内注射。

(5)羟嘧啶　按每千克体重2～4 g,溶于水后灌服(严禁注射)。

2. 预防

(1)定期驱虫　仔猪断乳时应驱虫1次,经1.5～2个月后再驱虫1次。

(2)加强饲养管理　平时要保持环境卫生。定期给猪舍消毒,减少虫卵污染的机会;定期消毒或铲去一层表土,换新或用生石灰消毒。从外地引猪,应进行该病虫卵的检查。

(3)加强粪便管理　粪便沤制发酵,以消灭虫卵。

第五节　猪旋毛虫病的防治

旋毛虫病是由毛形科毛形属的旋毛虫寄生于多种动物和人引起的一种人畜共患病。成虫寄生于哺乳动物小肠,称为肠旋毛虫;幼虫寄生于肌肉组织,称为肌旋毛虫;该病可致人死亡,是肉品卫生检验项目之一,在公共卫生上具有重要意义。

一、发病特点

1. 流行病学

(1)感染源　患病或带虫猪、犬、猫、鼠等动物。

(2)感染途径　经口感染。猪感染旋毛虫主要是由于吞食了老鼠;动物尸体、蝇蛆、步行虫均可成为感染源;用生的病肉屑、洗肉水和含有病肉的废弃物喂猪都可引起旋毛虫感染。人感染旋毛虫病多与食用腌制与烧烤不当的猪肉制品有关;个别地区有吃生肉或半生不熟肉的习惯;切过生肉的菜刀、砧板均可能黏附有旋毛虫的包囊,也可能污染食品而造成食源性感染。

(3)易感动物　包括人、猪、鼠、犬、猫、熊、狐、狼、貂和黄鼠狼等近50种动物,以及许多昆虫如蝇蛆和步行虫等。

(4)繁殖力　旋毛虫病属世界性分布。繁殖能力强,1条雌虫能产出1 000～10 000条幼虫。

(5)抵抗力　包囊幼虫的抵抗力很强,在 −20 ℃时可保持生命力57 d,高温70 ℃才能杀死;盐渍和熏制品不能杀死肌肉深部的幼虫;在腐败肉里能活100 d以上。

2. 临床症状

猪感染时往往不显病状,严重感染时,初期有食欲不振、呕吐和腹泻病状;随后出现肌肉疼痛、步伐僵硬,呼吸和吞咽也有不同程度的障碍,有时眼睑、四肢水肿,很少死亡,病状可自行恢复。

人的旋毛虫病病状明显。成虫侵入肠黏膜时引起肠炎,严重时带血性腹泻。幼虫进入肌肉,特征为急性肌炎,发热和肌肉疼痛;同时出现吞咽、咀嚼、行走和呼吸困难;眼睑水肿,食欲不振,极度消瘦。严重感染时多因呼吸肌麻痹、心肌及其他脏器的病变和毒素的刺激而引起死亡。早期移行期白细胞总数增多,但外周血液中嗜酸粒细胞显著增多是人体旋毛虫病最常见的特征之一。

3. 病理变化

成虫可引起肠黏膜出血、发炎和绒毛坏死。幼虫移行时引起肌炎、血管炎和胰腺炎,在肌肉定居后引起肌细胞萎缩、肌纤维结缔组织增生。

二、诊断

1.病原

(1)形态结构　旋毛虫成虫细小,前部较细,后部较粗。雄虫长1.4～1.6 mm,层端有泄殖孔,无交合伞和交合刺,有两个呈耳状悬垂的交配叶。雌虫长3～4 mm,阴门位于身体前部的中央,胎生。幼虫长1.15 mm,卷曲并形成包囊,包囊呈圆形、椭圆形或梭形,如图281至图283所示。

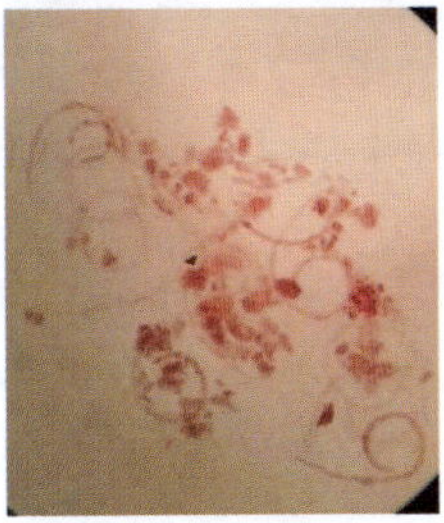

图281　旋毛虫幼虫

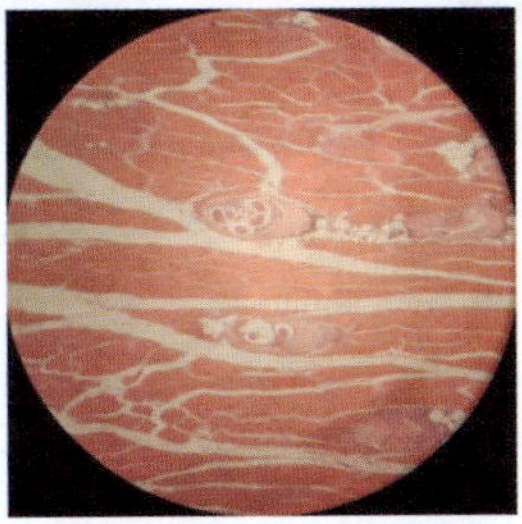

图282　肌肉组织间的包囊

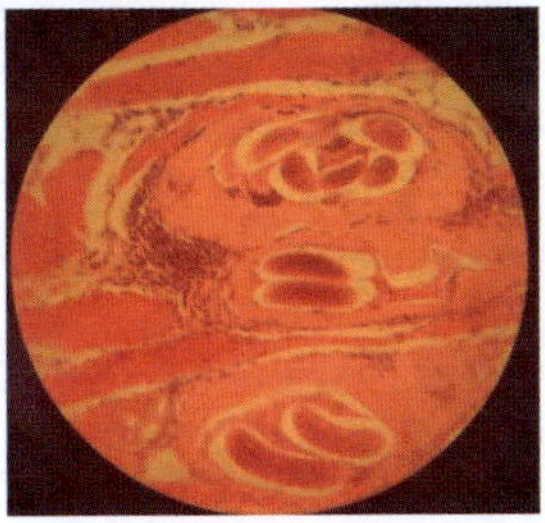

图283　包囊

(2)生活史(图284)

①宿主。宿主范围广,包括人、猪、鼠、犬、猫、熊、狐、狼、貂和黄鼠狼等近50种动物。成虫与幼虫可寄生于同一宿主。动物和人感染时,先为终末宿主,后为中间宿主。

②发育过程。终末宿主因摄食了含有包囊幼虫的动物肌肉而被感染。包囊在宿主胃内被溶解,幼虫释出,经两昼夜发育为成虫。在小肠内雌雄虫交配后,雄虫死亡。雌虫钻入肠腺或肠黏膜下淋巴间隙产出大量幼虫,幼虫随淋巴经胸导管、前腔静脉入心脏,然后随血液循环散布全身,只有到达横纹肌的幼虫才能继续发育。在感染后17～20 d肌肉内的幼虫开始蜷曲,周围逐渐形成包囊,7～8周包囊完全形成,此时的幼虫具有感染力。每个包囊一般只有1条虫体,偶有多条。6～9个月后,包囊从两端向中间钙化,全部钙化后虫体死亡。幼虫可长期生存,保持生命力由数年至25年之久。

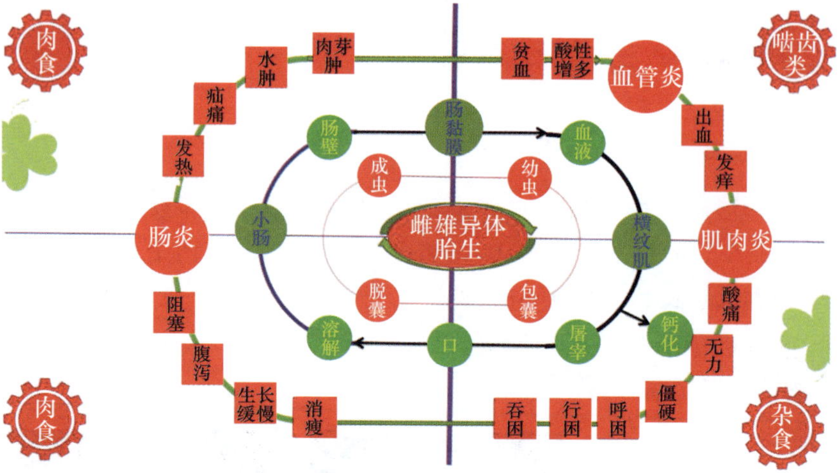

图 284　旋毛虫生活史

2. 实验室诊断

旋毛虫生前诊断困难，可采用间接血凝试验和酶联免疫吸附试验等免疫学方法。目前国内已有快速诊断试剂盒。死后诊断可用肌肉压片法和消化法检查幼虫。肌肉压片法操作如下：

(1)主要设备和试剂

剪刀、旋毛虫检验器、显微镜。

(2)操作流程

①取样。从猪的左右膈肌取样，切小块。

②肉眼观察。撕去肌膜与脂肪，肉眼观察有无可疑的旋毛虫病灶——针尖大小、露滴状、半透明。

③压片镜检。从肉样不同部位切取 24 小块(麦粒大小)，用旋毛虫检验器压片镜检。

④结果判定。若 24 小块中有一个旋毛虫则不能食用，需经高温处理才可食用。

(3)注意事项

①肌肉活组织检查。感染后第 4 周取三角肌或腓肠肌(肌痛最显著的部位)一小片，置两玻璃片中压成薄片，低倍显微镜下观察，可见

蜷曲活动的幼虫。

②肌肉活检受摘取组织局限性的影响，在感染早期及轻度感染者不易检出幼虫。

③将患者吃剩下的肉或带肉馅的食品，用压片法检查包囊，消化法分离包囊和动物接种。

④早期移行期白细胞总数增多，外周血液中嗜酸粒细胞显著增多是人体旋毛虫病最常见的指征之一。

⑤我国旋毛虫病酶联免疫吸附试验快速诊断试剂盒已经商品化。

三、防治要点

1. 治疗

丙硫苯咪唑为首选药物，一般于服药后 2～3 d 体温下降、肌痛减轻、浮肿消失。

2. 预防措施

(1)卫生教育　加强健康教育宣传，使群众了解该病的传播途径及危害性，把好“病从口入”关，不吃生的或半熟的肉类，刀和菜板要生熟分开，注意个人卫生及饮食卫生，养成饭前便后洗手的习惯。

(2)加强肉品检验　家畜集中屠宰，加强肉品检验，加强废弃物的无害化管理。

(3)消灭传染源　治疗患者、病畜，减少传染源。

(4)切断传播途径　禁止用生肉喂猫、犬等动物；流行地区猪只不能放牧，不用生废肉屑和含有生肉屑的泔水或垃圾喂猪。

(5)控制易感动物　长期坚持灭鼠工作。

第六节　猪囊尾蚴病的防治

猪囊尾蚴病是由猪带绦虫的幼虫(猪囊尾蚴)寄生于猪或人体内所引起的一种人畜共患寄生虫病，又称猪囊虫病。患该病的猪肉俗称豆猪肉或米猪肉。猪囊尾蚴病的预防在公共卫生上占有重要地位，是我国重点防治的寄生虫病，该病不但影响猪的健康，而且对人的健康也造成严重危害，是肉品卫生检验的重要项目之一。

一、发病特点

1.流行病学

(1)感染源　猪带绦虫病人和囊尾蚴病猪。

(2)感染途径　经口感染。

猪食入带病的粪便或被粪便污染的饲料、地面和饮水而感染。

人感染囊尾蚴的途径有两种：异体感染（外源性感染）和自体感染。异体感染是食入了被虫卵污染的食物而感染；自体感染是患者食入自己排出的粪便中的虫卵而造成的感染，或是因患者恶心、呕吐引起肠管逆蠕动，使肠中的孕节返入胃或十二指肠中，孵出六钩蚴而造成的感染。异体感染为主要感染方式。

(3)易感对象　猪、人。

(4)繁殖力　绦虫或患者每月可排出 200 多个卵节片，可持续数年甚至 20 余年。每个节片含虫卵 3 万～5 万个。

(5)抵抗力　虫卵在外界抵抗力较强，一般能存活 1～6 个月。

(6)流行特点　猪带绦虫在全世界分布广泛，主要流行于发展中国家。在我国主要分布在东北、华北、中原和西南的某些地区，北方各省较多，长江流域较少，有的地方呈局限性流行或散在发生。

2.临床症状

猪囊尾蚴寄生在脑时可引起神经障碍；寄生在肌肉时，一般不表现明显的致病作用；大量寄生时，可能造成生长迟缓，发育不良，贫血和肌肉肿胀。寄生于眼结膜下组织或舌部时，可见豆状肿胀。重症病猪可见呼吸困难或声音嘶哑，打呼噜，视力减退，眼神痴呆，醉酒状等；两肩外张，臀部异常肥胖而呈哑铃形或狮体状体形。

人患猪带绦虫病时，表现肠炎、腹痛、肠痉挛和神经症状。猪囊尾蚴寄生于脑时，出现头痛、眩晕、恶心、呕吐、癫痫、记忆力减退和消失，严重者可致死亡。寄生在眼时可导致视力减弱，甚至失明。寄生于皮下或肌肉组织时肌肉酸痛无力。

3.病理变化

剖检可见咬肌、腰肌、骨骼肌及心肌，有乳白色椭圆形的猪囊尾蚴。

二、诊断

1.病原

(1)形态结构　猪囊尾蚴的成虫为猪带绦虫，又称有钩绦虫、链状带绦虫，寄生于人体的小肠内。成虫扁平带状，分为头节、颈节和链体3部分。头节粟粒大，近球形，有4个吸盘和1个顶突。顶突在头节的顶端，具有角质小钩，排成大小相同的两圈，内圈的钩较大，外圈的钩稍小；头节下为颈节，细长狭小，下接链体，有节片800～900片。未成熟节片宽而短，成熟节片长宽几乎相等，呈四方形，孕卵节片长度大于宽度。每节片边缘各有一个生殖孔，不规则地排列于链体两侧。每节片具雌、雄性生殖器官各一套。睾丸呈滤泡状，150～200个，分布在节片两侧。卵巢分三叶，位于节片中后部，两侧叶大，中间一叶较小。孕卵节中除充满虫卵的子宫外，其他器官均退化。孕卵节片内子宫由主干分出7～13对侧枝。每一孕节含虫卵3万～5万个，孕节单个或成段脱落，如图285至图287所示。

囊尾蚴呈囊状，又称猪囊虫，成熟的猪囊虫呈椭圆形，长8～18 mm，宽5 mm，呈白色半透明状，内有白色头节1个，上有4个吸盘和有小钩的顶突。囊尾蚴的大小与形态因寄生部位的不同而不同。

虫卵呈球形，大小为31～43 μm；卵壳两层，外层薄、无色透明，且易脱落；内为胚膜，棕黄色，厚而坚固，内有1个六钩蚴，如图288所示。

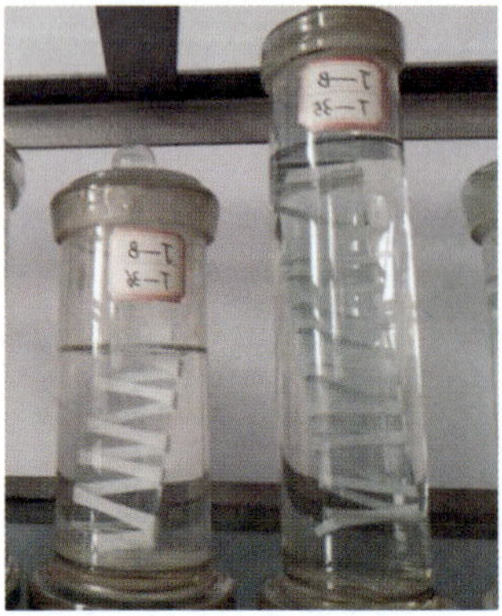

图 285　猪带绦虫(1)

图 286　猪带绦虫(2)

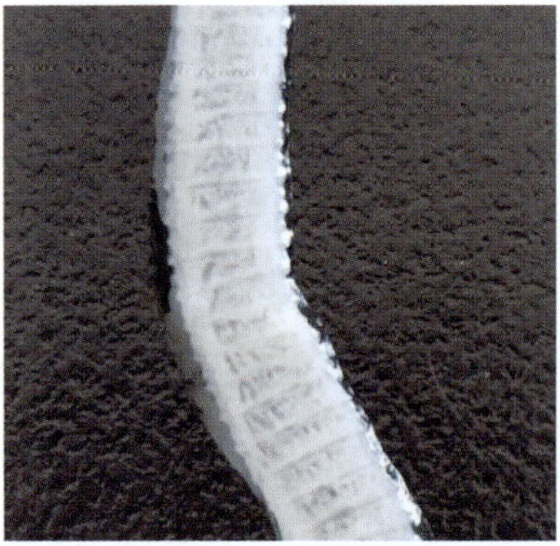

图 287　猪带绦虫的节片

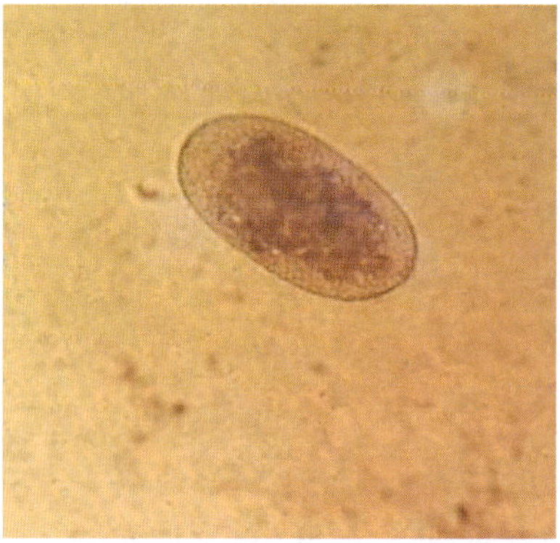

图 288　猪带绦虫的虫卵

(2)生活史(图 289)

①中间宿主。猪或人。

②终末宿主。人。

③发育过程。猪带绦虫寄生于人的小肠中,其孕卵节片脱落后随人的粪便排出体外,孕卵节片在直肠或外界由于机械作用破裂而散出虫卵,污染地面、食物和饮水等,猪吞食孕卵节片或虫卵而感染。节片或虫卵经胃肠消化液的作用而破裂,六钩蚴逸出,钻入肠黏膜的血管或淋巴管内,随血液流动到达猪体的各部组织中,主要是横纹肌内,发育为成熟的猪囊尾蚴。人食入含有猪囊尾蚴的病肉而感染。猪囊尾蚴在胃液和胆汁的作用下,于小肠内翻出头节,用其小钩和吸盘固着

于肠黏膜上发育为成虫。一般只寄生 1 条,偶有数条。

④发育时间。在猪体内,虫卵发育为囊尾蚴需 2 个月;在人小肠内,幼虫发育为成虫需 2～3 个月。

⑤成虫寿命。在人的小肠内可存活 25 年之久。

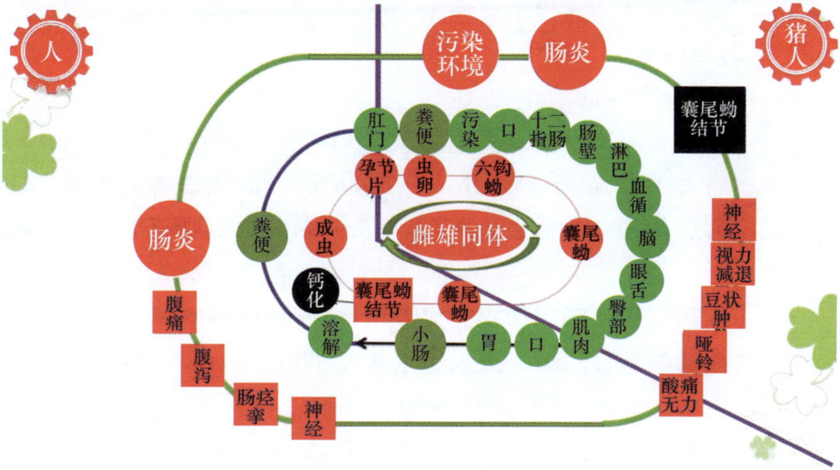

图 289　猪带绦虫的生活史

2. 实验室诊断

生前诊断比较困难,对感染严重猪可采用"听、看、检"的方法进行检查,即听病猪的呼吸声音,有无打呼噜或声音嘶哑;看猪体外形是否呈哑铃形或狮体状体形;检查眼结膜和舌根部有无因猪囊尾蚴引起的豆状肿胀,可作为生前诊断的依据。一般只有在宰后检验时才能确诊。血清学诊断方法已经被应用于猪囊尾蚴病的诊断上。人猪带绦虫病可通过粪便检查发现孕卵节片和虫卵确诊。

三、防治要点

1. 治疗

(1)对猪囊尾蚴病的治疗

①吡喹酮。按每千克体重 30～60 g, 每天 1 次,连用 3 d。

②丙硫苯咪唑。按每千克体重 30 g，一次口服，隔 48 h 再服一次，共服 3 次。

（2）对人脑囊虫病的治疗

①吡喹酮。按每千克体重 20 g，分两次服用，连服 6 d。

②丙硫苯咪唑。按每千克体重 20 g，分两次口服，15 d 为一疗程，间隔 15 d，至少服 3 个疗程。

（3）对人绦虫病的治疗

①南瓜籽和槟榔合剂。南瓜籽 50 g，槟榔片 100 g，硫酸镁 30 g。南瓜籽炒后去皮磨碎，槟榔片作成煎剂，早晨空腹先服南瓜籽粉，1 h 后再服槟榔煎剂，0.5 h 后服硫酸镁。应多喝白开水，服药后 4 h 可排出虫体。

②用仙鹤草根芽晒干粉碎。成人用量 25 g，早晨空腹一次服下。

③氯硝柳胺（灭绦灵）。成人用量 3 g，早晨空腹两次分服，药片嚼碎后用温水送下，否则无效，间隔 0.5 h 再服另一半，1 h 后服硫酸镁。

人驱虫后应检查排出的虫体有无头节，如无头节，虫体还会生长。

2. 预防措施

采取驱除人体绦虫，消灭传染源，切断传播途径的“查、驱、检、管、灭”的综合性对策和措施。

（1）驱除人体绦虫，消灭囊虫　在绦虫病发生地区以村为单位，逐户进行普查，对查出的绦虫病患者应及时进行驱虫治疗。以驱出完整绦虫虫体并有头节方为驱虫完成。此外，应积极开展对猪的检查和治疗。

（2）加强肉类食品的卫生检疫　定点集中屠宰，加强市场上肉食品及集贸市场检疫工作，病猪肉必须经过严格的处理或销毁，杜绝囊虫猪肉进入市场销售。

（3）加强粪便管理　修建卫生厕所，实行猪圈养，防止猪吞食人粪中的虫卵。人兽粪便经厌氧或高温发酵无害化处理后再施肥，杀灭虫卵，切断猪的感染途径。

（4）卫生防护　加强卫生宣传教育，增强群众的自我保健意识，注意个人卫生及饮食卫生，养成饭前便后洗手的习惯；肉制品应熟透后食用，切生肉及熟食的刀、板要分开使用。

第七节 猪弓形虫病的防治

弓形虫病是由龚地弓形虫寄生于动物和人有核细胞中引起的一种人畜共患疾病。该病对家畜和孕妇以及免疫功能缺陷者的危害严重。主要以神经、呼吸及消化系统症状为特征。

一、发病特点

1.流行病学

(1)感染源　带有弓形虫滋养体、包囊和假囊的病人、病畜及带虫动物，或病猫排出的卵囊及被卵囊污染的土壤、水源、饲料、牧草或食具；猫是最重要的传染源。

(2)感染途径　经黏膜和胎盘感染。主要经口、鼻、咽、呼吸道黏膜、眼结膜感染，以及胎儿在母体经胎盘而感染；经损伤的皮肤和黏膜也可以传染；节肢动物携带卵囊也具有一定的传播意义。

(3)易感动物　人类和各种家畜(如猫、犬、鼠、兔、猪、牛、羊)以及200余种哺乳动物、70种鸟类、5种爬行动物和一些节肢动物均易感。其中人类中胎儿、婴幼儿、肿瘤和艾滋病患者最易感染；家畜中猪和羊最易感染。

(4)繁殖力　弓形虫一天可排出1 000个卵囊，排囊可持续10～20 d。

(5)抵抗力　卵囊对外界抵抗力较大，对酸、碱、消毒剂均有较强的抵抗力，在室温可存活3～18个月，5 ℃下可存活120 d，−20 ℃下可存活60 d，猫粪内可存活1年，对干燥和热的抵抗力较差，80 ℃下1 min即可杀死，因此加热是防止卵囊传播最有效的方法。免疫功能正常的机体，包囊在宿主体内可存活数月、数年、甚至终身；当机体免疫功能低下或长期应用免疫抑制剂时，可以继续发育繁殖。

（6）流行特点　龚地弓形虫是一种机会致病性原虫，该病在世界广泛存在和流行。弓形虫感染与饮食习惯、生活条件、接触猫科动物、职业等因素有关。人弓形虫的感染率一般是温暖潮湿地区比寒冷干燥地区高。家畜弓形虫病一年四季均可发病，以夏秋季居多（每年的5—10月）。常形成局部暴发流行，严重影响畜牧业发展，也威胁人类健康。

2.临床症状

（1）猪　猪弓形虫病主要引起神经、消化及呼吸系统的症状。急性猪弓形虫病高热稽留，温度为40～42℃，食欲减退，异嗜、精神委顿、喜卧；被毛蓬乱无光泽，尿液橘黄色，粪便干燥，呈暗红色或煤焦油色；呼吸困难，呈腹式或犬坐姿势呼吸；皮肤有紫斑，体表淋巴结肿胀。怀孕母猪高热、废食、精神委顿、昏睡，产出死胎、流产、畸形怪胎。猫感染此病后，通常无明显症状。

（2）人类　人弓形虫病有先天性和获得性两种。先天性弓形虫病只发生于初孕妇女，经胎盘血流传播。受染胎儿或婴儿多数表现为隐性感染。急性感染主要表现为呼吸困难、咳嗽，并伴有鼻漏、高烧、体表淋巴结肿大、腹部皮肤及耳部出现淤血斑等症状。也可造成孕妇流产、早产、畸胎或死胎，尤以早孕期感染，畸胎发生率高。淋巴结肿大是获得性弓形虫病最常见的临床类型，多见于颌下和颈后淋巴结。获得性弓形虫病可因虫体侵袭部位和机体反应性而呈现不同的临床表现，因而无特异症状，须与有关疾病共同鉴别。

3.病理变化

急性病例多见于年幼动物，出现全身性病变。淋巴结、肝、肺和心脏等器官肿大，有许多出血点和坏死灶。肾脏黄褐色，常见针尖大出血点或坏死灶。肠道重度充血，肠黏膜可见坏死灶，腹腔积液。慢性病例多可见内脏器官水肿，并有散在的坏死灶。病理变化如图290至图293所示。

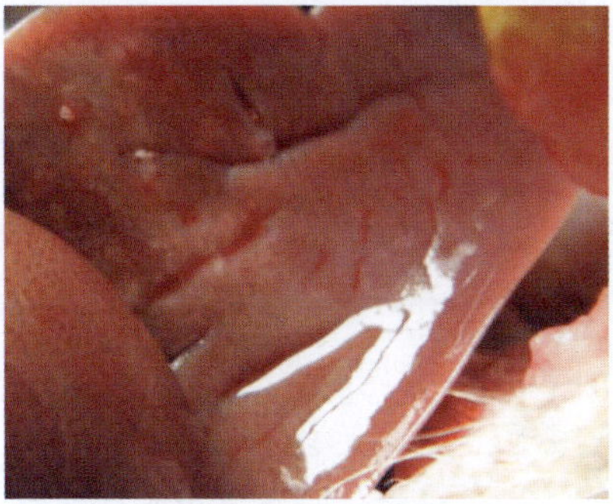

图 290　肝脏坏死点

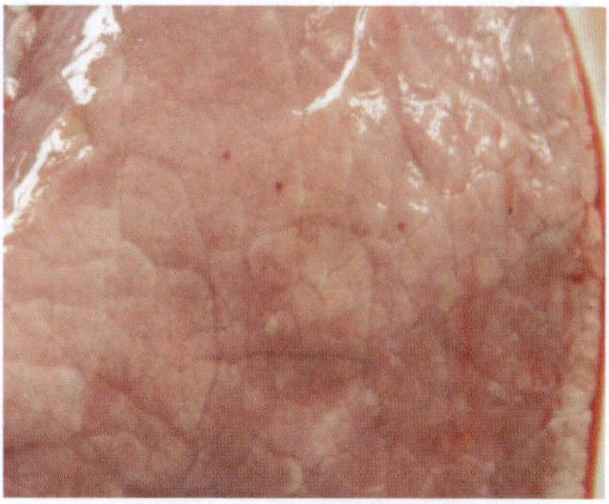

图 291　肺脏出血点

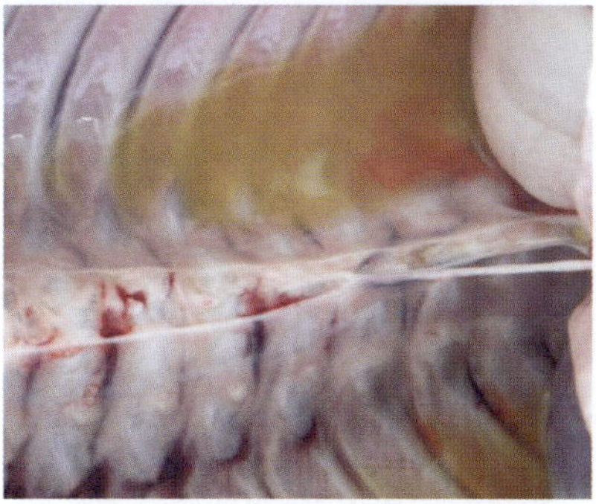

图 292　胸腔少量积液

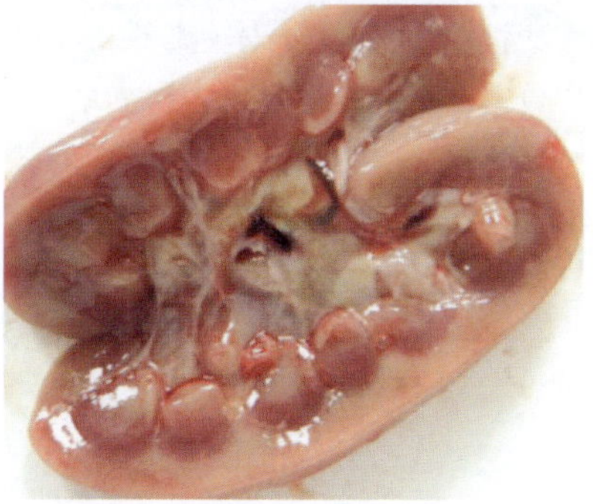

图 293　肾脏颜色变浅，肾盂出血

二、诊断

1. 病原

(1)形态结构　龚地弓形虫是一种多宿主寄生虫，有 5 种不同形态阶段：滋养体、包囊、裂殖体、配子体和卵囊。滋养体和包囊出现在中间宿主体内；裂殖体、配子体和卵囊出现在终宿主猫体内。

①滋养体(速殖子)　主要出现于急性病例的腹水中，以二分裂法增殖。虫体呈弓形或月牙形，一端较尖，一端钝圆；一边扁平，另一边较膨隆；长 4～7 μm，宽 2～4 μm；经吉姆萨或瑞氏染色后，胞浆呈蓝色，胞核呈紫红色，核位于虫体中央。数个至十多个虫体聚集在宿主

细胞内形成假包囊；当胞膜破裂，速殖子释出，随血流至其他细胞内继续繁殖。

②包囊　见于慢性病例的脑、骨骼肌、心肌和视网膜等处。呈圆形或椭圆形，直径 5～100 μm，具有一层富有弹性的坚韧囊壁；囊内滋养体称为缓殖子，可不断增殖，内含数个至数百个虫体，在一定条件下可破裂，缓殖子重新进入新的细胞形成新的包囊，可长期在组织内生存。

③裂殖体　见于终末宿主猫小肠绒毛上皮细胞内。呈长椭圆形，内含 4～29 个裂殖子；裂殖子呈新月状，前尖后钝，如图 294 所示。

④配子体　见于终末宿主。一部分游离的裂殖子形成配子体，进而发育为大小配子体(雌雄配子体)。大小配子体发育为大小配子，大小配子受精结合为合子，而后发育成卵囊。

⑤卵囊　见于终末宿主猫小肠绒毛上皮细胞内。刚从猫粪排出的卵囊为圆形或椭圆形，大小为 10～12 μm；成熟卵囊含 2 个孢子囊，每个孢子囊内含有 4 个子孢子，呈新月形，如图 295 所示。

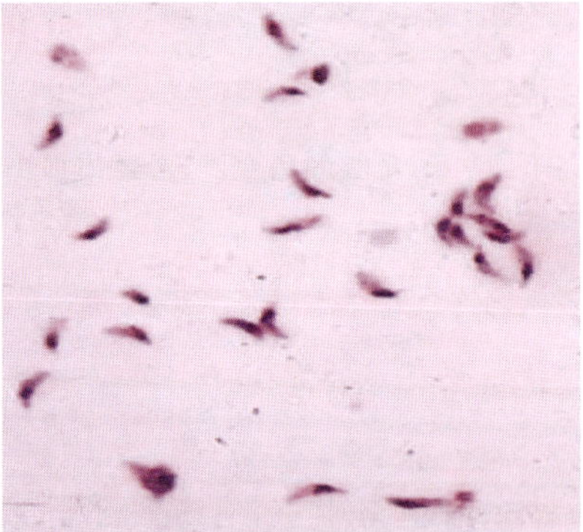

图 294　弓形虫的裂殖体

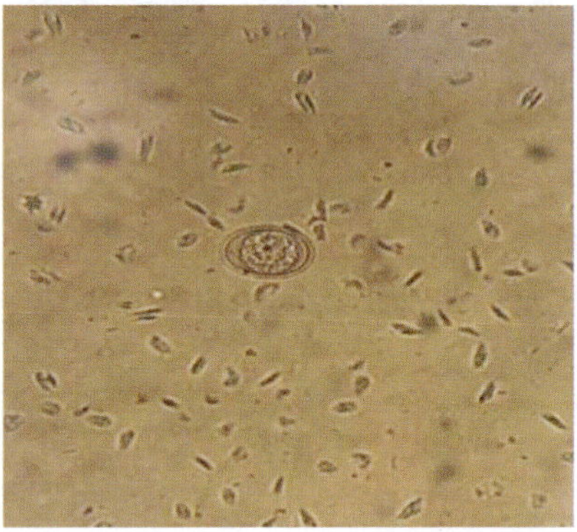

图 295　弓形虫的卵囊

(2)生活史(图 296)

①中间宿主。哺乳类、鸟类、鱼类、爬行类和人；弓形虫对中间宿主的选择极不严格，对寄生组织的选择也无特异亲嗜性，除红细胞外的有核细胞均可寄生。

②终末宿主。猫和其他猫科动物。

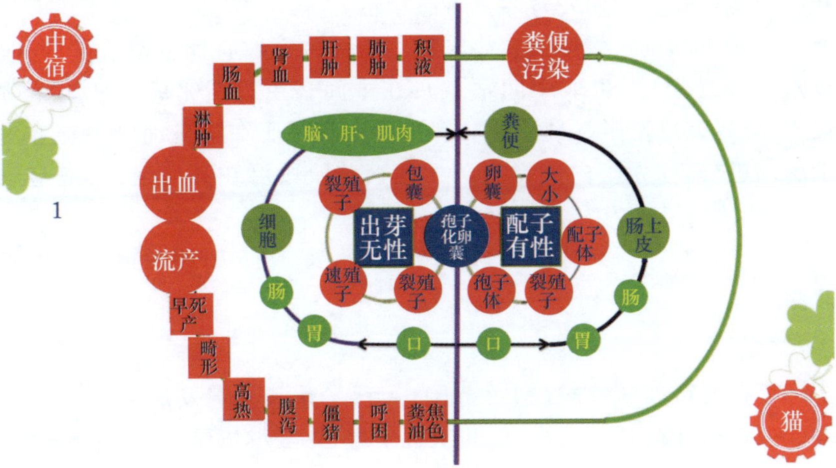

图 296 弓形虫的生活史

③发育过程。弓形虫全部发育须经过三个阶段：

无性生殖阶段(裂殖生殖法) 该阶段在肠上皮细胞内进行。终末宿主猫吞食带有弓形虫包囊或假包囊的内脏或肉类组织以及食入或饮入被成熟卵囊污染的食物或水而感染。包囊在消化液作用下，速殖子或子孢子在小肠腔逸出，侵入小肠上皮细胞经 3～7 d 发育，形成多个核的裂殖体，成熟后细胞破裂，释出裂殖子，侵入新的肠上皮细胞形成第二、第三代裂殖体。

中间宿主食入孢子化卵囊或含有滋养体或包囊的病肉而感染，子孢子、缓殖子或速殖子在肠内逸出，侵入肠壁，进入血或淋巴循环，扩散至全身各器官组织，进入细胞内繁殖，直至细胞破裂，速殖子重新侵入新的组织、细胞，反复繁殖。

有性生殖阶段(配子生殖法) 该阶段在肠上皮细胞内进行。裂殖体经数代增殖后，部分裂殖子发育为大小配子体，进而形成大、小配子，小配子钻入大配子内形成合子，合子周围迅速形成一层被膜即形成卵囊；卵囊破出进入肠腔，随粪便排出体外。

孢子生殖阶段 该阶段在适宜环境中进行。卵囊随粪便排出体外，在适宜温湿度环境下，经 2～4 d 即发育为具感染性的孢子化卵囊。

新鲜卵囊在外界短期发育才具有感染性。

④寄生部位。弓形虫在终末宿主猫体内完成有性生殖阶段(同时也进行无性增殖,也兼中间宿主);在中间宿主只能完成无性繁殖阶段;在外界完成孢子生殖阶段。有性生殖只限于在猫科动物小肠上皮细胞内进行,称为肠内期发育。无性繁殖阶段可在其他组织、细胞内进行,称为肠外期发育。

⑤发育时间。猫从感染到排出卵囊需要 3～5 d;卵囊孢子化需要 2～4 d。

2. 诊断

根据流行病学资料(宿主范围广,秋冬季和早春发病率高)、临床症状(高热持续,呼吸困难,皮肤出现紫斑,体表淋巴结肿大)和病理剖检(全身淋巴结肿大、出血或坏死,肺高度水肿)等可做出初步诊断。由于弓形虫病无特异性临床症状,易与多种疾病混淆,故必须依靠病原学和血液学检查结果,方可确诊。

病原学检查(涂片镜检) 生前采用病人、发热期病畜的血液、脑脊髓、眼分泌物、尿、唾液以及淋巴结穿刺液作涂片;死后采取心血、心、肝、脾、肺、脑、淋巴结及胸、腹水等做涂片;经吉姆萨或瑞氏染色,检查有无速殖子。此外,对猫还应收集其粪便,检查是否有卵囊存在。

三、防治要点

1. 治疗

磺胺类药物对弓形虫病有很好的治疗效果,与抗菌增效剂联用疗效最好,但应注意在发病初期及时用药;否则,虽可使临床症状消失,但不能抑制虫体进入组织形成包囊,使病人或病畜成为带虫者;使用磺胺类药物应首次剂量加倍。用药后 1～3 d 体温即可逐渐恢复正常,需连用 3～4 d。

对于孕妇应首选螺旋霉素,因此药毒性较小,口服剂量为每日 2～3 g,分 4 次服用,连用 3～4 周,间隔 2 周,重复使用。

2. 预防措施

该病重在预防，应采取综合防治措施。

(1)加强猫的管理　畜舍内灭鼠，严禁养猫，防止猫进入；猫舍及时清扫，使用 55 ℃以上热水或 0.5% 氨水消毒。

(2)加强粪便管理　做好猫粪消毒处理。严防猫粪污染饲料和饮水等。

(3)流行病学监测　定期对血清学阳性猪只及时隔离饲养或淘汰，消除感染源。病愈后的猪不能作为种猪。屠宰废弃物必须煮熟后方可作为饲料。

(4)卫生防护　儿童不要逗猫，孕妇更不要与猫接触；密切接触家畜的人，如屠宰厂、肉类加工厂、畜牧场的工作人员应定期作血清学检查。培养良好的卫生习惯，饭前便后勤洗手，去除不良饮食习惯，禁食生肉半生肉(－10 ℃ 15 d，－15 ℃ 3 d 可杀死虫体)、生乳及生蛋；切生、熟肉的用具应严格分用分放；接触生肉、尸体后应严格消毒；对预防弓形虫感染有重要作用。

(5)疫苗预防初显成效　疫苗最大的缺点是在免疫动物体内残留包囊，并在机体免疫力低下时活化。

第八节　猪球虫病的防治

猪球虫病是由艾美尔科等孢属和艾美耳属寄生于猪肠上皮细胞内，可引起仔猪严重下痢的消化道寄生虫疾病。成年猪多为带虫者，是该病的传染源。

一、发病特点

1. 流行病学

(1)感染源　成年带虫猪、孢子化卵囊污染的饲料和饮水等。

(2)感染途径　经口感染。猪等宿主食入被感染性卵囊污染的牧草、饲料和饮水等而感染。

(3)易感动物　各种品种猪均易感，仔猪出生后即可感染；1～5月龄猪感染率较高，6月龄以上的猪很少感染。

(4)流行特点　该病多发生于气候温暖、雨水较多的夏秋季节。患其他传染病和肠道线虫病的猪，抵抗力降低，易感染球虫病。球虫是否引起发病，取决于球虫种类，其致病力强弱，感染的数量，宿主的年龄，抵抗力，饲养管理条件及其他外界环境因素。仔猪球虫病主要是由猪等孢球虫引起的。

2. 临床症状

以水样腹泻为特征。病猪排黄色粪便，初为黏性，1～2 d后排水样稀粪，表现衰弱、脱水、失重、生长发育受阻。寒冷和缺奶等因素能加重病情。

病变主要在空肠和回肠。肠黏膜有异物覆盖，肠上皮细胞坏死脱落。在组织切片上可见肠绒毛萎缩和脱落，还可见到不同内生性发育阶段的虫体(裂殖体、配子体等)，如图297、图298所示。

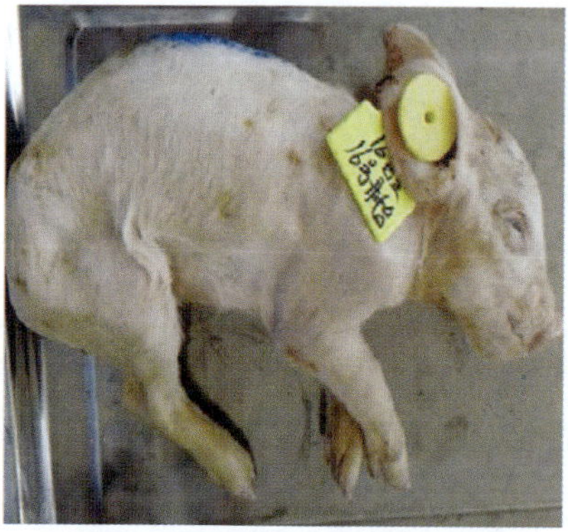

图297　乳猪腹泻，脱水消瘦，被毛粗乱，弓背

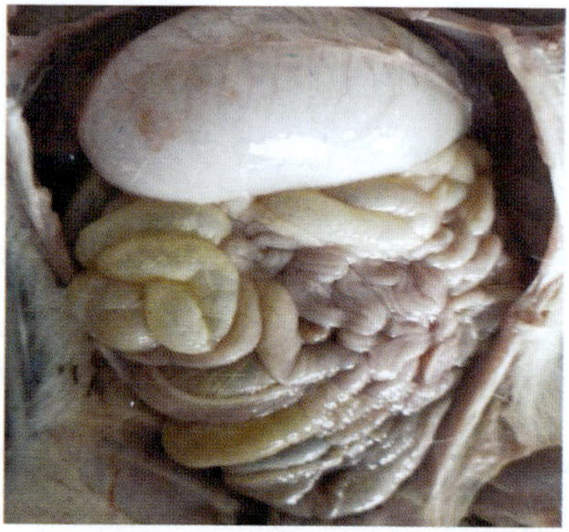

图298　肠道内容物稀薄，含有大量气泡

二、诊断

1.病原

(1)形态结构　猪球虫有粗糙艾美耳球虫、蠕孢艾美耳球虫、蒂氏艾美耳球虫、猪艾美耳球虫、有刺艾美耳球虫、极细艾美耳球虫、豚艾美耳球虫和猪等孢球虫,其中以猪等孢球虫的致病力最强。猪卵等孢球虫囊呈球形或亚球形,囊壁光滑,无色,无卵膜孔。卵囊的大小为(18.5～23.9) μm×(16.9～20.1) μm,囊内有 2 个孢子囊,每个孢子囊内有 4 个子孢子,子孢子呈腊肠形,如图 299 至图 301 所示。孢子化最短时间为 63 h。潜隐期为 10～12 d。

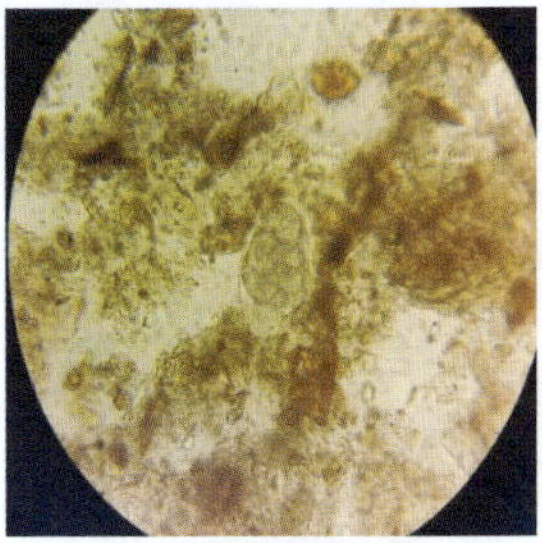

图 299　球虫受精卵囊

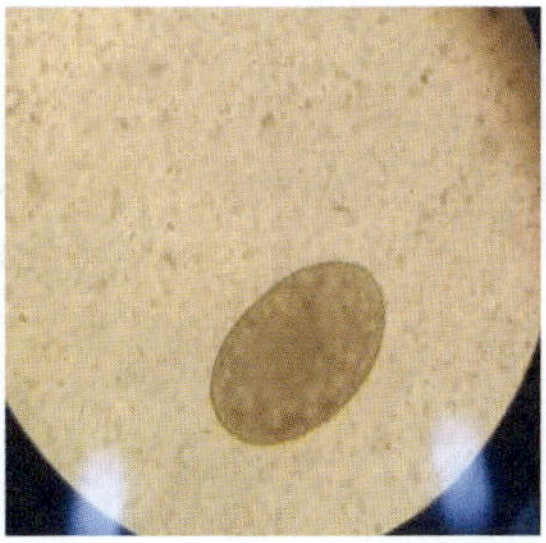

图 300　球虫未受精卵囊

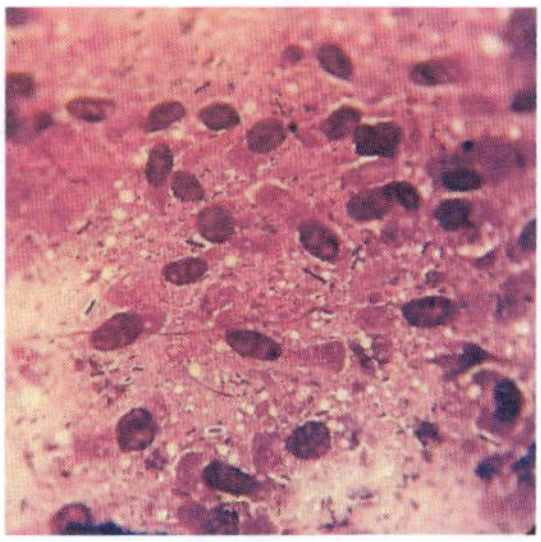

图 301　小肠内的球虫卵囊

(2)生活史

①宿主。猪。

②发育过程。艾美耳球虫属于直接发育型,不需要中间宿主,须经过三个阶段:

无性生殖阶段(裂殖生殖法)　当猪吞食被感染性卵囊污染的饲料和饮水后,感染性卵囊在宿主消化液的作用下,释放出子孢子(脱囊过程系在十二指肠上皮细胞内进行的)。子孢子侵入肠上皮细胞,变为裂殖体;裂殖体形成大量裂殖子破坏上皮细胞而逸出,又侵入新的上皮细胞,继续裂体生殖。

有性生殖阶段(配子生殖法)　无性生殖进行 3 或 4 个世代后,一部分裂殖子侵入上皮细胞形成配子体，即大小配子体，进而形成大配子和小配子；小配子钻入大配子内融合成合子。

孢子生殖阶段　合子周围形成一层被膜形成卵囊；卵囊由上皮细胞进入肠管随动物粪排出体外；在外界环境适宜时（温度、湿度和充足氧气），经数天发育为孢子化卵裹（孢子生殖阶段）；被猪吞食后，重新开始在动物体内进行裂殖生殖和配子生殖。

裂殖生殖和配子生殖在宿主体内进行，称为内生性发育；孢子生殖在外界环境中完成，称为外生性发育。

③发育时间　柔嫩艾美耳球虫的 7 d 生活史，包括两代或两代以上的无性繁殖和一代有性繁殖，从宿主排出的卵囊必须在孢子化（第 7 天）后才具有感染性，如图 302 所示。

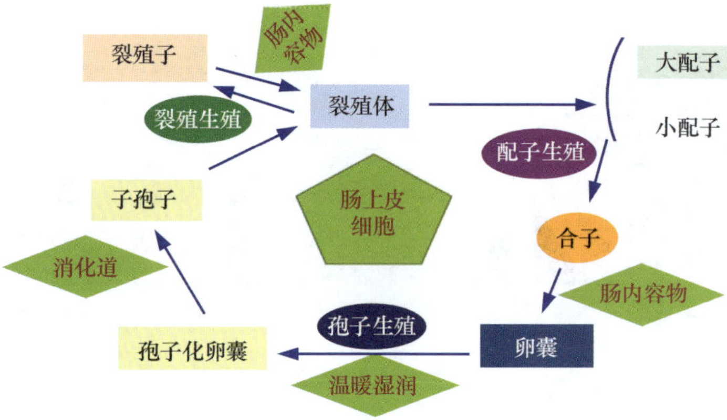

图 302　球虫生活史

2. 实验室诊断

根据临床症状、流行病学资料和病理剖检及粪便检查结果进行综合判断。对于 15 日龄以内的仔猪腹泻，应考虑仔猪球虫病的可能性。可采用饱和盐水漂浮法检查粪便，若发现大量球虫卵囊即可确诊。剖检时作小肠黏膜涂片镜检，发现大量裂殖体、配子体和卵囊也可做出诊断。

三、防治要点

1.治疗

用百球清、呋喃类、磺胺类或氨丙啉配合健胃药及维生素进行治疗。

2.预防

(1)药物预防　该病流行的猪场,应在产前、产后15 d内母猪饲料中添加抗球虫药物,如氨丙啉、癸喹酸酯及磺胺类以预防仔猪感染。

(2)加强饲养管理　猪舍勤清扫消毒,将猪粪及垫草堆积发酵处理;地面用热水冲洗,或用含氨和酚的消毒液喷洒,保留数小时或过夜,而后用清水冲去消毒液,可降低仔猪的球虫感染率。

第九节　猪疥螨病的防治

疥螨病又称疥癣、癞皮病、疥疮等,是由疥螨科疥螨属的疥螨寄生于动物皮肤内所引起的皮肤病。主要特征为剧痒、脱毛、皮炎及高度传染性。

一、发病特点

1.流行病学

(1)感染源　病畜或带虫畜。

(2)感染途径　接触感染。健畜和病畜直接接触或间接接触被病畜污染过的厩舍、用具,饲养人员或兽医人员的衣服和手等而感染。

(3)易感对象　羊、猪、牛、骆驼、马、犬、猫、兔等哺乳动物,特别是猪和山羊。

(4)抵抗力　疥螨可以休眠,当条件不适时,转入休眠,休眠时间可达5~6个月,复苏后可存活40余天。

(5)流行特点　该病发生于秋末、冬季和春季。特别是阴雨天气、拥挤、阴暗潮湿、通风不良的栏舍，蔓延最快，发病严重，体弱的家畜和幼畜最易受侵袭。

2. 症状

多见于5月龄以内的猪，常由头、眼、背部开始蔓延到全身。感染初期皮肤出现针尖大的丘疹和小水泡；后期患部剧烈瘙痒，尤其是睡眠时虫体活动增强，奇痒难忍，导致动物摩擦和啃咬患部，造成局部脱毛、皮肤皲裂，流出淋巴液，形成痂皮，皮肤变厚，出现皱褶、龟裂，无弹性，如图303所示。猪表现食欲不振，营养不良。

图303　猪背部皮肤变厚，有皱褶、龟裂

二、诊断

1. 病原

(1)形态结构　虫体呈龟形，淡黄色，背面隆起，腹扁平。颚体短小，颚基陷于躯体颚基窝内，螯肢似钳状，尖端具小齿。须肢分3节。无眼和气门。躯体背面有许多细横纹、皮棘、刚毛等；腹面光滑，有4对粗短的足，前2对足末端带长柄，第3对足末端均为长鬃，第4对足末端雌雄螨不同，雌螨为长鬃，而雄螨为吸垫，如图304所示。

(2)生活史

①宿主。猪、羊、牛、骆驼、马、犬、猫、兔等，猪和山羊多发。

②发育过程。疥螨属于不完全变态，包括卵、幼虫、若虫和成虫4个发育阶段。疥螨在宿主表皮挖凿隧道，并在隧道内进行生长发育和繁殖。雌、雄成螨在宿主表皮交配，雄螨交配后死亡，雌螨在隧道内产卵，一生产卵40～50个，卵经3～8 d孵出幼螨，产卵后雌螨死于隧道中。幼螨离开隧道爬到皮肤表面，然后钻入皮内开凿小穴，在其中蜕

皮变为若螨，若螨进一步蜕化形成成螨。

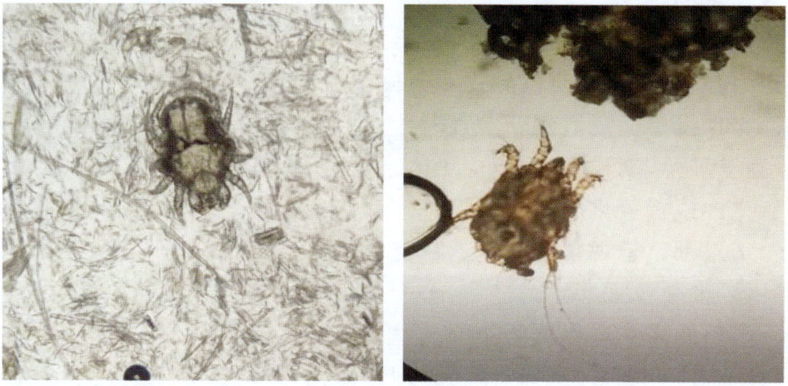

图 304 疥螨

③发育时间和寿命。雌螨寿命为 4～5 周。整个发育过程为 8～22 d，平均 15 d，条件适宜时 3 个月可繁殖 6 个世代，如图 305 所示。

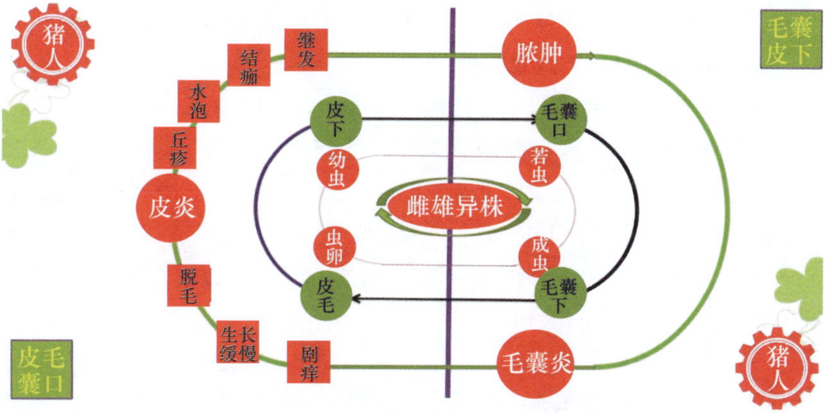

图 305 疥螨的生活史

2. 实验室诊断

(1)根据其症状表现及疾病流行情况，取皮肤刮取物查找病原进行确诊。直接检查法具体操作如下：

①主要设备和试剂。刀片、酒精灯、载玻片、显微镜、50% 甘油水

溶液或煤油、10%氢氧化钾或氢氧化钠。

② 操作流程

样品采集　用火焰灭菌的凸刃小刀，在皮肤的患部与健部的交界处用力刮取皮屑，一直刮到皮肤轻微出血为止。

涂片镜检　皮屑置于载玻片上，滴1～2滴50%甘油水溶液或煤油，盖盖玻片，制成涂片，镜检虫体。也可直接向待检皮屑滴少量10%氢氧化钾或氢氧化钠制片镜检。

结果判定　观察有无螨虫在皮屑间爬动。

③ 注意事项

病料的采集　根据各类螨寄生部位，寄生畜体深浅的不同，采集病料时也应分别采之，如疥螨和背肛螨及膝螨均寄生于皮内和毛短的部位。而痒螨则寄生于体表和毛长的部位，但采集病料方法均是刮取皮屑，置于显微镜下，寻找虫体和虫卵。

刮取皮屑的方法甚为重要，不正确的刮取方法不易找到病原体，故应选择病变部与健康部的交界处，这里的活螨多，刮取皮屑时，先剪毛，然后用外科刀或其他刀具，刀刃与畜体皮肤垂直，稍用力刮取，下接一培养皿或试管，直到皮肤轻微出血。

规模化猪场的螨病检查，通常用蘸有50%甘油水的外科刮匙，在猪耳内侧取皮屑，直至微微出血为止，将刮匙中的皮屑放入一次性透明薄塑料手套的指头套内，然后用卫生纸把刮匙擦干净，同法刮取其他猪的皮屑，每个手套可放5个样品，编号，带回实验室，稍压平整，使皮屑较均匀地分开在指头套内，剪取每样品一小方块塑料套，置于载玻片上镜检，有较高的检出率。

(2)鉴别诊断

①秃毛癣。也称钱癣，患部呈圆形或椭圆形，界线明显，其上覆盖的浅灰(黄)色干痂易于剥落，痒觉不明显。镜检经10%氢氧化钾处理的毛根或皮屑，可发现癣菌的孢子或菌丝。

②湿疹。痒觉不剧烈，且不受环境、温度影响，无传染性，皮屑内无虫体。

③虱和毛虱。症状与螨病相似，没有皮肤增厚和变硬等变化，且皮肤炎症、形成痂皮及落屑程度较轻，容易发现虱与虱卵，皮屑中无

螨虫。

④过敏性皮炎。无传染性，皮屑内无虫体，病变由丘疹发展成散在细小的干痂或圆形的秃毛斑。

三、防治要点

1. 治疗

（1）注射或灌服药物　伊维菌素或与伊维菌素药理作用相似的药物，剂量按每千克体重 100～200 μg。

（2）涂药疗法　适用病畜数量少、患部面积小的情况，但每次涂药面积不得超过体表的 1/3。使用 1%敌百虫溶液、林丹、二嗪哝、双甲脒、溴氰菊酯（倍特）等药物，应按说明使用。

（3）药浴疗法　用 1%～2%敌百虫水溶液、0.05%双甲脒溶液、0.03% 林丹乳油水溶液、0.05%蝇毒磷乳剂水溶液、0.05%辛硫磷油水溶液等。药浴时，要特别注意防止中毒。

2. 预防措施

（1）注意环境卫生，猪舍经常打扫，畜舍要宽敞、干燥、透光、通风良好。

（2）注意畜猪皮肤有无发痒、掉毛现象，发现即隔离饲养和治疗。

（3）引猪时应事先了解有无螨病存在，并作螨虫检查，也可隔离一周，确实无螨病时，方可并入群。

第三章

猪场常见普通病的防治

第一节　霉菌毒素中毒

猪黄曲霉中毒是指由采食了被黄曲霉毒素污染的饲料而引起的，以肝细胞变性、坏死和出血为主要特征的中毒性疾病。各种动物均可发生，是一种严重的人畜共患病。

一、发病特点

1. 流行病学

黄曲霉毒素主要是由黄曲霉和寄生曲霉产生的有毒代谢产物，常见有 B_1、B_2、G_1、G_2 四种毒素，均属嗜肝脏毒，其中以黄曲霉毒素 B_1 含量最多，毒性最大，具有强致癌性。

黄曲霉和寄生曲霉广泛存在于自然界中，主要污染玉米、花生、棉籽、稻谷、豆类等。气温高、湿度大的环境有利于黄曲霉的繁殖。在我国，特别是长江中下游地区，春末及夏季是黄曲霉毒素中毒性疾病常发季节。

2. 临床症状

黄曲霉毒素是一类肝毒物质，因此猪中毒后以肝脏损伤为主，同时还伴有血管损伤和中枢神经系统损伤，临床上以出血、水肿、黄疸及神经症状为主要特征。猪黄曲霉毒素中毒可分为急性、亚急性和慢性三种类型，其中亚急性较常见。

急性型中毒多于食入毒素污染饲料 1～2 周左右发病，体质健壮及食欲旺盛的仔猪更易感。多数病猪可在运动中发生死亡，或发病后 2 d 内死亡。

亚急性型中毒时，病猪精神沉郁，食欲减退或废绝，体温正常，后躯无力，走路摇摆，有时站立一隅或头抵墙下，粪便干燥，直肠出血。初期可视黏膜苍白，后期黄染，皮肤出血和充血。以后出现间歇性抽搐，表现过度兴奋，角弓反张，常于发病后 2～3 d 死亡。

慢性型中毒多发生于成年猪和育肥猪，病猪表现精神委顿，食欲不振，出现异嗜癖，喜吃稀食和青绿饲料，甚至啃食泥、瓦砾，常离群独处，头低垂，弓背，蜷腹，粪便干燥。随着病程的延长，病猪呈现兴奋不安、冲跳、狂躁等一系列神经症状。

3. 病理变化

(1)急性型　主要病变是贫血和出血，胸腹腔大出血，常积有液体。全身多处肌肉出血，常见大腿前和肩胛下区的皮下肌肉。胃肠黏膜可见出血斑点。肠内混血呈煤焦油状。肾脏有出血斑点。肝肿大，呈黄褐色，脆弱，表面有出血点。胆囊扩张。心内、外膜常见明显出血点。

(2)亚急性型和慢性型　肝硬化、黄色脂肪变性，有时在肝表面可看到黄色小结节，胆囊缩小。胸腔及腹腔内有大量橙黄色液体。大肠黏膜及浆膜有出血斑，结肠浆膜呈胶样浸润。肾脏苍白、肿胀。淋巴结充血、水肿。

二、诊断

根据病史、饲料霉变、结合出血、水肿、黄疸及神经症状等临床症状和病理变化，可做出初步诊断。确诊需要对可疑饲料进行霉菌的分离培养，以及饲料中黄曲霉毒素含量的测定，必要时还可进行动物毒性试验。

三、防治要点

1.治疗

目前无特效药物，当发生中毒时，应立即停止饲喂霉变饲料，改饲碳水化合物多的青饲料和高蛋白饲料，并减少或不饲喂含脂肪过多的饲料。同时采取对症治疗，大猪应用 25%～30% 葡萄糖注射液 60 mL，加 25%维生素 C 10 mL 静脉注射。

2.预防

该病主要在于预防。预防的关键在于做好饲料的防霉和有毒饲料的脱毒两个环节的工作。防霉和脱毒又应以防霉为主。

(1)防霉　饲料防霉的根本措施是破坏霉变的因素，如温度和相对湿度等。在谷物收割和脱粒过程中，避免遭雨淋，并防止发热发霉，做到充分通风，晾晒，使之迅速干燥，便可防止发霉和产毒。为了防止谷类饲料在贮藏过程中霉变，可使用化学熏蒸法或防霉剂，常用的防霉剂为丙酸钠和丙酸钙，按 1～2 kg/t 添加，可安全存放 8 周以上。

(2)脱毒　霉变饲料的脱毒处理常用连续水洗法，将饲料用清水反复浸泡漂洗，直至用水浸泡无色时，方可供猪饲用。

对轻微霉变的谷物饲料，可用 3 倍量的清水浸泡一昼夜，再换等量清水浸泡，如此连续换 3～4 次后捞出晒干，再做饲料用。

严重污染的饲料或棉籽，可使用氨水进行脱毒。饲料或棉籽与氨水混合后，密封于大容器中，保存于阳光下，3～5 d 后去毒效果可达 90%以上，但需注意的是，饲喂前应使残余的氨气充分挥发。

第二节　猪玉米赤霉烯酮中毒

猪玉米赤霉烯酮毒素中毒是指猪采食了含玉米赤霉烯酮的玉米、大麦、高粱等而发生的，以雌激素亢进症和阴户红肿为主要特征的中毒症状。该病多发于 3～5 月龄的仔猪。

一、发病特点

1.流行病学

玉米赤霉烯酮又称 F-2 毒素，最初从有赤霉病的玉米中分离得到。玉米赤霉烯酮主要由禾谷镰刀菌产生，粉红镰刀菌、串珠镰刀菌、三线镰刀菌等多种镰刀菌也能产生这种毒素。玉米赤霉烯酮主要污染玉米、小麦、大米、大麦、小米和燕麦等谷物，其中玉米的阳性检出率较高。

玉米赤霉烯酮具有雌激素的作用，可造成猪的雌激素水平提高。目前发现，猪对此毒素较为敏感，能造成猪急、慢性中毒。玉米赤霉烯酮作用的靶器官主要是雌性动物的生殖系统，同时对雄性动物也有一定的影响。

2.临床症状

临床上，玉米赤霉烯酮中毒分为急性中毒和慢性中毒。

急性中毒时，猪兴奋不安，走路蹒跚，全身肌肉震颤，突然倒地死亡。同时还可发现黏膜发绀，体温无明显变化。动物呆立，粪便稀如水样，恶臭，呈灰褐色，并混有肠黏液，频频排尿，呈淡黄色。同时还表现外生殖器肿胀，精神委顿，食欲减退，腹痛腹泻等特征。

慢性中毒时，主要对母畜的毒害较大。它会导致母畜外生殖器肿大，充血，死胎和延期流产的现象大面积产生，并且伴有木乃伊胎的情况。50%的母畜患卵巢囊肿，频发情和假发情的情况增多，育成母畜乳房肿大，自行泌乳，并诱发乳腺炎，受胎率下降。同时对公畜也会造成包皮积液，食欲不振，掉膘严重和生长不良的情况。

3.病理变化

病理变化主要在生殖器官。母猪阴户肿大，阴门外翻，阴道黏膜充血、水肿，子宫肥大、子宫间质性水肿，子宫角增大，变粗变长。子宫内膜炎发炎，子宫壁肌层增厚，卵巢发育不全。公猪睾丸萎缩、精液量减少、密度降低、精子萎缩、畸形率增加。

在剖检时还能发现淋巴结水肿，胃肠黏膜充血、水肿，肝轻度肿胀，质地较硬，色淡黄。

二、诊断

根据病猪情况、临床症状和病理变化，可做出初步诊断。确诊需要对可疑饲料进行玉米赤霉烯酮含量的分析。

三、防治要点

1.治疗

目前，对动物玉米赤霉烯酮中毒尚无特效药治疗，生产中应立即停止饲喂发霉或可疑饲料。对于已经中毒的家畜给予一定的治疗。

急性中毒的猪可采取静脉放血和补液强心的方法。根据猪的体重不同从静脉放血 100～500 mL。同时，用 10%葡萄糖 500～1 000 mL，5%葡萄糖 500～1 000 mL，40%乌洛托品 60 mL，右旋糖酐 500～1 000 mL，静脉注射。同时，肌内注射维生素 K 3～5 mL。

慢性中毒的猪，应停喂霉变的饲料，然后灌服绿豆苦参煎剂，静脉注射葡萄糖和樟脑磺酸钠，同时肌内注射维生素 A、维生素 D、维生素 E 和黄体酮。

外阴部的治疗可用 0.1%高锰酸钾洗涤肿胀阴户，破溃处可用 3%碘酒擦拭。

2.预防

玉米赤霉烯酮在体内有一定的残留和蓄积，一般毒素代谢出体外的时间为半年之久，造成的损失大、时间长。所以做好必要的防毒措施是十分必要的。

(1)加强饲料管理　严格检查饲料原料，污染的谷实类作物中通常都含有赤霉烯酮，如玉米、小麦、大麦等，因此要求严控饲料原料关，通过感官检查发现原料存在霉变就要停止饲喂。另外，在温度较高且雨水较多的季节，有利于霉菌的繁殖，因此要加强饲料贮存，确保饲料存放在干燥通风的地方。

(2)脱霉处理　如果只有少量玉米面或者混合饲料发生霉变，则可添加在新鲜饲料中使毒素稀释，可用于饲喂育肥猪，但不允许饲喂妊娠母猪及仔猪；如果发生严重霉变，则最好淘汰。如果是玉米粒发生霉变，可直接使用清水进行 3 次淘洗；或者先在 5%～8% 石灰水中浸泡 5 h，然后再使用清水淘净，晒干可使毒素水平明显下降，或者在紫外线下进行 10 h 照射，不仅能够将真菌杀死，还能够使其生成的毒素被破坏；或者放在完全密闭的容器内，控制水分超过 18%，打入氨气进行 10 h 熏蒸，也可使用 1.5% 液态氨进行处理，在 25 ℃ 条件下处理 24 h，最后将其烘干或者晒干即可继续使用。

第三节　烟曲霉毒素中毒

烟曲霉毒素中毒是猪采食了含烟曲霉毒素的饲料而发生的，是以肺毒性、肝毒性和免疫毒性为主要特征的中毒症状。除马和兔之外，猪是最易受烟曲霉毒素影响的动物。

一、发病特点

1. 流行病学

烟曲霉毒素又称伏马毒素或伏马菌素，是由串珠状镰刀菌和多育镰刀菌等产生的一种水溶性的真菌毒素，其纯品为白色针状结晶，在谷物加工处理过程中能够稳定存在。目前，已经鉴定出的烟曲霉毒素有 16 种，有 A、B、C 和 P 4 种类型，其中 B 类型 FB_1 在饲料中的含量最多，达到烟曲霉毒素总含量的 70% ～80%，FB_2 其次。

烟曲霉毒素主要污染玉米及其制品，尤其在水分活度大于0.91、温度15～25 ℃时更易产生。据调查显示，全球59%的玉米和玉米制品受到FB_1的污染。此外，烟曲霉毒素污染常伴有黄曲霉毒素的存在，这更增加了对人和动物危害的严重性。

该病的发生具有明显的季节性和地区性，我国多发生于东北、华北和西北等玉米主产区，在玉米收获后9—10月为发病高峰，其他月份只有零星发生。

2. 临床症状

烟曲霉毒素可引起多种动物中毒，因动物种类不同，毒素作用的靶器官也不同，症状也有较大差异。

较低水平的烟曲霉毒素可引起猪心肺血管系统的慢性损害，进而导致猪急性肺水肿病；过高的烟曲霉毒素水平导致过多的体液涌入肺组织，导致肺水肿或胸腔积液。同时，也危害肝脏组织，导致黄疸及其他组织出现黄色病变。烟曲霉毒素可引起猪肝脏组织和食道黏膜层结节性增生。

3. 病理变化

霉菌毒素主要损伤动物的免疫器官、中枢神经、肝、肾和生殖器官等内脏组织。

烟曲霉毒素具有肺毒性，可以引起猪肺水肿。猪剖检可见严重的肺水肿和胸腔积液，肺泡隔充血，小叶间中隔显著增宽，无增生和纤维组织形成。

二、诊断

根据病猪发病情况、临床症状和病理变化，可做出初步诊断。确诊需要对可疑饲料进行烟曲霉毒素含量的分析。

三、防治要点

1. 治疗

对烟曲霉毒素中毒尚无特效疗法。发现猪中毒，应立即更换饲料，采用促进毒物排除和对症治疗等措施。

2. 预防

产毒串珠镰刀菌分布广泛，该病预防的关键是玉米收获后要晒干贮藏，防止玉米发霉，严禁用发霉的玉米饲喂动物。加工后的饲料应密闭包装，也可在饲料中添加防霉剂。轻度发霉的饲料应脱毒处理后再饲喂动物，严重霉变的饲料应废弃。

目前有关烟曲霉毒素去毒方法的报道较少。有报道在室温条件下用 0.1 mol/L 氢氧化钙处理 24 h 可使饲料中烟曲霉毒素含量下降 74.1%。烟曲霉毒素对热的稳定性较强，经 100 ℃处理 175 min，仅有 50%被破坏。目前，已发现的霉菌毒素约 200 余种，其中少部分在自然条件下可引起动物及人中毒，其引起猪中毒的症状多种多样，如图 306 至图 323 所示。

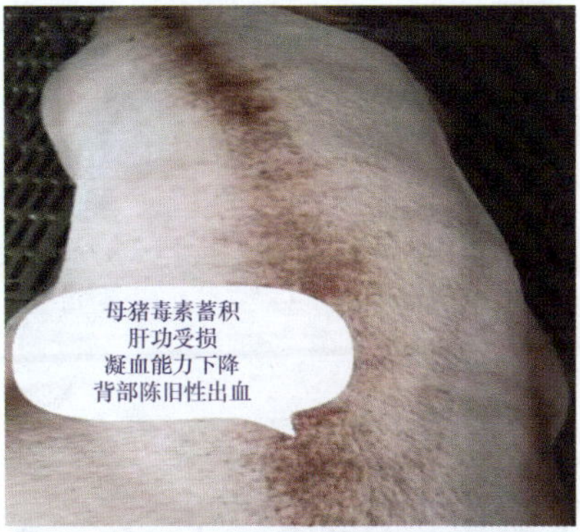

图 306　背部皮肤出血呈铁锈色

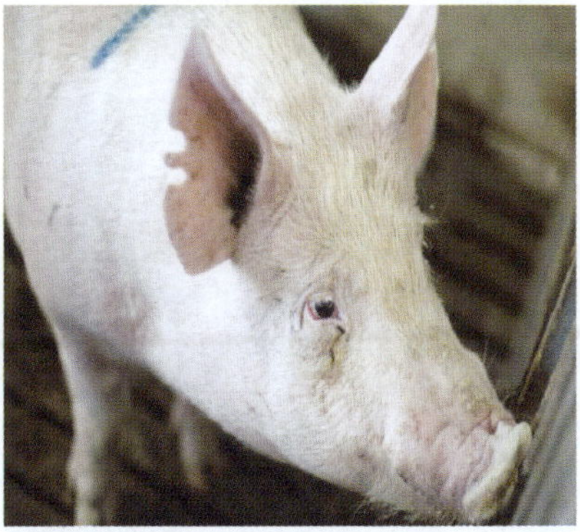

图 307　有眼眵

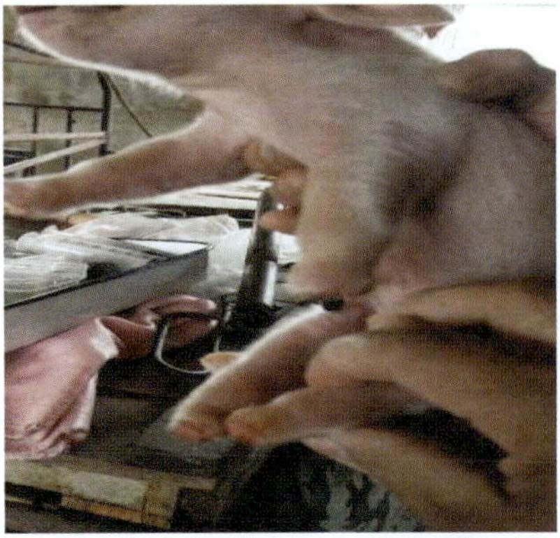

图 308　仔猪畸形，没有猪蹄

图 309　仔猪腹泻消瘦，初生仔猪“八”字腿

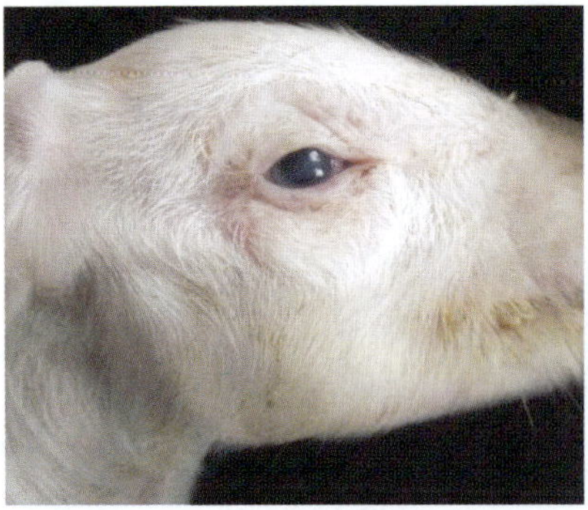

图 310　角膜浑浊

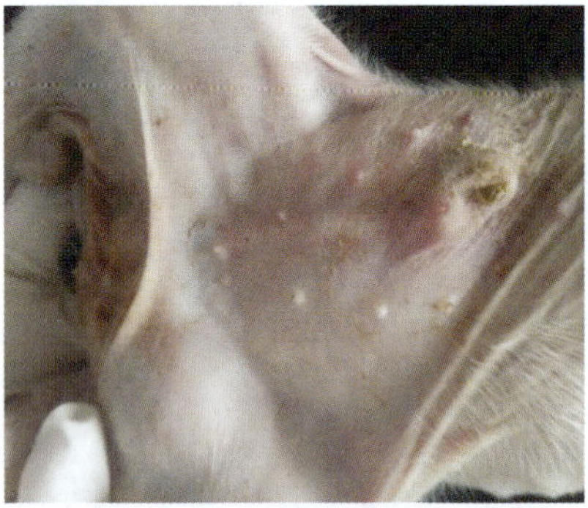

图 311　腹股沟淋巴结呈青紫色

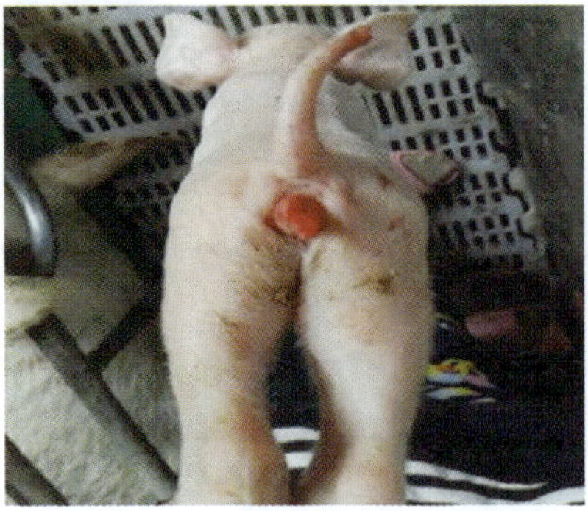

图 312　乳猪外阴红肿，似樱桃

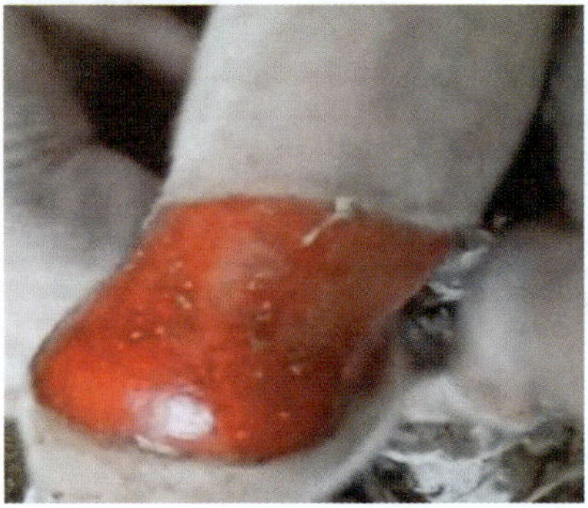

图 313　乳猪畸形，皮肤生长不全

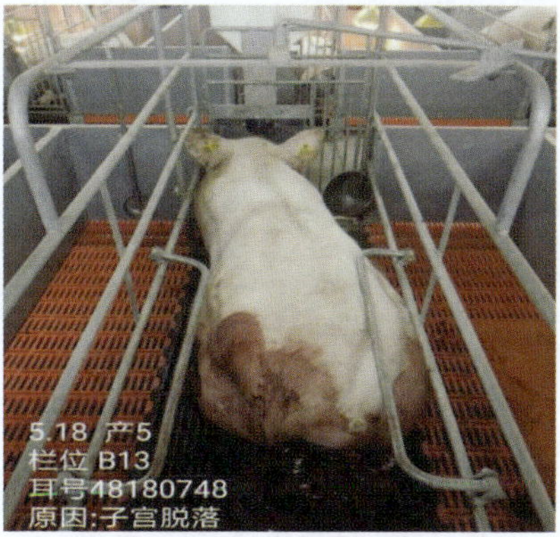

图 314　母猪子宫脱落

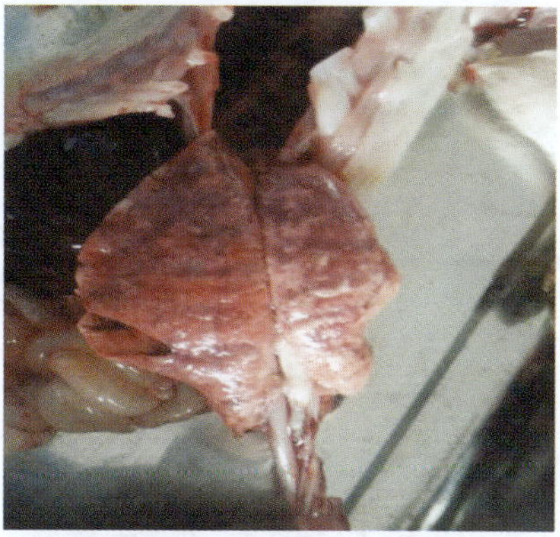

图 315　肺充血、出血

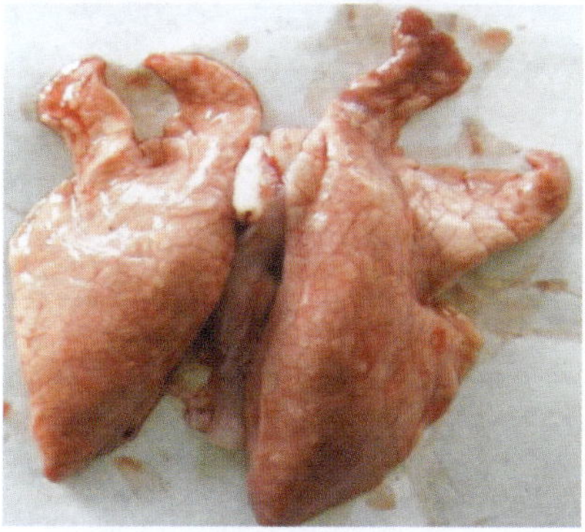

图 316　肺间质增宽，肺水肿，气肿

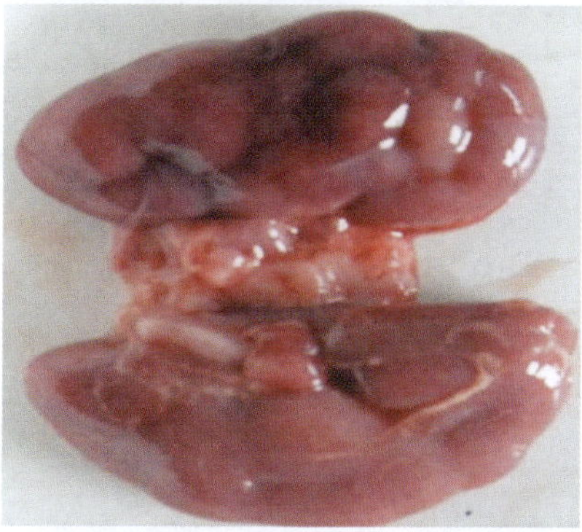

图 317　肾变形似桑葚，俗称桑葚肾

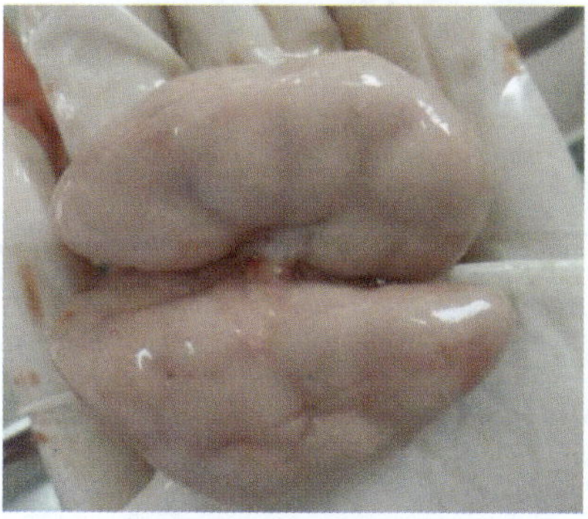

图 318　肾贫血颜色变浅变形，俗称桑葚肾

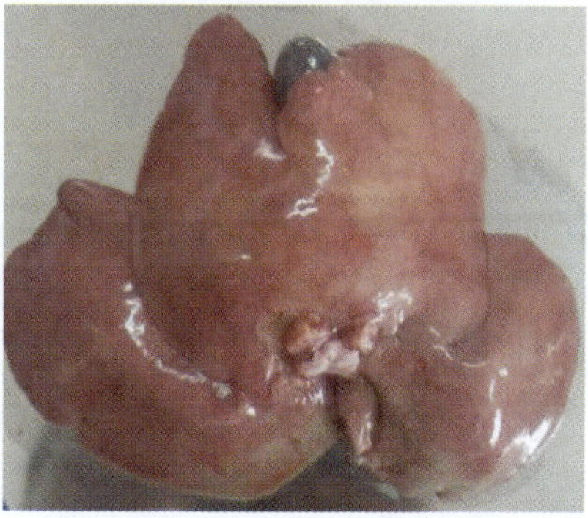

图 319　肝脏变性，颜色变浅

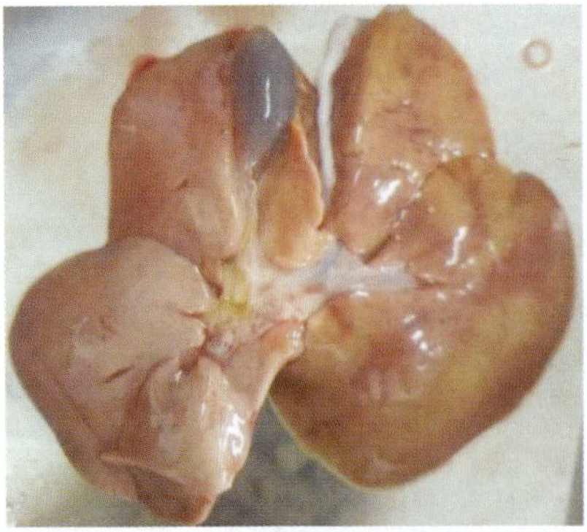

图 320　肝脏黄染，胆囊充盈

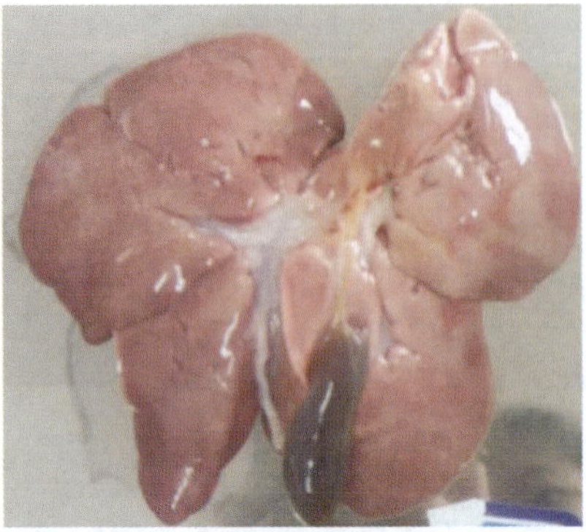

图 321　肝脏色浅，胆囊充盈

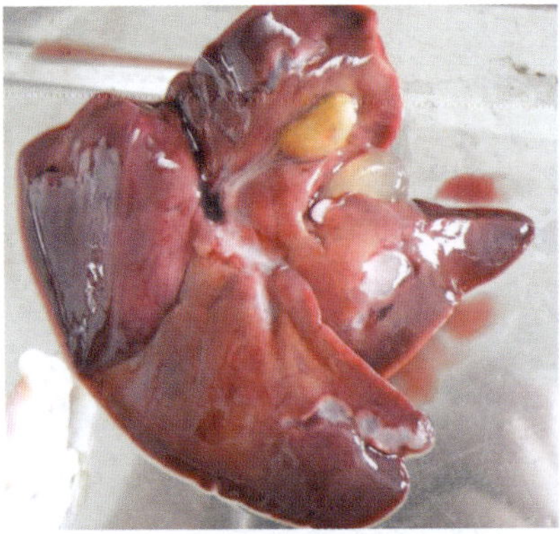

图 322　肝脏变形有多量囊肿，胆囊充盈，胆汁浓稠

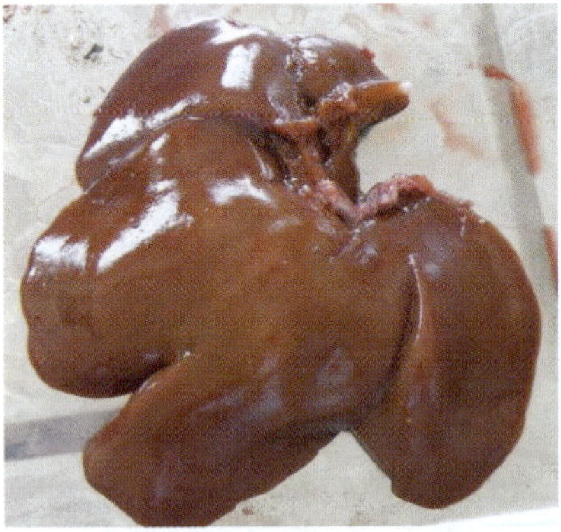

图 323　肝脏严重黄染

第四节　子宫内膜炎

子宫内膜炎又称子宫炎，是母猪子宫黏膜出现黏液性或化脓性炎症的一种产科疾病。该病多发于母猪产后几天或流产后，其主要危害为母猪发情不正常，或发情正常但屡配不孕，即使妊娠也易发生流产或弱胎，给养猪业造成严重的经济损失。

一、发病特点

1. 流行病学

该病多继发于分娩异常，如流产、难产、死胎滞留、胎衣不下以及子宫脱出、产道损伤等；难产时手术不洁、人工授精时消毒不彻底、自然交配时公猪生殖器官或精液内有炎性分泌物等也可引起子宫内膜炎的主要因素。

该病多为混合感染，主要的病原有葡萄球菌、链球菌、绿脓杆菌、大肠杆菌、化脓性棒状杆菌、变形杆菌、支原体等。此外，某些传染病如布氏杆菌病、副伤寒等也可并发子宫内膜炎。

2. 临床症状

在临床上分为急性子宫内膜炎、慢性子宫内膜炎和隐性子宫内膜炎。

（1）急性子宫内膜炎　多发生于产后或流产后，母猪全身症状明显，精神不振、食欲减少或不食，体温升高到 41 ℃以上，常卧地、拱背、努责，频频排尿，从阴道内流出黄白色脓性分泌物，病重猪的分泌物呈污红色或棕色，有时夹有胎衣碎片，有腥臭味，卧下时排出量较多（图 324）。哺乳母猪泌乳量减少，不愿给仔猪哺乳。

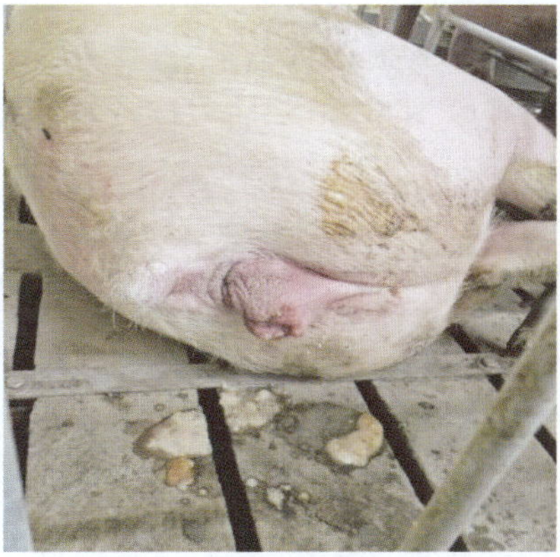
图 324　阴门流出大量乳白色脓汁

（2）慢性子宫内膜炎　多由急性子宫内膜炎转化而来，病猪全身症状不明显，但周期性从阴道内排出少量黄白色分泌物，尤其在卧地或发情时流出一些不透明浑浊液体。母猪不发情或发情不正常，延迟发情或屡配不孕，即使怀孕也易发生早期流产现象。

（3）隐性子宫内膜炎　病母猪

一般无明显的全身症状，发情周期也基本正常，但发情时可见从阴道内流出的分泌物较多，不清亮透明，略带浑浊，配种受胎率偏低。

3.病理变化

急性子宫内膜炎剖检可见子宫肿大明显，子宫内积有大量脓性或粉红色分泌物，阴道内也有少量脓性分泌物；慢性子宫内膜炎可见子宫轻度肿大，内积有少量黄白色分泌物；隐性子宫内膜炎无明显的肉眼病变。

二、诊断

根据病史、临床症状可做初步诊断。必要时可采用超声波进行诊断。

三、防治要点

1.治疗

治疗原则：抗菌消炎，排出子宫内容物，促进子宫机能恢复。

(1)全身疗法　对于急性子宫内膜炎应施行全身疗法，采用抗生素或磺胺类药物进行治疗。

如大剂量青霉素、链霉素肌内注射，2 次/d，同时静脉注射 10%磺胺嘧啶钠 50 mL，加入糖盐水静脉注射，效果良好。

(2)子宫冲洗疗法　冲洗子宫是急、慢性子宫内膜炎的一种有效疗法，对子宫内分泌物较多尤为重要。所选药物应无刺激性，可用 0.9% 生理盐水、0.1%高锰酸钾溶液、0.1%雷夫奴尔溶液。冲洗液的温度为 35～42 ℃，药液能引起子宫充血，加速炎症的消散，每次药液量为 1 000 mL，反复冲洗，直至排出透明液体为止。

(3)子宫内给药　选用抗菌谱广的药物，如青霉素、阿莫西林、金霉素等。待子宫经冲洗液体排净后，往子宫注入 160 万～320 万 IU 青霉素或 2～3 g 阿莫西林粉等药物，或用少量生理盐水溶解，做成溶液或混悬液，用导管注入子宫，2 次/d。对于慢性子宫内膜炎，选用上述药物直接注入子宫内进行治疗。

2. 预防

（1）加强猪舍的清洁卫生及消毒　猪舍应坚持每天一小清洁，每周一大清洁，做到定期消毒，保持地面干燥。对临产母猪的后躯和外阴需清洗和消毒。对有流产的死胎、胎衣、木乃伊，必须焚烧或深埋。对猪栏应先冲洗后消毒，2 次/周，消毒药可选用百毒杀。

（2）助产或操作检查遵守消毒制度　分娩时保护好母猪产道，尽量避免产道损伤而导致感染。发生难产予以助产时应小心谨慎，禁止不洁手术，取完胎儿及胎衣，应用弱消毒溶液洗涤产道，并注入青霉素、链霉素等抗菌药物。对子宫和阴道等各项检查操作要严格遵守消毒规程。

（3）配种时严格消毒　在人工授精或自然交配时，要做好消毒工作。配种前使用 0.1%高锰酸钾溶液对公猪下腹和尿囊、母猪后躯和外阴进行清洗消毒。公猪生殖器官有炎症时，不允许公猪带菌多次配种。

第五节　乳腺炎

乳腺炎是乳腺受到物理、化学、微生物等致病因子作用后发生的炎性疾病。临床上以一个或多个乳腺出现肿大、疼痛，泌乳减少为特征。该病是泌乳母猪常见的一种疾病，其危害不仅是患病母猪本身，还殃及仔猪。

一、发病特点

1. 流行病学

该病多发生于产后或流产后的母猪。多是由于母猪舍环境不清洁，常见的产气荚膜杆菌、葡萄球菌、大肠杆菌、无乳链球菌、化脓性棒状杆菌、绿脓杆菌等病原菌侵入乳腺引起的乳腺炎。常见病因为母猪乳房与地面摩擦而损伤乳头；仔猪吮奶时咬伤乳头；母猪患有子宫内膜炎或其他细菌感染性疾病时，也可转移或波及乳腺发炎；其他因素如乳腺过度挤压、应激等也会引发乳腺炎。

2. 临床症状

（1）局限性乳腺炎　母猪局限性乳腺炎是一种常见病，局限于1～3个乳区发生炎症。患病乳区急性肿胀，皮肤发红，触诊乳房发热、有硬块、疼痛敏感，常拒绝哺乳。乳汁减少，乳汁变黄白色或血清样，内有乳凝块。多数病例炎症可趋向缓和，但是也可恶化或蔓延到其他乳区，甚至形成数个化脓灶，破溃流脓。或者形成慢性炎症，泌乳停止，乳腺萎缩，坚硬，待炎症消失后形成瞎乳。全身症状不明显，体温正常或略高，精神、食欲并无异常。多数病例经过及早有效治疗后可痊愈。

（2）扩散性乳腺炎　多数于分娩后发病，1～2 d内所有乳区全部患病，急剧肿胀，几乎无乳汁分泌。此类乳腺炎大多由猪的其他部位炎症扩散到乳房所致。全乳区发生炎症后，体温升高到40 ℃以上，食欲减退乃至废绝，乳房分泌黄色黏稠水样脓汁乳。仔猪吮乳后可导致腹泻。时间久了，乳房肿胀部位会化脓、溃烂，甚至流出腥臭脓汁。

（3）慢性乳腺炎　多无全身症状，少数病猪体温略高，食欲降低。乳腺患部组织弹性降低，硬结，泌乳量减少。有时由于结缔组织增生而变硬，致使泌乳能力丧失。

3. 病理变化

母猪的乳头有红肿炎症反应，严重时乳房脓肿或溃疡。

二、诊断

在临床上主要根据乳房红、肿、热、痛，触诊乳房肿胀、发硬，絮状性乳汁进行诊断。

三、防治要点

1. 治疗

(1)热、冷敷法与涂擦药物　对发热、急性和有痛感的乳腺必须用冷敷疗法。对于隐形乳腺炎或病程较长的乳腺炎，可使用 50 ℃左右的热水用毛巾热敷，并对乳房进行按摩，促进血液循环，有助于减轻乳房肿胀和疼痛。挤掉患病乳腺的乳汁，局部涂擦 10%鱼石脂软膏，每日涂抹 1～2 次。

(2)抗菌消炎　对于轻症的病例，采取乳房内灌注抗生素。先将患区乳汁挤净，用卡那霉素 150 万～200 万 IU；或 0.2%环丙沙星 100 mL 溶入青霉素 160 万～240 万 IU，患区乳房一次灌注，2 次/d，连用 3～4 d。若乳汁中含絮状物或脓样物或血凝块较多时，宜用生理盐水或 0.1%雷佛奴尔溶液冲洗后，再灌抗菌药物。

对于急性和最急性病例，必须采取乳房内和全身给药。青霉素 160 万～240 万 IU、链霉素 160 万～240 万 IU，肌内注射，1 次/d，连用 3～4 d。如体温升高者配合使用复方氨基比林 10～20 mL 肌内注射。

(3)手术治疗　乳房浅表脓肿，需手术法切开排脓，冲洗，使用消炎药物，以免引起脓毒败血症。

2. 预防

(1)控制好环境卫生　改善猪舍环境，使猪舍通风良好、向阳性好。母猪入产房前，猪体要清洗干净，用 0.1%新洁尔灭溶液喷洒猪体。分娩后，用 0.1%高锰酸钾擦拭母猪乳房、胸腹部和臀部，可避免或减少细菌感染乳房。

(2)加强管理　规模化猪场要注意母猪产房不要过于粗糙，以防擦伤乳房皮肤被细菌感染而引发乳腺炎。为防止仔猪咬伤乳头，应在仔猪出生后做好“断齿”工作，防止仔猪吸吮过程咬伤乳房而造成乳腺炎。

(3)科学饲喂　首先要掌握好母猪分娩前后的饲喂方法，一般于产前 5 d 开始减料至分娩当天不喂料，产后第 2 天喂料 0.5 kg，以后逐渐加料，至第5～7天达到2.5 kg。第8～14天要达到哺乳母猪喂料标准。日喂3次，饮充足清洁水，避免或减少母猪分娩后泌乳过多而发生乳腺炎。

（4）药物预防　母猪在围产期间可在饲料中添加大环内酯类药物如替米考星或泰万菌素，这些药物在奶水中浓度高，可有效减少乳腺炎的发生。

参考文献

[1] 刘振湘，姚卫东. 畜禽传染病. 北京：中国农业大学出版社，2008.

[2] 姚卫东. 动物疫病防治. 北京：中国农业大学出版社，2011.

[3] 姚卫东，范俊娟. 兽医临床基础. 北京：化学工业出版社，2014.

[4] 杰弗里·丁·齐默曼，洛克·A. 卡里克，亚历松德罗·拉米雷斯，等. 猪病学. 11版. 杨汉青，主译. 沈阳：辽宁科学技术出版社，2021.

[5] 王志远，李涛，孙霞. 图解猪病防治. 北京：化学工业出版社，2019.

[6] 罗超应，王贵波. 猪病防治及安全用药. 北京：化学工业出版社，2016.

编审人员

主　编　姚文秋

副主编　史淑芝　苑爱云

主　审　黄广学　王青立　陈肖安

编写说明

农民是农业生产经营主体。开展农民教育培训，提高农民综合素质、生产技能和经营能力，是发展现代农业和建设社会主义新农村的重要举措。党中央、国务院高度重视农民教育培训工作，提出了“大力培育新型职业农民”的历史任务。为贯彻落实中央的战略部署，提高农民教育培训质量，同时也为各地培育新型职业农民提供基础保障——高质量教材，我们遵循农民教育培训的基本特点和规律，编写了《现代甜菜产业技术》培训教材。

《现代甜菜产业技术》是新型职业农民培训系列教材之一。该教材以问答方式重点介绍甜菜产业现状及发展趋势、直播甜菜、纸筒育苗甜菜、地膜覆盖甜菜、甜菜病虫草害的综合防治、甜菜的收获、贮藏、加工与销售等内容，涵盖了甜菜产业的各个环节和关键技术，通俗易懂，具有很强的针对性和实用性，是新型职业农民培训的专用教材，也可作为甜菜生产技术人员和管理人员的参考用书。

本书由黑龙江农业职业技术学院姚文秋教授、哈尔滨工业大学史淑芝副研究员和新疆农业职业技术学院苑爱云副教授共同编写，姚文秋担任主编，史淑芝和苑爱云担任副主编。北京农业职业学院黄广学副教授、农业部科技教育司王青立和农业部农民科技教育培训中心陈肖安等同志对教材内容进行了审定，在此一并表示感谢。

由于编者水平有限，加之时间仓促，教材中不妥和错误之处在所难免。衷心希望广大读者提出宝贵意见，以期进一步修订和完善。

编　者

2013 年 9 月

目　录

一、甜菜产业现状及发展趋势

1. 甜菜在我国经济发展中的地位如何?

甜菜是我国的两大主要糖料作物之一,是我国制糖工业的主要原料之一。我国南方主要用甘蔗制糖,北方主要用甜菜制糖,每7.2 吨甜菜块根可加工成 1 吨食糖。糖是人民生活、医药和食品工业生产中的必需品,随着人民生活水平的逐步提高,食糖消费量也在逐年增加,作为制糖工业原料的甜菜必将在我国国民经济中占有越来越重要的地位。据统计,65 类、2 300 种食品工业生产都以糖作为重要原料。

除制糖外,甜菜的茎叶、青顶、根尾等副产物及制糖后的菜丝均含有丰富的营养物质,是牲畜的良好饲料。制糖的另一副产物糖蜜,经发酵或其他化学方法处理,可生产甲醇、乙醇、甘油、味精、丙酮等,还可制成三磷酸腺苷、金霉素、B 族维生素复合体、蛋白酵母片等药品及柠檬酸等。

可见,发展甜菜生产,不仅对制糖业及相关的食品、医药、化工等行业有直接的促进作用,同时对我国的畜牧业及农业发展都将起到积极作用。

2. 世界甜菜产业现状和发展趋势如何?

世界甜菜种植主要分布在欧洲和北美洲的发达国家,少量在亚洲等地,包括:欧洲、美国北部、加拿大、日本和我国北方等地区。甘蔗主要分布在热带和亚热带地区种植,如非洲、南美洲、加勒比海地区、大洋洲、亚洲等大多数发展中国家和少数发达国家。中国、美国、日本、埃及、西班牙、阿根廷和巴基斯坦等国是既产甘蔗又产甜菜的国家。就甘蔗糖和甜菜糖而言，总的发展趋势是甘蔗种植面积和甘蔗糖产量增加，甜菜种植面积和甜菜糖产量减少，世界糖产量的增加主要在甘蔗糖。2000—2009 年期间，甜菜糖年平均产量 3 584.23 万吨，甘蔗糖产量 11 114.67 万吨，食糖总产量为 14 698.9 万吨，其中甜菜糖占食糖总产量的比例平均为 24.38%。

2010 年全球有 43 个国家种植甜菜，甜菜面积 467.6 万公顷，总产量为 2.28 亿吨。年种植面积超过 10 万公顷的国家有：法国、德国、美国、俄罗斯、英国、波兰、土耳其、乌克兰、埃及和中国。欧洲是甜菜最大产区，约占世界总产量的 75%；北美是第二个主要甜菜产区，产量约占世界的 9%。

甜菜生产在国外最突出的特点是具有高度组织、高科技含量、规模化集约型产业体系。从甜菜种子的繁殖、加工，到田间播种、管理及收获，全部实现了生产精准化作业，一条龙技术型社会化的服务和企业型的管理、协会式的监督保证，实现了科研、管理、原料生产与加工的一体化。

目前，欧洲一些甜菜生产国和美国甜菜单产都在 60 吨/公顷以上，法国是世界上甜菜单产最高的国家，2010 年甜菜平均单产超过了 80 吨/公顷。法国、德国、美国和俄罗斯是世界上甜菜种植大国和甜菜糖主要生产国，2010 年甜菜种植面积占全球甜菜总面积的 45.8%，甜菜糖产量为 1 485 万吨，分别占全球甜菜糖产量和食糖总产量的 46.8%和 8.84%。

3. 我国甜菜产业发展中主要存在哪些问题？如何协调解决？

(1)我国甜菜产业发展中存在的主要问题

①种植生产技术发展缓慢，单位面积产糖量低、成本高。目前，我国甜菜单产较从前有了较大提高，但与世界平均水平相比仍有很大差距，与先进水平相比差距更大。甜菜的良种选育和栽培

种植技术发展缓慢，甜菜生产管理水平低，甜菜平均每公顷产量和含糖率较低。由于农户分散种植甜菜，户均种植面积小，栽培新技术以及双高新品种推广缓慢；种、管、收的机械化程度低，生产效率低、成本高。同时，甜菜生产管理粗放、集约化程度低，种植密度稀疏，灌溉浇水、施肥不合理导致甜菜营养比例失调，甜菜高产时并不能高糖，喷施农药防治病虫害不及时，导致甜菜减产或低糖分。

②生产劳动强度高，收益低，种植面积萎缩。我国甜菜主产区，特别是在分散种植的农村，田间生产机械化程度较低。甜菜从播种、管理到收获，不论是用工量还是劳动强度都要高于玉米、大豆等其他作物。我国甜菜生产在种、管、收环节缺乏适用配套的小型农机具。人工作业劳动强度大、生产效率低、投入成本高。随着农村劳动力向城市转移，劳动力不足，甜菜生产用工成本还将会进一步提高。所以，实现甜菜生产机械化是解决甜菜产业发展瓶颈问题的关键。由于小麦、玉米、大豆等粮食价格上升，种植甜菜的比较收益逐步下降，甚至出现了收益低于一般农作物的情况，农民调整了种植结构，甜菜种植面积下降。另外，甜菜受气候等因素影响很大，单位面积产量不稳定，加上甜菜收购价格的起伏，种植甜菜的收益不稳定，农民的积极性不高。甜菜收购价格机制有缺陷，食糖市场价格大幅波动时，农民利益往往得不到保障。

③甜菜糖生产成本高，竞争力低于甘蔗糖。甜菜糖生长成本高于甘蔗糖生产成本。当食糖的市场价格下降时，甜菜糖业的成本劣势立即显现。

④制糖工业自动化程度低，部分企业技术和装备落后，发展后劲不足。企业体制改革滞后、管理落后，短期行为严重。

(2)发展对策

①国家应继续加强糖业管理。甜菜产区的主管部门应把抓好甜菜糖业生产列入重要日程，有专人负责领导，相关部门密切合作；国家和地方政府应拨出专款，对甜菜产业化基地建设、甜菜及制糖科技攻关、副产品开发、制糖企业扩建、设备更新换代、技术改

造等予以资金和政策的支持，以加速科技兴糖进程。大力开展甜菜生产机械及配套技术的研究工作，制定与其他作物相协调的补贴政策，提升甜菜产业发展的竞争力。

②倡导制糖企业与农民的联合，引导农民从零星种植向集约化经营发展。鼓励农村生产大户种植甜菜，企业在技术上及物质上给予资助。建立较大规模的甜菜原料生产基地，与群众建立起利益共享、风险共担的互助关系。

③集约化经营，促进农机农艺配套，降低生产成本。尽快研制和筛选适宜甜菜生产所需的定型、配套小型农机具并加以推广尤为重要，目前重点研发与农机配套的小型甜菜纸筒育苗移栽机和甜菜起收机械。机械化成为目前制约甜菜产业发展的瓶颈问题，只有实现甜菜生产的机械化，才能有效解决甜菜生产效率低、生产成本高的问题，从而提高甜菜生产的比较效益和竞争力。

④进一步提高我国甜菜科学施肥技术水平。我国甜菜施肥技术水平与国外先进国家差距较大，国内外试验研究表明：造成甜菜低产、低糖、工艺品质差的最直接、最主要原因是甜菜施肥不合理。开展甜菜测土施肥技术研究，开展甜菜专用复合肥料、长效性肥料及增产增糖技术研究工作，加大专用肥料生产应用宣传示范工作，进一步提高我国甜菜科学施肥技术水平。

4. 如何组织甜菜的产业化生产？

甜菜生产和制糖业是互相依存的，二者必须同步协调发展。发展我国甜菜糖业，必须认真贯彻科学发展观，依靠科技进步，发展甜菜生产，提高食糖及副产品质量，降低成本，实现清洁生产，全面提升甜菜制糖生产科技水平和综合竞争能力，促进行业稳步发展。

(1)加强领导，加大投资力度

甜菜产区的各级领导要高度重视甜菜生产工作，把甜菜生产当做一项重要的经济工作进行正确宣传引导，发挥政府的宏观调控职能。在继续实施甜菜种植优惠政策基础上，各种项目资金、优惠政策等都要向甜菜种植倾斜，把做大做强甜菜产业、增加产品附加值作为重点工作之一，推进甜菜产业化基地建设。

(2)调整甜菜生产布局，向生态经济优势区转移

甜菜耐盐碱性强，在作物中名列前茅，是盐碱地的先锋作物。甜菜适应土壤 pH 为 6.0～8.0，如果采取地膜覆盖栽培或纸筒育苗移栽，土壤 pH 达到 9 以上甚至 10 也能获得比较理想的块根产量。因此，开发利用盐碱地，可以扩大甜菜种植区域，提高土地利用率，对稳定和提高甜菜产量和改善生态条件等都有重要作用和意义。

在无霜期短的地区发展甜菜生产。甜菜对温度的适应范围广，耐低温，生长最低温度为 4～5℃，早熟品种要求≥10℃有效积温 2 000～2 500℃即可。采取育苗移栽可躲过寒流，延长生育期。在无霜期短、霜冻出现频繁地区，易受霜冻危害，一般不能种植要求有效积温多的作物，但种甜菜没有问题。在纬度或海拔高的地区发展甜菜，粮、糖争地矛盾不突出，甜菜同其他作物的比较效益高。甜菜是稳产作物，如果受秋季霜冻或生育期间受旱害，只影响营养生长，不像粮食等作物胁迫生殖生长发育而严重减产，甚至绝产。

用部分饲料地种植甜菜。甜菜是两用作物，块根供制糖，收获后的根尾、茎叶、青顶等副产品是优质的饲料，甜菜制糖后的副产品糖蜜和干粕是优质的精饲料。用饲料地种植甜菜，既可满足制糖企业对原料的需求，又能提供相当数量的优质饲料，还节省青绿饲料的生产费用及劳力支出，一举多得。

(3)加速制糖业技术改造，降低成本，提高企业的综合效益

当前的主要任务是降低制糖成本，提高企业的综合效益。加速技术改造进程，采用先进技术设备，不断提高制糖和综合开发技术，提高管理水平，降低原材料和辅助材料(水、电、气等)的消耗，提高劳动生产率和产糖率，降低成本，降低企业财务负担，提高效益。蔗糖的深加工开发具有广阔的发展前途，既可扩大蔗糖的销路，又可增加蔗糖的附加值。

(4)组建甜菜糖业集团，增强竞争优势

组建甜菜糖业集团是增强市场竞争力和抵御企业经营风险、持续稳步发展甜菜生产和制糖业的重要措施。在制糖结构调整过程中，通过吸收社会资金，引进外资等对现有制糖企业进行改制和改造，补充资金，实现投资主体多样化。组建一批跨市、县的甜菜糖业集团，培养核心制糖企业，提高规模效益，增强国内、国际市场竞争力。

(5)建设甜菜产业化基地，实现工农双赢

建设甜菜产业化基地，必须坚持以市场为导向，充分发挥制糖企业自身能力和条件，以龙头企业带动基地，走“公司＋基地＋农户”的产业化道路。这是振兴甜菜制糖企业，促进农村发展，实现工农效益同步增长的必由之路。以订单合同为纽带，用法律(合同)手段将企业与农户结合成一体，办成“产、加、销”一条龙农业现代化的生产体系。订单包括甜菜种植面积、交售产量、质量和执行甜菜“三高”技术规程、接受企业农业技术人员对种植甜菜的技术指导；企业则执行甜菜收购价格，兑现甜菜款的时间，提供生产资料，优惠政策等，以及双方违约承担的责任。这样从根本上解决买卖甜菜难、产销脱节等矛盾。

(6)普及甜菜高产高糖栽培技术

主要做法是：推广偏丰产型甜菜品种、大力推广地膜覆盖栽培和纸筒育苗移栽技术、调整田间种植密度和植株的配置方式，调控地上部生长和地下部块根增长及糖分积累关系、推广普及甜菜专用肥、扩大机械化种植以提高劳动生产率。

5.我国甜菜产区是怎样划分的？

甜菜是一种适应性较强的作物，我国多数省区都能种植，但我国甜菜主要分布在北纬40度以北的地区。新中国成立初期，我国甜菜生产主要集中在东北地区。20 世纪 50 年代中期，甜菜生产逐步由东北向内蒙古、山西扩展，相继又发展到西北的新疆等地，种植甜菜遍布我国北方十几个省（区）。20 世纪 90 年代以来，由于全国性的产业结构升级和农业结构调整，我国甜菜生产区域布局发生了较大变化，甜菜生产由原来的新疆、黑龙江、内蒙古、辽宁、河北、甘肃、宁夏和吉林 8 个省（区），逐步向黑龙江、新疆和内蒙古三个生态优势区域集中。目前，这三个地区的甜菜种植总面积和总产量已经接近全国总量的 90%。2010 年新疆甜菜糖产量占全国甜菜糖总生产量的 50% 以上，黑龙江和内蒙古分别为 25%、15%。目前新疆已取代黑龙江成为我国甜菜产量、甜菜糖产量最高的省份。根据甜菜的生物学特性，我国甜菜都是春播，从地域上可划分为东北春播甜菜区、华北春播甜菜区、西北春播甜菜区。

6. 为什么我国甜菜主产区都分布在北方？

甜菜是耐寒作物，苗期能够忍受零下 5℃左右的低温，而北方春季温度较低，在早春霜冻出现较频繁的地区更能显示出它耐低温、稳产的优势。在甜菜的糖分积累期，甜菜大量积累糖分，是促进甜菜高糖的关键阶段。这一时期充足的光照、较大的昼夜温差和适中的土壤水分有利于甜菜糖分的积累，这时在北方正是秋高气爽的时节，各种气象因素均较南方有利于甜菜积累糖分。因此，从生态适应性的角度出发，我国甜菜多布局于北方。

7. 东北春播甜菜区的自然环境和甜菜生产有哪些特点？

东北春播甜菜区主要包括黑龙江、吉林两省的松嫩平原、黑龙江的三江平原、吉林和辽宁的西部及内蒙古的东部地区。这些地区秋季晴天多，昼夜温差大，有利于甜菜积累糖分。全年大于 10℃的积温 2 400～3 000℃，全年降水量 370～690 毫米，西部地区干旱少雨。全区除甜菜苗期降水较少外，降水期与甜菜需水较多时期基本一致，有利于甜菜生长。本区土壤主要有黑土、黑钙土、草甸土、西部有部分盐碱土。除盐碱土肥力较低，对幼苗生长有一定影响外，其他土壤肥力均较高，适合栽培甜菜这种需肥较多的作物。

各地均实行垄作栽培。前茬多为玉米、小麦、亚麻。播种期为4月中旬至5月上旬，收获期在9月下旬至10月上中旬。此区自然条件的不利因素是春季及夏初多干旱，春季多风，特别是西部地区春旱、风害严重，是甜菜保苗率低、单产不高的主要原因。

8.华北春播甜菜区的自然环境和甜菜生产有哪些特点？

华北春播甜菜区主要包括内蒙古中部的土默特平原、河套灌区及山西省北部、河北省张家口地区。大于10℃积温2 600～3 200℃。昼夜温差大，对甜菜积累糖分有利。年降水量仅300～370毫米，但有灌溉条件，可以满足甜菜生长发育的需要。本区土壤主要有淡栗钙土、栗钙土、黄垆土。

本区普遍采取平作栽培，实行畦灌。前茬多为小麦、玉米。一般在4月初播种，10月上中旬收获。甜菜生育期较东北地区要长。此区受气温较高和灌溉的影响，空气相对湿度较高，甜菜褐斑病发生较重；由于进口种子数量不断增多，甜菜黄化毒病亦逐渐增多。这两种病对甜菜产量和含糖率有较大影响。

9.西北春播甜菜区的自然环境和甜菜生产有哪些特点？

西北春播甜菜区主要包括新疆北部的玛纳斯河、伊犁河流域，甘肃省的河西走廊，宁夏的黄灌区。本区为干旱和半干旱区地区。甜菜生育期间气温较高，大于10℃积温3 000～3 900℃。甜菜生育期较东北和西北都长。此区日照充足，昼夜温差大，有利于积累糖分。全年降水量仅200～350毫米，但有灌溉条件。土壤为棕钙土、灰棕漠土、灰板土、栗钙土、盐碱土等。本区生态条件最适宜发展甜菜生产。我国西北地区有丰富的水、土、光和热量资源，非常适宜种植甜菜。甜菜的单产和含糖率明显高于东北区，是我国甜菜高产高糖区。含糖率比东北地区高2度左右。另外，西北地区多为农牧区，发展甜菜生产可为畜牧业提供大量的优质饲料，而畜牧业的发展又可为喜有机肥的甜菜提供大量的优质有机肥，从而形成农牧业发展的良性循环。

此区甜菜多为平作，前茬多为小麦和棉花。一般3月末至4月初播种，10月上中旬收获。生产机械化程度较高，从播种到收获机械化程度达80%以上，大大降低了劳动强度和生产成本。本区由于气候干旱、高温，易产生白粉病。近年来，褐斑病亦有加重趋势。

10. 甜菜对种植结构调整有什么作用？

甜菜原产于地中海沿岸，在长期进化过程中，形成了对盐碱环境的适应性，具有较强的耐盐碱能力。在现有栽培作物中，甜菜的耐盐碱能力名列前茅。适应土壤pH为6.0～8.0，最适pH为7.0～7.5，甜菜耐盐范围为土壤总盐量的0.33%～0.65%。甜菜不耐酸，当pH低于6.5时，块根产量随土壤pH的降低而逐渐下降，当pH降到5.0～5.5时块根产量急剧下降。但对于碱性土壤，甜菜却有很好的适应能力，实验表明，采用地膜覆盖(先播种后覆膜)或纸筒育苗移栽，在pH大于8的盐碱土上，甚至pH达到10的盐碱土上甜菜仍能获得理想的产量，这在栽培作物中是很少见的。

我国现有盐碱耕地近1 000万公顷，在盐碱地上，作物单产低，经济效益差。而甜菜因具有很强的耐盐碱能力，适合在盐碱地上种植。因此，在盐碱地上发展甜菜及其制糖生产，对种植业结构调整具有重要的意义。其意义主要表现在以下几点。

①因地制宜，缓和粮、糖争地矛盾。在种植粮食作物不易抓苗、单产低的中、重盐碱地上种植甜菜可以充分发挥甜菜在盐碱地上的生产潜力，甜菜可作为开发盐碱地的先锋作物。

②有利于改良盐碱地。植物适应盐碱方式有拒盐、泌盐和积盐三种方式。甜菜耐盐碱属于积盐类型且积盐能力很强。在盐碱地上种植甜菜可以起到脱盐碱作用,可以作为土壤脱盐碱的生物方法。试验表明,在盐碱地上种甜菜,如果每公顷产块根 45 吨和相同数量的茎叶,那么甜菜可以从土壤中吸收 895.5 千克盐分(其中氯 54 千克),在重盐碱地上吸收的数量还要增加。

③促进畜牧业发展,实现农业良性循环。种植甜菜可收获大量甜菜茎叶等副产品和制糖废丝,这些副产品和废丝营养丰富,可为畜牧业提供优质的饲料;而畜牧业的发展又为甜菜提供了优质的有机肥料,有机肥料既可以提高甜菜的产量又可以改良土壤,从而实现农业的良性循环。

11.糖用甜菜按照块根产量和含糖率的高低可分为哪几种类型?

(1)丰产型

叶色较绿,叶数多,叶片寿命比较短,块根膨大速度快,成熟期较晚。块根和茎叶产量高,块根含糖率较低,但由于块根产量高,所以单位面积仍有很高的产糖量,适合在无霜期长的地区或水肥条件较优越的地块上种植。

(2)高糖型

叶色淡绿,叶数较少,叶片寿命长,块根和茎叶产量低,生育期短。但块根含糖率和工艺纯度高,单位面积产糖量低,适合在无霜期短的地区种植,应适当加大种植密度。

(3)标准型

块根产量低于丰产型品种,高于高糖型品种;块根含糖率高于丰产型品种,低于高糖型品种。即产量和含糖率均属中等。单位面积产糖量接近于丰产型品种。

此外,还有标准偏丰产型、标准偏高糖型,分别是标准型与丰产型、标准型与高糖型的中间类型。

(4)特高糖型

其基本性状和高糖型相似，但含糖率和纯度更高，工艺成熟更早，块根产量很低。

(5)丰产兼高糖型

这个类型品种具有丰产兼高糖两个性状，更适合生产的需要。

12.甜菜块根的含糖率和哪些因素有关？

甜菜块根自上而下可分为根头、根颈、根体和根尾4个部分(图1)。根头实际上是缩短的茎，根头上是着生甜菜叶子的地方；根颈是第一叶痕以上至生长侧根的地方，根颈上既不长根也不长叶；根体是根颈以下至块根直径1厘米以上的部分，根体上有根沟，根沟上着生侧根；根尾是直径1厘米以下的细根。

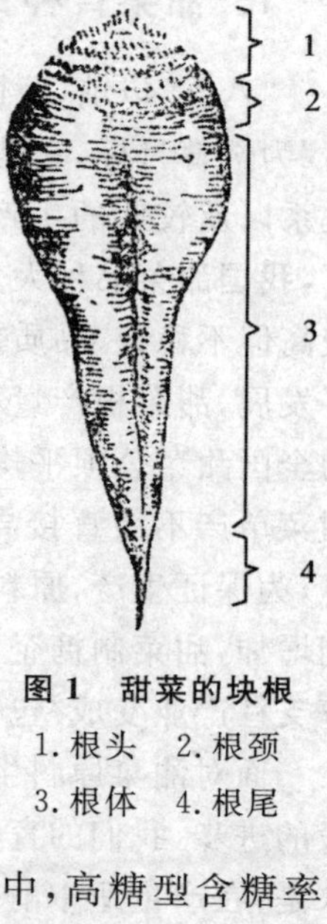

图1　甜菜的块根

1.根头　2.根颈

3.根体　4.根尾

甜菜块根不同部位含糖率是不同的。从纵向看，根头含糖率最低，根颈较高，根体最高。从横向看，以块根中层含糖率最高，内层次之，外层最少。从块根大小来看，大小适中的块根含糖率高，过大的块根含糖率反而下降。所以在栽培上不能通过稀植和多施氮肥来追求过大的块根。

从品种类型上看，常见的三个品种类型中，高糖型含糖率最高，其次为标准型，丰产型最低。在相同的栽培技术下，由于品种不同，含糖率可相差2～3度，甚至更多。

气象条件对于块根含糖率有着重要影响。在甜菜糖分积累期，降雨量适中块根含糖率高，降雨量过大含糖率反而下降。据试验，甜菜收获前一个月的降雨量比正常年份每增加10毫米，约降低糖分0.3度。另外，甜菜糖分积累期光照充足，昼夜温差大，均有利于含糖率的提高。

栽培或管理不当也会对甜菜品质造成严重影响。未进行合理轮作会加重甜菜病害和虫害,从而影响糖分积累。种植密度过小或过大都会引起含糖率下降。施肥不当,尤其是氮素施用过多,会降低块根含糖率。

此外,在甜菜生长过程中人为掰叶,过早或过晚收获甜菜,均会导致含糖率降低。

13.甜菜育种目标和生产目标有了哪些变化?

"八五"以前,我国甜菜育种工作始终以"标准根、高抗病、高含糖"为选育目标,它是以计划经济的管理体制、集体所有制的生产关系以及较低的生产力水平为基础的。在这个育种目标的引导下,我国甜菜品种大多表现为根产量不高、抗病性状单一、含糖率较高但不稳定、品质差。几十年来,我国甜菜生产始终处于较低水平发展,甜菜根产量和产糖量多年来徘徊不前,到20世纪90年代初全国甜菜公顷平均单产只有16吨左右,远低于世界平均水平。甜菜单产不高直接导致种植者生产收益的降低和原料供应的不足,为保证生产,原料甜菜价格开始上涨,造成食糖的加工成本急剧增加,甜菜制糖企业全面亏损,使我国甜菜制糖企业由地方的经济支柱产业变成"包袱"产业。

面对甜菜原料生产的需求水平不断提高,甜菜育种技术与手段的进步,我们的育种目标也发生了变化。制糖工业对品种的要求是:在产量适中前提下,工艺品质优良,含糖率高(16%以上),纯度高(82%以上),非糖物质含量低。农业生产者对甜菜品种的要求是:单产高、抗逆性强、适应性广、稳产性好、适于机械化栽培。因此,甜菜育种工作要求从实际出发,明确任务,不断改进和调整育种方法和途径,提高育种效率,使新品种适应甜菜生产形势发展的需要。

当前甜菜育种目标为:选育出丰产性优良、含糖率高、品质优良、抗逆性强（含抗病性、抗旱性、耐寒及耐碱性、抗抽薹性），植株直立、根体光滑的多种类型（丰产型、标准型、高糖型）的多粒雄性不育杂交种和单粒型杂交种。

中长期选育目标应为选育标准型的遗传单粒雄性不育杂交种。随着种植者管理水平的不断提高和种植甜菜效益的增加，以及制糖企业优质优价的收购政策，选育标准偏丰产、高糖、优质、耐旱、耐寒和适于机械化栽培的单粒杂交新品种是必然方向。

另外，育种目标还应因不同地区、不同情况而异。例如，新疆甜菜种植区虽然都是灌溉农区，但不同主产区的土壤、气候和栽培方式存在显著差异，需培育适合不同自然条件下栽培的品种。如伊犁、焉耆是种植甜菜老区，近年气候变化较大，夏季雨量相对增多，高温多湿，甜菜褐斑病、黄化病毒病发生严重。这一区域应选育出抗病、丰产、高糖、优质、耐盐碱的品种为宜。针对不同地区的情况，育成区域化良种，以满足不同地区、不同条件下种植甜菜的需要。

二、直播甜菜

14. 甜菜是一年生作物还是二年生作物？

甜菜是二年生作物。第一年进行营养生长，形成繁茂的叶丛和膨大的块根，并在块根中积累大量的营养物质（主要是蔗糖）。制糖的块根称为原料根，留种用的块根称为母根。在我国北方春播甜菜产区的自然条件下，母根要经窖藏越冬并通过春化阶段，第二年春季栽植后，在根头上重新长出叶丛，然后抽薹、孕蕾开花、结籽，完成生殖生长。所以甜菜完成一个生长周期需要两年的时间，第一年进行营养生长，第二年进行生殖生长，甜菜是二年生作物。如果只想要制糖用的原料根，第一年秋季收获即可。

15. 甜菜的营养生长期可划分为几个阶段？每个阶段有何特点？

甜菜第一年的营养生长期可划分为幼苗期，叶丛繁茂期，块根、糖分增长期和糖分积累期。

①幼苗期：甜菜从子叶出土到幼根的初生皮层脱落这段时间称为幼苗期。黑龙江省一般为 4 月下旬播种，5 月上旬出苗，至 6 月上旬这段时间为幼苗期，甜菜幼苗期大约经历 35 天左右，幼苗期结束时植株长出 6～8 片真叶。这一时期叶的发生和生长缓慢，而根系纵向发育较快，幼苗期结束时主根入土已达 60 厘米左右，根径达 0.5 厘米粗，但根中糖分极低。幼苗期出生的叶片寿命短，较早干枯脱落。甜菜幼苗期较耐寒，甜菜第一对真叶展开时，幼苗能短期忍受－5℃左右的低温。

②叶丛繁茂期:从幼根脱皮结束至叶丛量达到最高值为叶丛繁茂期。黑龙江省从6月上旬至7月中旬为叶丛繁茂期。这一时期甜菜生长中心以地上部叶丛生长为主,叶丛生长迅速,每隔2天就可生出1片新叶。此时期生长的叶片寿命最长,可存活60～70天,叶片扩展速度快,这些叶片对块根的增长和糖分的积累起重要作用。在叶丛繁茂期的末期,田间开始封垄。此期地下部根系纵向伸长最快。

③块根、糖分增长期:从叶丛量达最高值到块根增长量开始减慢为块根、糖分增长期。黑龙江省从7月中下旬至8月末为块根、糖分增长期。进入这一时期后甜菜生长中心由地上部的叶丛开始转移至地下部的块根,叶丛生长减弱,叶丛量也随之下降,块根迅速膨大,根中糖分同时增长。这段时间叶丛已充分形成,并生产高额干物质运向根部,块根快速生长,每个块根每昼夜增重可达10克左右。根中糖分也在增加,但此期甜菜生长中心还是以长块根为主。

④糖分积累期:从块根重量增长开始减缓到块根达工艺成熟期这段时间为糖分积累期。黑龙江省约在9月上旬至10月上旬。进入糖分积累期,甜菜的营养生长基本停止,绿叶显著减少,枯叶大量增加。该时期块根重量增长缓慢,光合作用的产物主要以蔗糖的形式贮藏于块根中,根中含糖量显著提高。

16.根据甜菜各生育时期的特点,应相应地采取哪些促控措施?

①幼苗期:幼苗期要力争培养出壮苗。苗期的主攻方向是苗全和苗壮,促进地上部矮壮,根系向纵深发展。在生产上要加强播种前深耕整地,为种子出苗、主根伸长提供良好的土壤环境。播种前做好种子处理,科学施用种肥,控制好播种深度,及时间苗、定苗。

②叶丛繁茂期:叶丛繁茂期的主攻方向是促进功能叶的发育,

建立起合理的群体结构。将叶丛量控制在适宜水平：即在叶丛繁茂期的末期田间达到封垄状态。此期，除深中耕、适当灌溉外，控制好氮肥的施用是建立起合理的地上部群体结构的关键。这时甜菜需要较充足的氮素保证叶片数目的增加和叶面积的扩大。只有这时积累了足够的叶片，将来生长中心转移至块根时叶片才会产生足够的光合产物以供应块根生长的需要，才有可能形成大块根；相反，如果在叶丛繁茂期氮素供应不足，产生的叶片数量少，叶面积小，那么将来它合成的运输给块根的光合产物就少，块根产量不会高。但是，如果在叶丛茂繁期施用氮肥过多，会造成叶丛过度生长，甜菜的地上部分过度繁茂，光合产物主要供应地上部生长，使生长中心转移向块根的时间延迟，使块根小，含糖率低。因此，在甜菜叶丛繁茂期要控制氮肥施用（氮肥用量要适宜，施用期不能过晚），使甜菜建立起一个大小合理、适中的叶丛量，才能使甜菜生长中心按期由地上部转移至地下部，并能有充足的光合产物供应块根生长。生产上要避免氮素过多造成叶丛徒长，降低块根产量和含糖率。

③块根、糖分增长期：此期是夺取甜菜高产、高糖的关键时期。要控制叶丛徒长、根头过度伸长，延长功能叶片寿命，保持叶片出生与衰亡的平衡，推迟开垄期。干旱时适时灌溉，控制氮素用量，防止叶片徒长。杜绝擗叶子。

④糖分积累期：此期是提高块根含糖率，改善块根工艺品质的关键时期。主攻方向是防止叶片早衰，争取保持功能叶片有较长的功能期，延迟开垄时间。在糖分积累期的初期叶面喷施磷钾肥以促进糖分积累和运输。在收获前15天停止灌水以免降低含糖率和工艺品质。

17. 如何选择合适的地块和土壤来种植甜菜？

甜菜是深根喜肥作物，应选择地势平坦、土质肥沃、排水良好、土层深厚的平川地或平岗地种植。高岗地易跑风跑水，常引起风害和旱害。地下水位高的低洼地，渗水力差，排水不良，土壤通气性差，这些都影响甜菜根系的发育，容易使甜菜感染根腐病。根据东北农学院的试验，在其他条件相同情况下，地势低洼的地块种甜菜比平岗地种甜菜根腐病发生率高 2 倍多。一般地下水位不超过 1 米的地块不宜种甜菜。比低洼地略高的二洼地，在干旱地区，由于涝害不常发生，也可种植甜菜。

由于甜菜喜肥、怕涝的特点，对于土壤而言，黑土，特别是黑油沙土由于肥力高，透水性好，所以是栽培甜菜最理想的土壤。甜菜生长在这样的土壤上，根、叶生长迅速，根形整齐，块根产量高，根汁纯度高。白浆土上甜菜生长较差，这与白浆土肥力较低、透水透气性差、土壤呈一定的酸性有关。甜菜有较强的耐盐碱能力，在一般的轻、中盐碱土上都可以种植甜菜，且长势良好，只有当土壤为含盐量达到 0.65%以上的重盐碱土时，甜菜才出现大量死苗现象。甜菜的适应土壤 pH 为 6.0～8.0，最适 pH 为 7.0～7.5。采用地膜覆盖（先播种后覆膜）或纸筒育苗移栽，在 pH 大于 8 的盐碱土上，甚至 pH 达到 10 的盐碱土上甜菜仍能获得理想的产量。

对于土壤质地来说，由于甜菜喜肥，所以需要土壤较肥沃并有一定的保肥能力。壤土的通气性、保肥保水性良好，有机质分解较快，是种植甜菜的理想土壤。黏土由于透水、透气性差，有机质分解缓慢，地温低，土壤易板结，对甜菜生长不利。在黏土上种植甜菜，需要增施热性农家肥，进行深耕、深松，改良土壤理化性状，也可获得较为理想的产量。但过于黏重的土壤上种植甜菜易发生根腐病，所以不能用来选择种甜菜。沙土，透水透气性良好，容易耕作，昼夜温差大，有利于积累糖分。但保肥保水性差，容易脱肥，若能采取灌溉，增施农家肥，分期追肥，也能获得较理想的产量。但瘠薄的沙土及沙砾土上不宜种植甜菜。

18. 甜菜对前作有哪些要求？

甜菜对前作要求较严格。最好的前茬是麦类（小麦、大麦等），以及油菜、亚麻等夏收作物。这类作物根系浅，消耗土壤深层养分较少，与甜菜轮作，可均衡利用土壤中不同层次的养分。同时，夏收作物可伏耕晒垡，实行半休闲，接纳大量降水，促进土壤熟化，有利于恢复土壤地力。

玉米是习惯上施有机肥较多的作物，玉米茬质地疏松，杂草少，残留养分多。玉米根系对土层有很强的穿插能力，有利于改善犁底层下的土壤特性，为甜菜块根膨大创造有利条件。因此，玉米也是甜菜的良好前作。

大豆茬及其他豆类作物茬也是甜菜的较好前作。这些豆类作物根部生有大量根瘤，可以固定空气中的游离氮素，使土壤中氮素水平提高，所以豆茬较一般作物的茬口肥沃。大豆茬是软茬，豆类有改善土壤结构的作用，有利于下茬的发苗及生长。但大豆茬也有不利的方面。大豆茬地下害虫多，特别是蛴螬危害严重，应注意防治。同时，大豆和甜菜同属于需磷较多的作物，豆茬种甜菜应注意多施磷肥。

马铃薯茬质地疏松，杂草少，是很多作物的良好前作。但马铃薯耗钾量大，种植甜菜应增施钾肥。

高粱茬、谷茬、向日葵茬都属于硬茬，养分少，种甜菜不易发苗，叉根多，不宜种植甜菜。白菜、萝卜等蔬菜茬，是冷茬，且对土壤养分消耗多，种甜菜不易抓苗、发苗慢，并易感染根腐病，因此也不宜种甜菜。

甜菜根系发达，吸肥多，消耗地力大，特别是深层养分消耗多，重茬势必消耗大量的单一养分，且加重褐斑病、根腐病的发生。甜菜轮作周期较长，一般实行4～5年以上轮作。

19.甜菜后茬作物为什么多表现为减产？

首先，甜菜根系发达，吸肥多，吸肥力强，消耗大量土壤养分，后茬作物若施肥不及时或施肥数量不足，往往造成后茬作物所需的速效养分不足，影响后茬作物生长，以至减产。

其次，甜菜耗水量多，土壤水分缺乏，妨碍微生物活动。甜菜茬土壤真菌、放线菌、细菌数量少，影响土壤有机质的分解和转化，也使土壤中的速效性养分不足。

例如，甜菜茬后种玉米或高粱，如果当年施用速效性肥料不足时往往出现"红苗"现象，一般减产10％～20％。甜菜消耗土壤养分、水分多，是白茬、冷茬，其后作以谷子、糜子、高粱等耐旱、耐贫瘠的作物为宜。如果其后作种植喜肥水作物，其减产会更严重。

解决甜菜后作减产问题，一是通过种甜菜当年增加施肥量，特别是增施磷钾肥，加强中耕管理，促进养分转化；二是增施有机肥料，有机肥料可以提供长效的、全面的养分，同时可以促进微生物的分解活动。

20.种甜菜为什么最好进行深耕整地？

甜菜是深根作物，土层深厚、疏松有利于块根膨大和根系发育。甜菜对耕层深度的要求远远大于其他作物。通过深耕可以疏松土壤，提高土壤孔隙度，增加土壤透性；深耕形成的犁底层可以增加耕层土壤的贮水量，减少地表径流；深耕造成的疏松土壤环境可以改善土壤热状况，提高地温；深耕增加了土壤中的氧气含量，可以促进土壤有益微生物的活动，加速土壤熟化，提高土壤肥力。

深耕较浅耕的甜菜主根发达，根体长，根重大，根形整齐，增产10％～30％，随耕翻深度的增加，增产水平相应提高。在浅耕地甜菜扎根困难，根形不整齐，叉根多。甜菜适宜的耕翻深度，在目前条件下，一般要求达到20～25厘米。在国外一些甜菜生产水平高的国家，甜菜的耕翻深度已普遍达到30～35厘米。但耕翻深度也要依不同土壤而异，像肥力较低的白浆土可适当浅些，以免把下层大量未经熟化、肥力较低的土壤翻到表层来影响幼苗生长；盐碱土也应适当浅些，以免把过多盐分高的土壤翻到表层加重盐碱危害。

21.深松整地对甜菜有何重要意义?

深松对于甜菜的意义同样重大,而且有深翻所不具备的优点。第一,深松可以增加土壤通透性,特别是犁底层以下土壤的通透性,增加土壤底墒。耕翻后,会在耕翻深度位置形成坚硬的犁底层。犁底层有接纳、贮存降水的作用,但当降水较多时,水分容易积聚在犁底层附近,在降水较多的年份容易形成内涝。通过深松打破犁底层,可以使水分深蓄于犁底层以下,减少耕层积水,减少根腐病的发生,又增加了土壤底墒。第二,深松打破犁底层后,促进了根系的发育,使犁底层下根量及总根量更多,根系吸收能力进一步增强。第三,对于土层薄的土壤、盐碱土、白浆土,深松可以防止未熟化的土壤或含盐量高的土壤被翻到表层而影响幼苗生长。

深松必须打破犁底层,深度一般为 25 厘米以上,超深松可达 40～45 厘米。

22.垄作、平作、畦作甜菜各有哪些优点?

垄作是我国东北和内蒙古东部地区种植甜菜最常见的方式,它适于无霜期短、气候冷凉、夏季多雨的气候条件。近年来也被内蒙古中部地区和新疆采用。垄作的优点:一是垄面高,土壤受热表面积大于平作,使得垄体内土温高于平作,在春季温度低的地区有促进早出苗和幼苗生长的作用。所以在寒地一般多采用垄作。二是块根位于较高的垄体部位,而垄沟又有排水作用,在降水较多时有减轻涝害的作用,这对预防甜菜发生根腐病较为重要。黑龙江省在块根生长迅速的夏季 7、8 月份雨水相对集中,垄作有利于减轻可能发生的涝害。三是垄作使垄体部位的土层更深厚,沃土和肥料更集中,充分发挥肥效。四是垄作比平作土壤通透性更好,可调节土壤水、肥、气、热状况,有利于微生物活动,促进养分释放。五是垄作使地面起伏,能减弱风力,减少水土流失。

平作是我国华北和西北地区种植甜菜普遍采用的方式。在平翻整地条件下，用机引农具条播，甜菜行距一般为 40～50 厘米。平作的优点：一是地面平，蒸发量小，有利于保持土壤水分。这在干旱地区十分重要，所以在干旱条件下平作比垄作有增产作用。二是不用起垄，便于机械作业，比较省工。三是与其他作物轮作时容易改变行距进行合理密植。

畦作是多雨地区精耕细作的一种耕作方式(图 2)。在深翻基础上，于播种前开沟做畦。畦作的优点是畦面不易积水，畦沟又可排水，避免涝害；畦面土壤疏松肥沃、土温较高有利于甜菜生长；在低湿盐碱地，采用多行畦作既可排水又可减少土壤水分蒸发，防止返盐碱。畦作有五种形式：

①平畦：适用于干旱地区。按行距 40～50 厘米，种植 4～8 行做畦，畦梗高 28 厘米左右，畦长因地势而异。平畦保墒好，便于耕作，但一旦雨水过大时不利于排水，雨后或灌水后土壤易板结。

②高畦：按行距 40～50 厘米，种植 4～6 行做畦。一般畦床高出地面 28～33 厘米，长度不限，以有利积水排出为度。畦间沟深同畦高，沟宽 28 厘米左右。高畦适用于多雨或地下水位高、土质黏重地区。高畦畦上土质疏松、沃土集中、土温较高，有利甜菜生长，畦沟有利排涝。

③平畦后起垄：做畦方法同平畦。甜菜出苗后，结合中耕培土逐渐形成垄形。其优点同平播后起垄甜菜。

④小畦、深沟双行种植：北方地区也称高台大垄双行种植。整地时按两畦沟间相距 1 米做畦床，将畦沟土翻到畦面上，畦沟高 33 厘米，畦沟底宽 40 厘米，每畦种 2 行，行距 33～40 厘米。这种方式有利于通风透光，在高温多雨或地下水位高、易涝地区，这种方式有利于排水防涝，并能减轻根腐病的发生。

⑤宽畦双行大小垄：按畦宽 2 米做畦开沟，畦上种 4 行。在两行中间开一个小畦沟，把一个大畦变成两个小畦。小畦内甜菜行距 33 厘米，两小畦间甜菜行距 66 厘米。这种方式畦间距离大，有利于通风透光，便于田间管理。

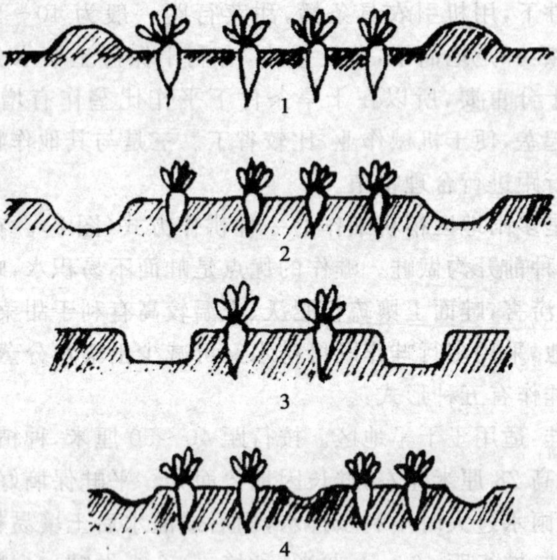

图 2 甜菜的畦式图

1.平畦种植 2.高畦种植 3.小畦、深沟双行种植

4.宽畦双行大小垄种植

(引自甜菜丰产栽培实用技术,伊尚武,2001)

23.目前生产上有哪些优良的甜菜品种?

目前,国外甜菜品种在我国甜菜产区占主导地位。主要优良品种如下。

(1)KWS2409

该品种为德国 KWS 种子公司培育。新疆康地公司引进,2005 年通过新疆维吾尔自治区品种审定。KWS2409 甜菜种子为多粒型杂交种,多抗性品种。该品种叶片直立,叶片犁铧形,叶色深绿,叶面皱褶多,叶缘波褶深,发芽势强,早期出苗快,发育快,苗期生长健壮,地上部分小。叶丛紧凑,适合密植;块根楔形,根沟浅,根头小,工艺品质好,块根产量高,含糖高,在小区试验中,块根产量 83.85 吨/公顷,含糖 16.12%。抗丛根病,耐褐斑病、根腐病,有较强的抗逆性。该品种丰产且高糖,适应性广,优势很大,在新疆各糖区种植均表现突出。

(2)KWS0143

单粒杂交种,该品种绿叶 40～60 片,叶片犁铧形,叶色深绿,叶面皱褶很多,叶缘波褶深。发芽势强,出苗快且整齐,早期发育快,生长势强,苗期生长健壮,地上部分小,叶丛很紧凑,适合密植,功能叶寿命长,整齐度好。块根圆锥形,根皮浅白色,根沟浅,根头小,单株块根重 1 千克左右,钾钠离子含量低,工艺品质好。KWS0143 块根产量高,含糖较高,增产潜力大,抗丛根病,耐褐斑病和根腐病,有较强的抗逆性,适应性广,新疆各糖区都可种植。

(3)ADV0412

引进的多粒型杂交种。2007 年 3 月通过新疆维吾尔自治区农作物品种审定委员会审定。ADV0412 种子发芽势强,出苗快,苗期生长势强,叶片少。叶丛斜立、呈犁铧形,根冠比例协调,适于密植。根体为圆锥形,根头小,根沟浅,根皮光滑,皮质细致,糖汁纯度高,工艺品质好。块根含糖率平均为 15.50%,平均公顷块根产量为 86.50 吨。该品种抗丛根病能力较强,较耐根腐病,抗褐斑病能力中等偏上。属偏丰产型品种。适应性广,在各甜菜产区均可种植。

(4)BETA218

引进的多粒型杂交种。适应性广,丰产性突出,抗褐斑病和丛根病,耐根腐病。叶片淡绿色,叶丛斜立、叶片尖长、叶柄较粗。苗期发育快,叶片功能期长。纺锤形块根,青头小,根形整齐,根沟较浅、带土少,块根白净。适宜推广区域:黑龙江的宁安,河北的张北,内蒙古的林西、包头、呼和浩特,甘肃的酒泉、黄羊镇,新疆等地区。

(5)BETA807

属二倍体遗传单粒种。叶根比较小,叶片淡绿色,叶丛斜立,利于密植,叶片尖、窄、长,叶柄较粗、长,苗期发育快,叶片功能期长,光合作用好,有利于物质积累,品种丰产性突出。纺锤形块根,根头较小,根形整齐,根沟较浅,块根白净,品质较好。BETA807生长发育较快,萌发期和苗期生长旺盛。抗丛根病突出,而且对甜菜褐斑病有较强的抗性,对甜菜根腐病也有一定的耐性。

(6)甜研206

多粒型杂交种。该品种苗期生长势较强,胚轴颜色为混合型,叶色浓绿,叶片宽舌形,叶柄较粗、较长,叶丛斜立。根圆锥形,根头小、根沟较浅、根皮光滑,根肉白色、比较细腻。种子千粒重21～25克,生育日数140～160天。该品种丰产性较强,含糖率高,工艺品质好,适应性广,抗褐斑病性强,耐根腐病和丛根病。该品种主要适宜于黑龙江省的哈尔滨市郊、讷河、依安、拜泉、友谊、宁安等地区种植。

(7)甜研309

多粒型杂交种,生长势强,适应性较广,抗褐斑病,耐根腐病,块根丰产性较稳定,含糖率较高。根型为圆锥形,根皮白色,根沟较浅;叶丛斜立,叶色绿,舌形,叶片较大,叶长27～31厘米,叶宽24～26厘米,株高56～60厘米。繁茂期叶片数为26～30片。生长期为150～170天。种球千粒重为28～32克。2001—2002年全国多点示范试验表明,甜研309块根产量在东北地区36.6吨/公顷,在西部地区46.7吨/公顷。全国平均根产量44.2吨/公顷,比对照品种甜研303提高19.5%;含糖率17.8%,略高于对照;产糖量高于对照品种20.0%以上。与国外品种比较,根产量偏低,但含糖率高于国外品种,产糖量提高24%。在西部丛根病发生地区,甜研309表现出较强的抗(耐)丛根病和根腐病特性,同时还兼抗褐斑病和白粉病。

(8)甜研311

该品种苗期生长势较强,胚轴颜色为混合型,叶丛斜立,叶色绿,叶片宽舌形,叶柄较粗,长度中等。根圆锥形,根头较小、根沟较浅、根皮较光滑、根肉白色。种子千粒重 35～42 克。该品种丰产性较强,含糖率高,工艺品质较好,抗褐斑病,耐根腐病。适宜区域:该品种适宜在黑龙江省的牡丹江、齐齐哈尔、大庆、哈尔滨等地区种植。

(9)中甜 207

该品种苗期生长势较强,胚轴颜色为混合型,叶丛斜立,叶色绿,叶片舌形,叶柄较细,长度中等。根圆锥形,根头较小、根沟较浅、根皮光滑、根肉白色、肉质细腻。种子千粒重 20～25 克。该品种含糖率高,工艺品质好,较抗褐斑病,耐根腐病。该品种主要适宜于黑龙江的友谊、哈尔滨地区,吉林的长春、白城地区,内蒙古的兴安盟,甘肃黄羊镇,新疆的塔城、和静、昌吉等地区种植。

(10)甜单 303

甜单 303 是甜菜遗传单粒型杂交种。幼苗子叶肥厚,下胚轴粗壮,犁铧形叶片,株型斜立。肥大直根为圆锥形,株高 50～60 厘米,果实瘦果,无限聚伞花序。种子呈扁圆形,千粒重 15 克左右。褐斑病发病 1.0 级。中熟品种,在适宜种植区生育日数 150～180 天。适应区域:黑龙江省齐齐哈尔、牡丹江、佳木斯、黑河等地区。

(11)普瑞宝

品种来源:荷兰安地公司。特征特性:喜中性肥沃土壤。胚轴绿色,叶丛直立,犁铧形叶片,叶色浓绿。根为圆锥形。株高 60～65 厘米。该品种为多粒型种,千粒重 25 克左右。褐斑病发病 1.0 级。中晚熟品种,在适宜种植区生育日数 150～170 天。适应区域:黑龙江省牡丹江、佳木斯、绥化、黑河等地区。

(12)普莱诺

多粒型杂交种,千粒重 20～25 克,该品种具有突出的丰产性状,且具有抗褐斑病、根腐病、立枯病,耐丛根病等优点。胚轴颜色为绿色,繁茂期叶片为犁铧形,叶色浓绿,叶表有皱褶。繁茂期叶片数为 40 片左右,平均株高 58.6 厘米。收获时根部光滑,须根少,无叉根。根头微绿,根形为圆锥形。该品种2005年2月经黑龙江省农作物品种委员会审定,命名为推广品种。2000—2004年对其进行黑龙江省区域试验和生产试验,在全省8个试验点平均根产量分别为43.94吨/公顷和50.35吨/公顷,比对照品种甜研303增产27.2%和25.2%。平均含糖率分别为16.73度、16.9度。适宜种植区域:黑龙江省黑河、齐齐哈尔、哈尔滨、佳木斯、牡丹江等地市。

(13)普罗特

多粒型杂交种,2008年2月通过黑龙江省品种审定委员会审定推广。千粒重22～25克。该品种具有突出的丰产性状,产糖高,耐根腐病、丛根病。中度耐叶部病害如褐斑病等。该品种根头微绿,根型为圆锥形,胚轴颜色为红色,叶丛斜立,叶片为盾型,叶色浓绿,叶柄居平均状态,叶边沿不是波状,叶面相对平滑。繁茂期叶片数为40～45片,株高60厘米。收获时根部光滑,须根少,无叉根。2007年生产试验,5个生产试验点(嫩江、讷河、拜泉、肇源、呼兰)平均根产量47.08吨/公顷,平均含糖率17.1度。适宜种植区域:黑龙江省哈尔滨、齐齐哈尔、牡丹江、黑河地区种植。

(14)工大甜单1号

苗期生长势强,叶色浓绿,叶片较肥大。块根圆锥形,根头较小,根沟浅,根皮光滑,根肉白色。株高50～60厘米,叶丛斜立。果实单果,千粒重13～14克。褐斑病发病1.0级。中熟品种,在适宜种植区生育日数135～160天。适应区域:黑龙江省哈尔滨、齐齐哈尔、绥化、佳木斯、黑河等地区。

(15)新甜11号

多粒型甜菜杂交种。生育期170～180天,为中晚熟品种。叶丛高度50～60厘米,幼苗出苗快且整齐,生长势强,幼苗下胚轴绿色,叶片深绿色,叶形为铲形,块根为圆锥形,根皮黄白色,根冠小,根沟浅,根体光滑,表现丰产,一般产量70.95～76.43吨/公顷,平均含糖为16.2%。高抗褐斑病,耐丛根病,耐肥,耐寒,耐盐碱。

(16)新甜15号

属高糖、丰产、抗褐斑病、耐根腐病和丛根病的优良品种。生育期160～170天。该品种叶色浓绿，叶片肥大，多皱褶，叶柄短，功能叶寿命长。根头小，根体光滑、耐水肥。其最大特点是幼苗顶土能力强，易抓全苗，在相同的管理水平下具有较大的丰产潜力。

(17)新甜16号

该品种出苗快，易保苗，前、中期生长势旺，整齐度好，叶丛直立，株高60厘米，绿叶数35～40片，叶片犁铧形，块根为圆锥形，根皮白色，根冠小，根沟浅，根体光滑易切削。经过多年多点新疆维吾尔自治区品种比较试验和生产试验结果表明：丰产性突出，是优质、抗褐斑病、抗（耐）根腐病，含糖率中等，稳产性好的甜菜遗传单粒型杂交种。种子千粒重为11～14克。该品种经济性状优良：块根产量67.50～75.00吨/公顷，含糖率15.5%～16.5%，根汁纯度85%以上，非糖物质含量低；工艺性状好：株型直立、矮小、叶片小、根头小、根形好，根沟浅，根体光滑；抗逆性强：抗病、抗旱、耐寒、耐盐碱，抗当年抽薹。

(18)新甜18

多粒型杂交种。新甜18号出苗快，易保苗，前中期生长势强，整齐度好，株高中等。叶丛直立型，叶片犁铧形，叶色绿。块根圆锥形，根皮白色，根冠小，根沟浅，根体光滑，易切削。种子千粒重18～20克。工艺性状好，丰产性突出，增产增糖效果显著，综合经济性状稳定，适应性广，抗(耐)甜菜丛根病、白粉病，属于标准偏丰产型品种。

24.甜菜品种退化的主要原因有哪些？如何防止甜菜品种退化？

在生产中一些甜菜品种在刚刚育成推广的几年里，丰产性、含糖率或抗病性等方面表现很好，但在生产中推广了一些年后，往往会出现退化现象，具体表现为根型、叶型杂乱，含糖率降低，块根产量降低，抗病性下降。有些品种还表现为一年生抽薹率增加。甜菜品种退化的特点是数量性状的逐渐退化，一旦发现后即已退化严重，复壮的效果差。这导致一些品种很快被淘汰。这是什么原因呢？一般来说，甜菜品种退化的原因可归纳为以下几点。

①基因型没有完全纯合而保留的剩余变异可能是造成甜菜品种退化的主要原因。若不进行必要的选择、淘汰，随着繁殖代数增加，杂合性逐渐积累，势必造成品种退化。

②自然选择、不恰当的人工选择和不良的栽培技术造成品种退化。人的要求与甜菜的进化相矛盾，甜菜的低糖性属于自然选择的性状，与生物的适应性有关 。良种如果不经过选择，每繁殖一代会降低含糖率 0.2%～0.5%。另外，品种的优良种性必须以良好的栽培技术为条件，如果品种长期处于不良的栽培条件之下，由于栽培条件的筛选作用，群体内优良个体不能充分繁殖，使适应于低产水平的个体比例逐年上升，从而使品种群体的遗传组成发生变化。不良的授粉条件影响杂交率，从而影响后代个体的生产力。

③机械混杂和生物学混杂常常是品种退化的重要原因。种子收获、播种、种根收获、贮藏等各个环节均会发生混杂。甜菜是异花授粉作物，甜菜花粉靠风力、昆虫的传播易发生品种间自然杂交，造成生物学混杂，都会严重影响品种生产力。

④基因突变和病原菌变化也是品种退化的原因之一。一般情况下基因突变频率很低，只对少数性状有影响，且必须与选择结合才能起作用。病原菌种类、生理小种变化或致病力变异，使病原微生物对寄主品种产生了适应性变异，这也是品种退化的原因之一。褐斑病病菌、根腐病病菌株系致病力存在差异，且有地区优势株系，当抗病品种在无病区繁育或感病品种在重病区繁育及品种跨地区种植都会导致品种抗病性与生产力变异。

为保证甜菜种子质量，防止甜菜品种退化，生产甜菜种子的单位必须具备下列条件。

①生产种繁育区的土壤气候条件必须适宜甜菜种株生长发育，并且种株开花期没有干热风，种子成熟期有充足的光照，没有雨涝灾害。

②具有灌溉条件，保证甜菜生育期间对水分的需求。

③甜菜原料生产基地不得繁育甜菜种子。

④甜菜采种区不得繁育饲料甜菜、食用甜菜等非糖用的甜菜种子，以保证种子纯度。

⑤繁殖销售的甜菜种子必须是经国家或省（区）品种区域试验、生产试验及相应品种审、鉴定专业委员会审定（鉴定）命名的品种。

⑥必须使用原种（或超原）繁殖生产种，要保证父母本种植比例符合制种要求，不允许原种的父母本混合。

⑦原种必须由育种单位提供，经营单位不得生产经销原种。

⑧甜菜品种布局合理化，为确保优良品种种性，一般一个采种点只繁殖 1 个品种。

⑨在采种区严格隔离，避免天然杂交，不同品种的大面积采种田之间要保持 5 千米以上距离。

25. 甜菜种子有哪些类型？大面积机械化生产选择哪种类型的种子比较好？

农业生产上所说的甜菜种子，实际上是果实，俗称种球。每个种球直径 2～5 毫米。甜菜种球按种球中含有的种子数目可分为多粒型种球和单粒型种球。多粒型种球是指种球中含有两个或两个以上胚的种球，萌发时可发出两个或两个以上的幼芽，形成几棵苗，要花费大量的时间和劳力间苗；单粒型种球只含一个真正的种子，只发一个芽，间苗时省工，是机械化栽培的理想种子。但从幼芽拱土能力来讲，多粒型种球要好于单粒型种球，所以在整地质量较差，甜菜出苗有困难的地块，多粒型种球应用较多。但如果是进行纸筒育苗的甜菜，最好用单粒型种球，可以大大节省间苗时用工量。

26.为什么在生产上甜菜保苗率较低？

甜菜种球由种子、果皮及木质化花萼组成(图 3)，多粒型种子呈不规则球状，单粒型种子略显盘状。大量木质化花萼包围整个甜菜种子，使甜菜种子表面粗糙，较难与土壤充分接触。而木质化花萼在萌发过程中要吸收大量土壤水分，吸水时间长，在土壤水分充足的情况下，至少需要 48 小时以上的时间水分才能达到种皮，在干旱地区这一过程更加漫长。吸水困难是甜菜种子保苗率低的原因之一。

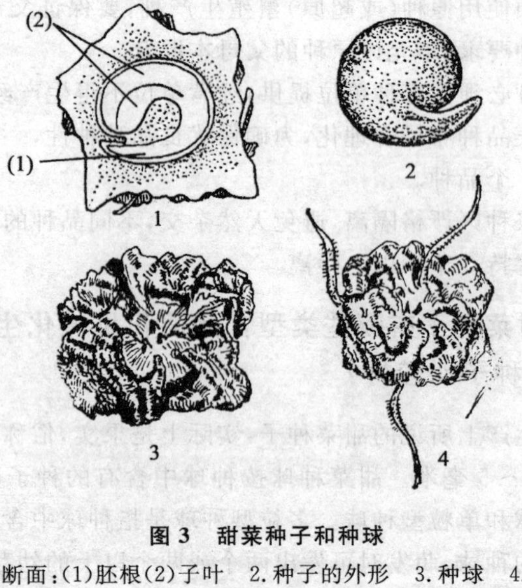

图 3　甜菜种子和种球

1. 种球的横断面：(1)胚根(2)子叶　2. 种子的外形　3. 种球　4. 萌发的种球

(引自中国农业科学研究所，中国甜菜，1961)

另外，甜菜种球较小，千粒重从十几克到四十几克不等，多数品种千粒重在十几克至二十几克，其中单粒型种子千粒重小，多粒型种子千粒重大。但种球的重量大部分为木质化花萼所占据，真正的种子所占比例较小，只相当于种球重的 26%～36%，一般每个真正的种子重量不超过 5 毫克。这样小的种子拱土能力差。因此，播种不可过深，并且要求土壤松软细碎。由于种子小，所以甜菜刚出土的幼苗细弱、生长慢，易受风沙、病虫危害，导致生产上甜菜保苗率低。

27. 甜菜种子发芽需要什么样的温度？

甜菜是较耐寒的作物，种子萌发要求的温度也相对较低。但在过低的温度条件下，发芽迟缓，幼苗细弱，易感染立枯病。甜菜种子正常发芽的最低温度为 4～5℃，最适温度为 25℃，最高温度为 28～30℃。发芽所需积温为 100～120℃，在适宜温度范围内，发芽日数随温度升高而缩短。在生产上，当早春 5～10 厘米土层昼夜平均温度稳定通过 5～6℃时即可开始播种。

28. 甜菜种子播前一般要经过哪些处理？

机械播种需要种球表面光滑，否则会影响排种，而甜菜种子表面被大量木质化花萼包围，表面粗糙，播种时会影响排种，不利于进行机械播种。所以甜菜种球表面必须要经过碾磨处理才能进行机械播种。另外，甜菜种球为不规则球状，影响种球与土壤紧密接触，影响种子吸水。木质化花萼在萌发过程中要吸收大量水分，吸水时间长，在土壤水分充足的条件下，至少需要 48 小时以上水分才能到达种皮，因此，通过碾磨去掉部分木质化花萼，还可以促进甜菜吸水提高保苗率。甜菜种子播种前一般要经过如下处理：

①晾晒种子：播种前选晴天将种子放在地面上晾晒 1～2 天，晾晒时要经常翻动种子。

②碾磨种子：用碾米机或石碾子碾压，磨掉木质化花萼的棱角，使种球光滑便于机械播种时排种。一般去掉木质化花萼 20%左右。如果碾磨过重，会破坏种皮而损伤种子。

③药剂拌种：为防甜菜立枯病，可于播种前用福美双或敌克松拌种，用药量为种子重量的0.8%，即每100千克种子用0.8千克50%的福美双或95%的敌克松可湿性粉剂拌种。为防治甜菜象虫，可用5%瑞劲特（Regent）种衣剂拌种，用药量为种子重量的1.5%～2%，密闭24小时。

④营养剂拌种：用微量元素、稀土、固氮菌、磷细菌等拌种或闷种，可补充甜菜所需营养物质，促进植株生长。

29. 什么是丸粒种？它有哪些优点？

丸粒种是用加工设备在种子外面包上一层种衣，制成的粒径大小一致的种子。我国目前使用的甜菜种子，无论是多粒种还是单粒种，其种子表面都被木质化花萼所包围，呈不规则形状，这样的形状在播种时会造成排种不畅导致出苗后缺苗断垄。因此，在生产上提倡使用机械加工手段包衣丸粒化种子。

丸粒种主要技术指标：单粒种率70%以上，直径3～3.5毫米，千粒重43克左右，抗压强度1 000克/粒，软化时间为浇水后3～5分钟。

丸粒种的优点：种子丸粒化后便于机械播种，能满足机械精量点播的要求，提高了劳动生产率；出苗疏散，缓解了幼苗争光、争水、争肥现象，使单株幼苗生长健壮，减少间苗、定苗用工；丸粒种用杀虫剂、杀菌剂、营养剂等处理，可防治苗期病虫害，促进幼苗生长，提高保苗率。

使用丸粒种子应提高整地质量，为种子发芽提供上虚下实，土壤含水量较多（便于包衣软化）的种床，播种深度不宜超过4厘米，以利于种子发芽出苗。

30. 甜菜种子用吸水剂包衣有何意义？

吸水剂即高吸水性树脂，又称保水剂，是一种人工合成的高分子吸水材料。当它与水接触时，能够吸收并保持相当于自身重量几百倍甚至几千倍的水分，这对于吸水能力较差、吸水较慢的甜菜种球来说有着重要意义，主要表现在以下几点。

①提高种子出苗率。吸水剂包衣的种子播入土壤中后，能立即吸收周围土壤的水分，使之在种子表面形成一层水膜，为种子发芽提供水分，这在干旱地区十分重要。

②促进幼苗生长。在幼苗生长期间，由于保水剂具有保水作用，可使土壤含水量比同等条件下提高 7%～20%。土壤可长期不断地供给幼苗水分，因此可促进幼苗生长。

大面积生产试验结果显示，用吸水剂作包衣剂可使甜菜提早 2～3 天出苗，出苗率提高 15%～65%，增产 3%～17.1%。具体包衣方法如下：将吸水剂与等量的填充剂（滑石粉）混合均匀，然后按 3∶100（即按 3 千克混合物拌 100 千克甜菜种子）的比例均匀撒在事先用水湿润过的种子上，吸水剂便可牢固地附着在种子表面，稍晾后即可播种。

31. 如何计算甜菜播种量？

计算甜菜的公顷播种量，首先要确定甜菜的公顷保苗数，测定种子千粒重、种子发芽率、种子净度等。甜菜的公顷计划保苗数，各地有所不同，各种不同的栽培方式中公顷保苗数亦有差异，黑龙江省垄作甜菜的公顷保苗数一般为 6 万～8 万株。种子千粒重，不同品种差异亦较大，从十几克到四十几克不等，多粒型品种多数为 20～32 克。种子发芽率要求：二倍体品种不低于 75%，多倍体品种不低于 68%，遗传单粒型品种不低于 70%，丸粒化种子不低于 80%。种子净度要求在 98%以上。

播种前先要测定种子发芽率。随机选出代表性种球 400 粒，分成 4 组，每组 100 粒，用纱布或棉布包好，浸入 40～50℃温水中 1～2 小时，然后使水温逐渐降到 25～30℃，浸泡 12～14 小时。然后捞出，放在 20～25℃下催芽。催芽时每天随时拣出发芽的种球（要求芽长超过种球直径），同时用 30℃温水冲洗一遍以去掉种球所含的抑制发芽的物质。分别累计 5 天、10 天发芽的种球数，分别按下列算式计算甜菜种子的发芽率和发芽势。

$$发芽势=\frac{发芽初期(5天内)正常发芽种球数}{供试种球数}\times 100\%$$

$$发芽率=\frac{发芽终期(10天内)所有正常发芽种球数}{供试种球数}\times 100\%$$

然后用天平称量出 1 000 粒种球的质量，以克为单位。然后再按下列公式计算出每公顷理论播种量。

$$播种量(千克/公顷)=\frac{公顷计划保苗数\times 千粒重(克)\times 每穴播种粒数}{发芽率(\%)\times 净度(\%)\times 10^6\times[1-田间损失率(\%)]}$$

田间损失率一般按 15%计算，保苗不好的田块按 20%计算。每穴播种粒数依整地质量、土壤墒情、播种方法、种子质量、种子拱土能力等情况而异。如果整地质量不好、干旱、种子发芽率低就多播些，反之就少播些。由于甜菜种子拱土能力较弱，保苗率较低，因此生产中甜菜每穴播种粒数往往较多。一般公顷播种量为 15～22.5 千克。

32. 如何确定甜菜的最佳播种期？

甜菜虽然是耐寒作物，但如果播种过早，由于土温低，种子出苗期长，种苗生长缓慢，甚至在土中就已耗尽种胚和子叶贮藏的养分而不能出苗；如果播种过晚，甜菜出苗虽然快，但因生育期短，甜菜产量低，含糖率也低。掌握适宜的播种期，使甜菜既能充分满足所需要的生育日数，又能在良好的外界条件下生长发育，从而获得较高的产量和含糖率。据中国农业科学院甜菜研究所在黑龙江省的试验表明，适期播种的甜菜产量比早播和晚播的分别提高 11.5%和 29.3%，产糖量分别提高 11.4%和 29.3%。据内蒙古沙尔沁试验，适时播种的比晚播 7 天的增产 14.1%，产糖量增加 10.7%。新疆石河子农科院试验结果，适时播种的比晚播 12 天的产量增加 31.3%，含糖率提高 0.5 度。

由于气候年际变化特别是春季变化很大，因此甜菜播种期不是一个固定的日期，而是一个需要依照气象指标来确定的有一定幅度的日期。甜菜的适宜播种期，主要依据当地气候条件决定，当早春连续 5 天土壤 5 厘米深处日平均温度达到 5℃以上时即可播种，土壤 5 厘米深处日平均温度与当地气象所报日平均温度基本相同或略高于气象平均温度 1℃左右。黑龙江省和内蒙古东部地区的适宜播种期为 4 月中、下旬，内蒙古中西部地区为 4 月上、中旬，新疆除焉耆地区为 3 月上、中旬外，大部分地区在 4 月上、中旬。华北地区为 3 月下旬至 4 月上旬。但应当注意，在终霜晚、风害重的地区，不可盲目早播种，一定要使甜菜出苗后避免风、冻灾害。

33. 甜菜有哪几种播种方法？

甜菜播种方法因各地使用的播种工具和机械化水平而异，主要有条播和点播两种。

(1)条播

机械化水平高的地区用机引播种机播种，机械化水平低的地区用耧、耲耙等进行播种。条播的优点是：播种深度一致，覆土薄厚均匀，出苗整齐。在春季干旱地区，采用耲种时要采底、顶格子（即播种前对垄底镇压，播种后对垄顶镇压），以利保墒。机械播种时，应用丸粒种或经过碾磨的种子，以免堵塞排种器，造成漏播。在机播过程中，要经常清理开沟器上附着的泥土、残茬等杂物，以免影响播种深度或堵塞排种管。

(2)点播

也称穴播或埯种。点播是垄作区常用的一种播种方法，有人工刨埯播种和机械点播。人工点播是在起好的垄上，按株距刨好种穴，深 8～10 厘米，然后侧深施化肥，也可同时施入农家肥，然后先覆土 5 厘米，使种子与化肥隔开，每穴点播 4～8 粒种子，再覆土填平,用脚在上面踩一下。在土壤较干旱时,播种前应先踩底路子(在种穴内用脚尖轻踩一下)。当干旱较重时,应采用坐水淹种的方法:刨埯、侧深施肥、浇水、等水下沉后再覆土使种子与肥隔离、点籽、覆土盖严,用脚轻轻镇压,于播种次日再用镇压器镇压,以免形成板结。点播下种时注意不要太集中,以免出苗聚集成堆,间苗时损伤苗根。机械点播是用通用或专用甜菜播种机在垄上或平作地上播种并结合施种肥,可比人工埯种大大节省用工量。点播的优点是节省种子,播种穴内可施种肥,能充分发挥肥效。缺点是人工播种效率低,用工量大,种子集中,间苗时易伤根。

34. 为什么播种后镇压对保证甜菜出苗率很重要?

甜菜种球表面被大量木质化花萼包围,木质化花萼在萌发过程中要吸收大量水分且吸水时间长。甜菜种球表面粗糙,且为不规则球状,不利于与土壤紧密接触和吸收土壤水分。播种后镇压可以使种球和土壤紧密接触,有利于种球吸水。另外,通过镇压,可以压实土壤,连通土壤中的毛细管,把土壤底层水分提到种子所在层供种子萌发利用,这对保证甜菜出苗率很重要。镇压的时间、次数、轻重要根据土壤质地和土壤含水量来确定。如果土壤黏重、播种时土壤含水量较大,可轻镇压或过几天再镇压;如果土壤干燥疏松,孔隙度大可在播种后马上镇压而且要重压。

镇压的方法:用机械播种的多采用环形镇压器镇压,用耧播种的平作区多用石磙子或木磙子镇压。东北地区春季较干旱,一般在播种后人工用脚在播种行上横踩 1～2 遍(称踩格子),然后再用木磙子镇压一次。

35. 甜菜对肥料的需求有哪些特点?

和其他作物比起来,甜菜需肥量大,吸肥力强,吸肥时间长。每生产 1 000 千克甜菜需氮素 4.5 千克,磷素 1.5 千克,钾素 5.5 千克。分别是禾谷类作物需肥量的 1.6 倍、2 倍和 3 倍。甜菜即可吸收耕层养分，又可大量吸收深层养分。能从有机肥料中吸收有效成分总量25%～35%的氮，30%～35%的磷和钾。能从化肥中吸收有效成分总量90%～95%的氮、20%～25%的磷、50%～60%的钾。对肥料的利用率远高于其他作物。甜菜不但生长前期需要大量养分，在收获前一个月的糖分积累期仍需要较高量的磷、钾养分。各生育时期对养分需求的特点是：①幼苗期：由于幼苗期植株生长量较小，因此对养分的吸收量也相对较少。但甜菜幼苗期对磷肥很敏感，磷肥可以促进根系发育，因此种肥中磷肥占有重要地位。②叶丛繁茂期：叶丛繁茂期甜菜叶丛生长旺盛，需要大量养分，吸收的氮素高于磷、钾。③块根、糖分增长期：对磷钾的吸收增多，对氮的吸收减弱。④糖分积累期：对氮的吸收几乎停止，但对磷钾仍有较高吸收。

36. 施有机肥对甜菜有何重要意义？

①有机肥营养全面。施入土壤中后，有机肥可逐渐分解释放出氮、磷、钾、锰、铜、锌、铁等植株生长所必需的所有营养元素，可直接为甜菜提供全面的营养物质，弥补了化肥只能提供单一养分或少数几种养分的不足。

②有机肥肥效长。有机肥施入土壤后，肥效可持续3年时间。而甜菜吸肥时间长，施用有机肥可以有效地避免后期脱肥现象，又可为后茬储备大量的营养物质，有利于后茬作物生长发育，减少甜菜对后作的不良影响。

③有利于培肥地力。有机肥是增加土壤有机质的主要来源，而土壤中有机质含量高是甜菜获得高产的重要条件。

④有利于改善土壤理化性质。有机肥施入土壤中后经腐殖化作用形成腐殖质和腐殖酸，可培肥土壤，增加土壤团粒结构，降低土壤容重，增加孔隙度，改善土壤耕性，改良土壤理化性质，调节土壤中水、肥、气、热状况。还可缓冲土壤中pH的变化幅度，提高磷和某些微量元素的有效性。

⑤有利于提高甜菜质量。施入有机肥后可使土壤疏松，土壤阻力小，地温高，有利于块根的发育和膨大。块根根型整齐，叉根少，块根产量高，含糖率高，减少块根带土量，有利于工艺加工。

37. 甜菜缺乏氮、磷、钾时植株分别有何表现？

在甜菜生长期，施适量的氮肥，能促进叶丛生长，加速叶绿素形成，延长叶片寿命，提高光合作用强度，从而提高块根的产量。甜菜缺氮时，植株生长受抑制，叶片形成缓慢，叶面积小，植株纤弱，叶色淡绿甚至黄绿，叶片寿命短，提早衰老，块根产量显著降低。缺氮时，植株外层成龄叶先褪绿变黄，严重时中层叶和心叶也依次变黄，最后萎缩状枯死。但是如果氮素过多，特别是叶丛繁茂期氮素过多，会导致叶丛徒长，块根生长受抑制，降低块根产量和含糖率，同时使植株容易感病。

磷对甜菜光合作用形成蔗糖以及蔗糖的运输有重要作用，还能提高甜菜抗旱、抗寒和抗病能力。施用磷肥能促进甜菜生长发育、块根增重和提高含糖率。磷能促进甜菜根系发育，特别是在幼苗期施入充足的磷肥，既能促进甜菜根系发育，又能提高幼苗的抗寒、抗旱能力，并能减少立枯病的发生。由于磷在植株体内可再分配，缺磷时老叶中的磷元素可向幼叶中流动，因此，缺磷症状先发生在老叶上。甜菜缺磷时，幼苗生长缓慢，植株矮小，叶片小，叶色暗绿。叶片向内卷曲，叶柄向内侧弯曲。严重缺磷时，老叶叶脉间出现褐色坏死，叶片边缘常出现古铜色或紫色斑点并逐渐扩大导致干枯死亡。

钾是甜菜吸收最多的元素，钾能促进甜菜光合产物转化和运输，提高块根产量和含糖率。甜菜缺钾主要表现在老龄叶片。缺钾初期，植株生长缓慢，生长叶和成龄叶顶端的叶缘变黄；缺钾中期叶顶端、叶缘变黄变褐，叶脉变黄；缺钾晚期，坏死斑扩展至叶脉间，叶片完全枯死。

38. 种甜菜为什么要控氮、增磷、施钾？

甜菜一生要经过生长缓慢的幼苗期、叶丛快速生长的叶丛繁茂期、块根迅速膨大的块根糖分增长期和以积累糖分为主的糖分积累期。甜菜对氮素营养的吸收和利用的旺盛时期为生育前期和生育中期。生育前期是甜菜叶片数增加和叶面积扩大最快的时期，这时甜菜需要较充足的氮素保证叶片数目的增加和叶面积的扩大。只有这时积累了足够的叶片，将来生长中心转移至块根时叶片才会产生足够的光合产物以供应块根生长的需要，才有可能形成大块根；相反，如果在叶丛繁茂期氮素供应不足，产生的叶片数量少，叶面积小，那么将来它合成的运输给块根的光合产物就少，块根产量不会高。但是，如果前期施用氮肥过多，那么在幼苗期植株会徒长，不利于形成壮苗；在叶丛茂繁期氮肥过多，会造成叶丛过度生长，甜菜的地上部分过度繁茂，光合产物将主要供应地上部生长，使生长中心转移向块根的时间延迟，使块根小，含糖率低。因此，在甜菜生育期间要控制氮肥施用，使甜菜建立起一个大小合理、适中的叶丛量，才能使甜菜生长中心按期由地上部转移至地下部，并能有充足的光合产物供应块根生长。避免氮素过多造成叶丛徒长，降低块根产量和含糖率。

甜菜进入块根糖分增长期后，由于生长中心转移至根部，磷、钾对于块根产量的提高和含糖率的提高非常重要。虽然我国甜菜产区土壤含钾量一般较高，但因钾是甜菜需要最多的元素，且春播区地温低，温度回升慢，土壤中钾的释放量少，因此适当补充钾肥是必要的。从以上可以看出，控制好氮素是保证甜菜产量的第一步，增磷、施钾是确保甜菜高产的关键。

39. 甜菜施用种肥要注意哪些问题？

甜菜种子很小，因此种子储备的营养物质很少，种子发芽后应尽快为其提供营养物质以供应幼苗的生长。同时春季播种时气温低,温度回升慢,影响土壤养分的释放,不利于幼苗的吸收。甜菜幼苗期吸肥能力就较强,特别是对磷肥较敏感,幼苗期缺磷对甜菜壮苗有很大影响。因此,无论是育苗甜菜还是直播甜菜,都必须施入足够数量的种肥以满足甜菜的需要。

在种肥的施用中,磷肥占有重要地位。我国种植甜菜的土壤普遍缺磷,又因为苗期温度低,土壤中速效磷释放少,因此,播种时以磷肥作种肥效果显著。用磷肥作种肥,幼苗根系发育好,生长势强,干物质积累多,立枯病发病率低。在盐碱地上种植甜菜,用过磷酸钙作种肥,还能中和土壤碱性,使土壤局部 pH 降低,减轻盐碱对幼苗的危害。

磷在土壤中移动性小,磷肥宜施在种子侧下方 5 厘米处。目前普遍用磷酸二铵作种肥,在一般肥力的土壤上一般公顷施入磷酸二铵 150 千克左右,如果用过磷酸钙作种肥,一般公顷施入过磷酸钙 300 千克左右。在土壤中钾含量较少的情况下,可配合一定数量的硫酸钾施用。

氮肥一般不作为甜菜种肥施用。因为氮肥中的铵态氮肥易灼伤甜菜种子幼芽,从而影响出苗率。尿素是酰胺态氮肥,可作基肥或追肥施用,但不能作种肥。因为尿素分解产生氨时,短时间内氨的浓度很高,会灼伤甜菜种子幼芽,还会产生缩二脲,对种子发芽和幼根生长都有毒害作用。因此,在甜菜种肥中一般不用氮肥。如果土壤缺氮,可在追肥时施入。

40. 为什么说追肥对甜菜增产有重要意义?

甜菜具有需肥量大、吸肥力强、吸肥时间长的特点。只靠基肥和种肥不能满足甜菜整个生育期的需要,在生育中期以后甜菜就会发生脱肥现象。如果种肥施用过多,甜菜幼苗会徒长,不能形成壮苗,不利于高产。而且由于铵态氮肥和尿素都有烧种作用,所以甜菜种肥中最好不施用氮肥。但甜菜叶丛繁茂期需要大量的氮素化肥来促进叶丛的生长以期为将来块根的生长打下良好基础,所以在此之前必须追施氮素化肥。甜菜块根的生长、糖分的积累需要大量的磷、钾化肥，所以在块根迅速膨大之前还要追施磷钾肥料以促进块根的生长和糖分的积累。因此，追肥对于甜菜高产具有重要意义，要想夺得高产，必须要及时足量地对甜菜进行追肥。

41. 直播甜菜第一次追肥的时间该如何掌握？

甜菜进入叶丛繁茂期后需肥量急增，达到总肥量的 60%～80%，土壤中速效养分常感缺乏。及时追肥可以提高光合强度，促进叶片和块根生长。甜菜第一次追肥是根际追肥，即向根部附近的土壤中追施肥料。这一次追肥要掌握好时间才能充分发挥追肥效果。甜菜一般 7～8 片真叶时是追肥的最佳时期。如果追肥过晚，会引起甜菜茎叶徒长，推迟生长中心由叶部转向根部的时间，减少了块根生长期，从而降低块根产量和含糖率。这次追肥，氮、磷、钾元素都要包括，而且追肥量较大才能满足甜菜中、后期生长发育的需要。追肥用量应根据土壤肥力、基肥及种肥数量多少、甜菜长势来确定。在一般肥力的土壤上公顷追肥量为：尿素 150 千克，过磷酸钙 150 千克，硫酸钾 100 千克左右。追肥的方法目前多采用人工。即在距甜菜植株根部 10 厘米处，用锄头刨 10 厘米深的坑，施入化肥后覆土。机械化水平高的地区采用复式中耕机侧施肥或追肥机条施肥，深度 10 厘米。中耕后若结合灌溉，能更快发挥肥效。

42. 甜菜根外追肥有何意义？何时进行？

根外追肥也叫叶面喷肥，是通过植物叶片吸收低浓度的营养液来达到施肥的目的。试验表明，甜菜根外追肥可加强植株生理活动，促进糖分运输和积累，提高块根产量和含糖率。在甜菜收获前一个月左右的糖分积累期，块根生长减弱，但糖分积累迅速，是促进甜菜高糖的关键时期。这时需要补充磷钾肥来促进糖分积累，但此时根系吸收能力已减弱，向根系附近追肥利用率低；而且如果追肥后长期无降水，还会造成肥效后延，甜菜能利用到的会很少。而根外追肥具有用量少，见效快，肥效迅速、不后延的特点，非常适合在作物生育后期进行。据原黑龙江省呼兰特产试验站试验，用1.5%和2.5%的磷钾混合液，在甜菜收获前1个月进行根外追肥，产糖量分别提高14%和10%。又据原内蒙古自治区轻工业厅特种作物研究所试验，在甜菜收获前一个月，用2.5%的过磷酸钙浸出液进行一次根外追肥，产量提高8.5%，含糖率提高0.8度。

甜菜根外追肥的时间，黑龙江省一般在8月下旬至9月初，即糖分积累期的初期。所用肥料浓度不宜过大，以免影响叶片吸收效果。钾盐(可用硫酸钾等)可用0.6%～1%的溶液，过磷酸钙用2%～3%的浸出液。每公顷喷液量为750～1 500千克。过磷酸钙浸出液的配制最好在追肥前一天，以利于肥料充分溶解。追肥时将泡好的肥料过滤，滤去残渣，加水稀释至所要求的浓度。

溶液湿润叶片的时间的长短，明显地影响根外追肥的效果。湿润时间越长，叶片吸收效果越好。追肥的效果与气候条件有密切关系，在夜间有足够的露水使叶面的盐类重新溶解，且有较高气温(不低于18℃)的条件下，根处追肥的肥效发挥最好。反之，在低温、干燥的情况下肥效不好。一般生产上进行根外追肥时，最好选择在晴朗无风的傍晚进行。

43.微量元素硼对甜菜有何重要意义？

硼属于植物生长所需的微量元素之一，而甜菜相对于其他作物而言，是对硼最敏感、需硼量最多的作物。甜菜施硼可增加叶绿素含量，防止叶绿素破坏，延长叶绿体活动时间。硼在碳水化合物的转化和运输中起着重要的调节作用，能加速碳水化合物(主要是蔗糖)向块根中转移，因而增加了块根产量和含糖率。硼还能提高甜菜的抗逆性，如抗病性、抗寒性、抗旱性等。甜菜缺硼时，在生长叶及功能叶表面出现白色网状裂纹，心叶像严重缺水状态最先凋萎。继续扩展时，叶柄出现横裂纹，生长点枯死，根出现心腐症状。

当耕层水溶性硼低于 1 毫克/千克时，甜菜就出现缺硼症状。当及时施入硼肥后，甜菜迅速恢复生长，从叶腋处生长大量新叶。甜菜施硼效果良好，在黑土上根外追施 0.1%～0.3%的硼砂溶液，可降低甜菜褐斑病的病情指数，提高块根产量和含糖率。据沈阳农业大学土壤专业在辽宁省昌图县的试验，在水溶性硼含量为 0.24～0.3 毫克/千克的黑土上种植甜菜，喷洒 0.1%硼砂溶液，块根产量提高 23.7%。据内蒙古农牧学院植物生理教研室试验，耕层有效硼含量为 0.4～2.4 毫克/千克时，于甜菜封垄后的 7 月上旬和 8 月上中旬喷洒有效浓度为 0.03%～0.05%的硼砂溶液或每公顷施入 750 克硼砂作种肥，可提高块根产量 4.6%～13%，增加含糖率 0.3～0.4 度。硼肥可作基肥、种肥、根外追肥或浸种时使用。

(1)作基肥施用

每公顷施硼砂(硼酸钠)30～60 千克撒在地表，结合秋耕翻入土壤中。肥效可持续 4 年。

(2)作种肥施用

在甜菜播种时施于播种行内，用量为每公顷施硼砂(硼酸钠) 3～6 千克。也可以浸种用，用浓度为 0.01%的硼酸溶液浸种，1 千克种子用 2 千克配制好的硼酸溶液浸种 1 昼夜，捞出阴干后播种。

(3)作根外追肥用

甜菜封垄后每隔 14 天喷洒一次 0.1%的硼酸溶液，每公顷用配制好的硼酸溶液 600～750 千克，共喷 2～3 次。在缺硼严重地区，应在定苗后立即喷施硼肥，以免出现叶片早衰或心腐症状，幼苗期用量可减少，每公顷用配制好的硼酸溶液 225～375 千克。

一般情况下以上施肥方法选择一种即可满足甜菜整个生育期对硼肥的需要。

44. 甜菜缺锌有何症状？如何施用锌肥？

锌是甜菜细胞内多种与光合作用有关的酶的组成成分。在盐碱地种植的甜菜容易出现缺锌症状，因为在盐碱地上锌的有效性降低。在大量施用磷肥的地块也容易出现缺锌症状，这是因为锌与磷之间有拮抗作用(指一种物质的作用被另一种物质所阻碍、抑制的现象)。因此，在大量施用磷肥的地块应注意甜菜是否缺锌。甜菜缺锌的主要症状：最初是生长叶褪绿，生长停滞。然后是功能叶褪绿，并在褪绿叶上产生褐色斑点。再进一步斑点扩展成不规则形状。较大叶子淡绿或发黄，随之叶脉间失绿或坏死，但叶脉仍挺拔、呈绿色。

施用锌肥有增产增糖的效果，特别是在盐碱地上效果明显。据试验，在耕层土壤速效锌含量为 1～1.5 毫克/千克土壤的情况下，每公顷施入 15 千克硫酸锌作种肥，在黑土地上提高块根含糖率 0.64～0.92 度，产糖量增加 2%～4.4%；在碳酸盐黑土上，块根产量增加 7.1%，含糖率提高 1.1 度，产糖量增加 15.4%。

施用锌肥可采取种肥或叶面喷肥的方法。作种肥时，每公顷用硫酸锌 7.5～15 千克，也可用 0.1%的硫酸锌溶液浸种。叶面喷洒可于甜菜封垄后，用浓度为 0.1%的硫酸锌溶液喷施，每公顷用配好的溶液 600～750 千克。

45. 甜菜何时进行间苗与定苗？

目前我国甜菜普遍使用多粒种，一粒种球可出 2～5 株苗，点播的，每穴苗数可达 10 株以上，条播的，每延长米也可达 100 株左右。出苗后幼苗非常拥挤，影响幼苗生长。间苗和定苗对于培养壮苗，提高块根产量和质量有着重要意义。及时间苗可减少植株拥挤和争水、争肥、争光现象，为培养壮苗打下基础。早间苗幼苗长势好，苗壮，能很快形成繁茂的叶丛。一般在 1 对真叶期间苗，2 对真叶期定苗，最迟于 3 对真叶期定苗结束。据东北农学院试验，子叶期和 1 对真叶期间苗的，可分别较 2 对真叶期间苗的提高产量 21.3％和 7.7％，而 3 对和 4 对真叶期间苗的分别比 2 对真叶期间苗的减产 9.4％和 18％，可见间苗过晚是导致甜菜单产不高的原因之一。但幼苗子叶期太小，间苗太费工，而且甜菜幼苗是陆续钻出土面的，较其他作物出苗期要长，子叶期间苗会增加间苗次数。定苗时间也不宜过早，太早定苗，植株太小，容易受霜冻、风沙和病虫危害造成缺苗断垄，反而对产量有较大影响。

间苗时，点播的每穴留苗 2～3 株，条播的全部变成单株，株距 3～5 厘米。定苗时，点播的每穴留苗 1 株，条播的按照要求密度和株距选留单株，拔掉多余小苗。由于甜菜幼苗的叶片呈丛生状态，单株和长在一起的双株有时不易区分，有时定苗时会误留下双株，双株长在一起会严重影响产量，因此，定苗后还要进行一次清苗，将误留的双株间成单株。

甜菜间苗时要留大苗、留壮苗，要注意铲掉苗根草，并培好苗根土，防止下胚轴外露影响幼苗发育。除此之外，甜菜间苗还要注意定向留苗，即保留子叶的方向和播种行的方向垂直的苗，目的是有利于侧根的发育。因为甜菜的侧根并不是向着各个方向生长的，而是沿着和子叶相同的方向生长，即如果甜菜出苗后子叶是沿着南北方向伸展的，那么将来侧根也是沿着南北方向生长；如果甜菜出苗后子叶是沿着东西方向伸展的，那么将来侧根也是沿着东西方向生长。保留子叶的方向与播种行的方向垂直的苗，由于两个播种行之间的距离要大于两株甜菜之间的距离，所以甜菜的侧根就有了较大的伸展空间，侧根发育的好，吸收养分和水分的能力强，对甜菜生长很有利。

46. 甜菜为什么要进行中耕培土？

在甜菜的整个生长期块根都居于土壤耕层中，耕层疏松、透气、水分适宜有利于块根的膨大生长，块根产量高、品质好。如果耕层浅、土壤硬则块根小、产量低。甜菜播种前进行了整地，整地后耕层一般比较疏松，但随着甜菜的生长，耕层土壤由于重力作用下沉，雨水的冲刷、人工灌溉以及杂草的滋生也引起土壤的板结，使土壤理化性质变坏，影响甜菜根系的发育和块根的生长。因此，必须通过中耕来疏松土壤，改善土壤透气状况，提高地温，蓄水保墒，促进土壤微生物的活动来释放土壤养分，消灭杂草。对于甜菜而言，中耕还有一项特殊的作用，就是抑制根头的生长，提高根体的比重，避免形成大根头的块根。因为在整个块根中，根头的含糖率是最低的，根头在块根中所占的比重越大，那么整个块根的含糖率就越低。而且，根头中一种能在制糖时降低出糖率的有害氮的含量是根体中含量的 10 倍，根头所占比例越大，有害氮含量就越多，对出糖率的影响就越大。

甜菜苗期生长缓慢，抑制杂草能力低，所以甜菜的中耕除草次数比一般的作物要多，一般进行 4～5 次。第一次中耕结合间苗进行浅锄。第二次中耕结合定苗进行，要深锄。叶丛繁茂期还要进行 1～2 次中耕，其中后一次中耕要培土，将根头盖严，以抑制根头生长，提高根体比重，培土不能埋住心叶，以免影响甜菜生长。雨后土壤湿度大时，需稍干后再中耕，以免耕出泥块，压埋叶子。叶丛繁茂期的中耕要在封垄前结束。在甜菜收获前 1 个月，由于老叶枯死田间又形成开垄时，再进行 1 次中耕，破除封垄期间形成的土壤板结层，以疏松土壤，提高地温，同时消灭杂草，覆盖裸露的根头。

47. 为什么甜菜幼苗期结束后根的表皮会有裂纹？

甜菜幼苗期结束后根的表皮出现裂纹，最后表皮脱落的现象俗称“脱胎皮”，是甜菜幼根在发育过程中的一次变化，是一种正常的生理现象。甜菜幼根（胚根）在其组织分化和形态建成过程中发生三次变化，在子叶展开至第一对真叶形成前，初生构造已形成，在幼根横断面上可以看到初生木质部和初生韧皮部、形成层、中柱鞘、内皮层、皮层和表皮。随着根的生长、幼根的次生构造和三生结构的逐渐形成，初生皮层被推向外方，当第一个维管束环形成时，木栓形成层向外分裂产生木栓层，由于这层细胞阻止水分及有机物质的内外交流，使处于木栓层外方的初生皮层得不到养分而死去。由于根体积的增大，死去的初生皮层破裂，即开始脱皮。甜菜根初生皮层脱落一般发生在甜菜6～8片真叶时，脱落时间的早晚除受幼根组织分化速度的影响之外，还与气象条件有密切关系，春季土壤干旱时，初生皮层脱落快，脱皮结束期短。反之，脱皮结束期长，可拖延至第9片真叶展开时。

48.甜菜叉根是怎么形成的？

甜菜叉根形成的根本原因是在幼苗的主根分化、生长过程中，根尖受到物理、化学或生物等因素影响，打破了主根根尖的“顶端优势”，从而促进了支根的分化、生长，形成叉根。直播田甜菜形成叉根的具体原因：一是幼苗主根柔嫩多汁，在生长过程中对外界环境极为敏感，根尖如遇到石块、坚硬的残茬等，主根生长会受阻；二是甜菜幼根受病菌浸染，使主根发育缓慢，甚至根尖死亡，导致支根发育；三是幼苗期根尖接触了高浓度肥料、农药等；四是地下害虫咬伤或咬断主根。纸筒育甜菜形成叉根的具体原因主要是在移栽过程中主根很容易被切断从而形成叉根。

49.甜菜各生育时期的需水规律是什么？

(1)甜菜的需水规律

甜菜幼苗期由于生长量小、蒸腾量少，所以耗水量最少；叶丛繁茂期和块根、糖分增长期生理活动最旺盛，植株生长量大，叶面积大，加之气温高导致蒸腾量大，所以甜菜需水量显著增加，是甜菜一生中耗水最多的阶段，这一阶段水分不足会严重影响甜菜产量；糖分积累期由于地上部老叶枯死，田间总叶面积减少，同时气温降低导致蒸腾量减少，所以需水量降低。这一时期如果土壤水分过多反而不利于糖分的积累。因此，甜菜的需水临界期是叶丛繁茂期和块根、糖分增长期，这一时段如果水分供应不足，会严重破坏水分平衡，引起叶子萎蔫，影响光合作用，使生长停滞，造成严重减产。

(2)灌水方式

甜菜的灌溉形式，根据灌溉时期不同，分为蓄水灌溉和生育期灌溉两种。

①蓄水灌溉。蓄水灌溉是指秋收后或春播前进行的灌溉。目的是使土壤积蓄较多的水分，以供种子萌发及幼苗生长的需要。在新疆、内蒙古等干旱少雨、多风的地区，都要进行蓄水灌溉。秋冬蓄水灌溉的效果要好于春播前灌溉。因为秋冬灌水后，气温低，蒸发量少；封冻后土壤能保持较多的水分；来年春天地温回升比春灌的快，能够适时早播；渗入耕层的水经冬春反复冻化，可使土壤疏松，有利甜菜根系生长；灌水还可窒息越冬害虫及病菌。

秋冬灌溉的灌水量为 1 200～1 500 米^3/公顷。时间应在 10 月中、下旬至 11 月中旬，即甜菜收获后抓紧时间翻耕整地，然后起垄（或做畦）灌水。灌水时应逐垄（畦）灌，使水分均匀渗入地下。不能大水漫灌，因为既浪费水资源，也不容易灌均匀。

不具备秋冬灌溉条件的地区，可采用春播前灌溉，虽然春灌效果不如秋冬灌，但仍具有明显的抗旱、保苗的效果。春灌一般在播种前的 8～15 天内进行。灌水量为 900～1 200 米^3/公顷。灌水后，当地表刚出现龟裂时马上耙地，尽量早播，延长甜菜的生长期。

②生育期灌溉。甜菜的灌水时期、灌水次数应与灌水量相配合。应根据各地的实际情况，做到看天、看地、看甜菜长势进行适时、适量的合理灌溉。其原则是使土壤湿度保持在田间土壤最大持水量的 60%～70%，满足甜菜生长对水分的需求。

各生育时期的灌水情况是：种子萌发期和幼苗期只要土壤水分能够满足种子发芽出苗，一般不灌水，进行“蹲苗”，促进根系下扎，扩大根系范围，有利于培育壮苗，为日后丰产打下基础。

叶丛繁茂期是甜菜需水量最大的时期，干旱会使叶面积减少，甚至甜菜始终封不上垄，导致将来没有足够的光合产物输送给块根，严重影响甜菜产量。叶丛繁茂期如遇干旱，可于追肥后灌1次水，每公顷灌水300～450米^3。这次灌水可加速叶丛生长，扩大绿色面积，为后期块根增产打下基础。以后可根据需要酌情灌水。

块根糖分增长期需水量较多，干旱时灌水对块根膨大生长有重要作用。这一时期在我国东北和华北地区正处于雨季，一般可满足甜菜需水要求，但干旱年份就需要灌水；而我国西北甜菜产区，这个时期气候干旱，气温高，田间蒸发量大，往往需要灌水。据新疆、甘肃、内蒙古西部地区的经验，在甜菜块根、糖分增长期一般灌两次水，每次每公顷灌水600～900米^3。

糖分积累期干旱时灌水可延长功能叶片寿命，加速蔗糖合成。如有需要可灌1次水，公顷灌水量为450～600米^3。但甜菜收获前10～15天应停止灌水，以免新叶再生，消耗甜菜体内已积累的蔗糖，并能引起工艺品质变坏（增加有害氮含量）、块根贮藏时易腐烂。

具体的灌水方式有：畦灌、喷灌、沟灌、滴灌。各地可根据当地实际情况采用合适的灌水方式。

50. 甜菜为什么怕涝？

甜菜是耐旱而不耐涝的作物。甜菜块根始终生长在土壤中，对土壤的理化性质要求较高，特别是对土壤的通透性很敏感。如果土壤含水量过大，不仅会抑制块根的生长，而且容易引起块根腐烂。一旦块根腐烂便很难治疗。因此雨水过多时及时排涝是甜菜生产中的一项重要工作。

排涝的方法，各地有所不同。在降雨量大、地下水位高的地区，采用挖排水沟排水的方式或采用高畦种植的方式。在排水不良的平作地块，畦要做窄，排水沟要做深，以便能很快排出积水。在地下水位高的地区，可采用超深松（35～40厘米）及高台大垄双行或3行种植的耕作方式，防涝排涝效果显著。方法是在宽

100～140 厘米的大垄上种 2 行或 3 行甜菜。种 2 行时，大垄宽 100 厘米，苗行距 25～30 厘米；种 3 行时，大垄宽 120～140 厘米，苗行距 30 厘米。

51. 为什么在叶丛繁茂期如果甜菜的叶丛生长过度繁茂，将来形成的块根反而较小？

甜菜块根的增重来源于叶片进行光合作用的产物，叶片进行光合作用的产物持续向块根运输，块根才能持续长大。相对而言，叶片制造并输送给块根的光合产物越多，块根增重就越快，这就需要甜菜在叶丛繁茂期积累足够数量的叶片，建立适宜大小的叶面积，将叶丛量控制在适宜水平：即在叶丛繁茂期的末期田间达到封垄状态。只有这时积累了足够的叶片，将来生长中心转移至块根时叶片才会产生足够的光合产物以供应块根生长的需要，才有可能形成大块根；相反，如果在叶丛繁茂期产生的叶片数量少，叶面积小，那么将来它合成的运输给块根的光合产物就少，块根产量不会高。但是，如果在叶丛繁茂期叶丛生长过度繁茂，光合产物将主要供应地上部叶片生长，使生长中心转移向块根的时间延迟，使块根小，含糖率低。因此，在甜菜叶丛繁茂期不能通过大量施用氮肥来促使叶丛过度繁茂，而是要使甜菜建立起一个大小合理、适中的叶丛量，才能使甜菜生长中心按期由地上部转移至地下部，并能有充足的光合产物供应块根生长。

52. 为什么在甜菜生长期间不能擗甜菜的叶子去喂家畜？

在个别地方有擗甜菜叶子当饲料的现象，这种做法是十分错误的。甜菜叶子是甜菜光合作用的器官，它能利用空气中的二氧化碳和根系吸收的水分、养分在太阳光的照射下合成碳水化合物并储存于块根中，块根才能逐渐长大。必须有足够的叶子，才能生产出足够大小的块根。如果叶子被擗掉了一部分，那么输送给块根的物质就少了一部分，块根的产量就会减少一部分。擗叶越早、越多,减产越严重。在块根、糖分增长期掰叶对块根产量影响最大;在糖分积累期掰叶对含糖率影响最大。试验证明,8月份每株甜菜掰掉10片叶子,块根减产10%～20%,糖分降低0.7～1度,9月份每株甜菜掰掉10片叶子,块根减产10%,糖分降低1～2度。

掰掉甜菜叶子除了以上所说的减少了光合产物的合成和输送向块根外,掰叶后甜菜植株为生存而加速新叶的生成也要消耗大量养分,影响块根的生长和糖分的积累;同时生长新叶会导致根头伸长,增加根头占整个块根的比例,而根头越大,甜菜的工艺品质会越差;在新叶和根头的生长过程中,块根中的非糖有害物质也会增多。另外,甜菜叶子被掰掉后,地面裸露率增加,不仅浪费了光能,还会增加土壤蒸发量造成土壤干旱。

53.怎么防止甜菜当年抽薹开花?

甜菜是二年生作物,第一年进行营养生长,第二年才进行生殖生长。但在原料甜菜生产田,也常常会见到当年抽薹甚至开花结实的植株。甜菜当年抽薹、开花结实是不正常的。抽薹后大量光合产物消耗于生殖生长,减弱了块根增长和糖分积累速度,从而降低了块根重量和含糖率,并且使块根木质化程度升高,工艺品质变差。当年抽薹的甜菜比正常的甜菜一般减产10%～20%,含糖率降低1～3度。抽薹越早、开花结实越多的甜菜减产越多。

引起甜菜当年抽薹的原因较复杂,内因是品种特性,外因是生态条件和栽培技术。主要原因有:

①品种原因。甜菜是二年生作物,从营养生长转向生殖生长必须依次经过春化阶段和光照阶段。春化阶段要求较低的温度,光照阶段要求较长的日照。一般温度3～5℃最有利于通过春化阶段,时间约30天以上。当满足上述条件时,越冬母根即可通过春化阶段而抽薹。通过春化阶段已抽薹的植株,还必须通过20天

以上的长日照(每天 14 小时以上)才能现蕾开花。如果在品种选育和良种繁育过程中,对待抗当年抽薹性的筛选不严格,甜菜群体就发生了混杂。其中一些对春化阶段温度要求较高、对光照阶段日照时间要求较短的个体容易通过春化阶段和光照阶段而抽薹、开花。

②种子年限。陈种子比新种子当年抽薹率高。

③低温作用。甜菜种子萌发至 6 片真叶期,特别是在子叶期到两对真叶期,1～4℃的低温可诱导春化抽薹。早播的甜菜,出苗早,如果出苗后温度比正常年份低得多,则在低温诱导下,当年抽薹率明显上升。

④栽培条件。种肥中施用氮肥过多的当年抽薹率高。在低温条件下,幼苗期降水较多的,当年抽薹率高。

防止当年抽薹的措施有:

①选用抗当年抽薹品种。

②育种单位在良种繁育过程中在母根田要严格淘汰当年抽薹的植株,因为早抽薹特性能够遗传。用它结的种子做生产用种子,长出的植株还会具有早抽薹的特性。

③避免使用陈旧种子。

④避免过早播种,特别是在春季低温多雨的年份更要注意。

⑤控制氮肥用量,增施磷、钾肥。

⑥对于早抽薹的植株,及时砍掉幼嫩的薹,能减少养分消耗,促进营养生长。

⑦当年抽薹植株发生较多的年份,每公顷喷施 0.1%的青鲜素(马来酰肼)溶液 300～450 千克,具有较好的效果。

54.给甜菜施用青鲜素有哪些作用?

青鲜素是植物生长调节剂,也叫马来酰肼,抑芽丹,为白色结晶状。青鲜素对甜菜的主要作用是:

①抑制生长。低剂量的青鲜素能减少幼龄叶分化、形成，并能使中层叶片宽度和长度减少，叶片变薄，减少光合产物消耗，防止叶丛徒长。

②增加根叶比。喷施青鲜素能抑制叶丛生长，使大量光合产物向块根输送，有利于增加块根产量和积累糖分。

③防止甜菜当年抽薹。青鲜素能抑制甜菜生殖生长，可防止甜菜当年抽薹。

④有利于糖分积累。青鲜素可降低根的呼吸强度，显著减少块根保藏时的重量损失和糖分损失。

生产中青鲜素主要用来防止甜菜当年抽薹和叶丛徒长。使用方法是定苗后至封行前每公顷喷施有效浓度为 0.1%的青鲜素溶液 300～450 千克。

如果甜菜因氮肥施入过多或氮肥延迟施入或糖分积累期多雨引起叶丛徒长，贪青晚熟，形成大量新叶，这时可在收获前 2～4 周喷洒 0.1%～0.3%的青鲜素溶液，可提高块根含糖率 1～2 度，块根增产 5%～10%。喷洒浓度应根据甜菜长势和降水情况而定，当甜菜生长过度繁茂而降水又多时，用较高浓度喷洒；降水少时用较低浓度喷洒。

55.甜菜的采收方式有哪些？

甜菜收获方法有人工收获、畜力收获、机械收获三种。人工收获时用人力拔或用铁锹、叉铲等工具将甜菜人工挖出。人工收获劳动强度大，效率低。

畜力收获是用畜力牵引铲蹚犁或翻地犁将垄行蹚 15～18 厘米深，将甜菜起出，蹚时注意不要让犁铧或铲损伤块根。为防蹚偏垄，可将铲蹚犁的前轮卸下，安上两个运输轮，轮距等于行距，蹚时两轮走在沟内，可保证犁平稳前进。将块根蹚出来后，后面跟几个人每隔 10～15 米拣成一堆，以方便切削。机械行走速度要匀，下犁要准。起蹚时要根据切削速度，以当日能切削完最好，因为块根起收后如不及时切削运走会减少重量造成损失。

甜菜收获机是甜菜收获的专用机械，比较特殊，研制难度大。甜菜的机械收获过程包括挖掘、去叶、削根头、集堆和装运等作业环节。采用的机械有切顶集条机、甜菜块根挖掘机和甜菜联合收获机。结合作业环节完成情况，按收获方式可将甜菜收获分为分段收获法和联合收获法。分段收获包括挖掘、捡拾、集堆、切削及装运等工序，选用不同的机具与拖拉机配套，分段进行收获作业。联合收获法是采用甜菜收获机一次性完成挖掘甜菜、去菜叶、削根头、集堆和装运，可直接将甜菜装车运走。甜菜机械化收获能提高生产效率、节约劳力、降低劳动强度。

联合收获机如，法国莫罗公司的 AT-64 型自走式甜菜联合收获机、德国昂森公司的 6 行甜菜联合收获机、瑞典的 VOLOVA-500 型 6 行甜菜联合收获机、马特罗 M2001 型甜菜联合收获机等。分段收获机，如法国莫罗公司的 DR25 型甜菜切顶机、AC3S 型甜菜挖掘机；俄罗斯的 BM-6 型甜菜茎叶切割机、KC-6 型甜菜挖掘机；日本的 TBTH2 型甜菜茎叶收获机、TBD2 型甜菜挖掘机；法国马特罗公司生产的 AR 型甜菜切顶机、D2 型甜菜块根挖掘机；乌克兰的 MKK-6-02 型甜菜切缨机和甜菜挖掘机等均为分段收获机械。

我国甜菜收获机械也有了很大发展。20 世纪 70 年代末和 80 年代初我国有一批甜菜收获机通过了技术鉴定，如中国农业科学院甜菜研究所的农甜 4TQ-2 甜菜切缨机，农甜 4TW-2 甜菜挖掘机；轻工部甜菜糖业研究所龙糖 4TQ-2 甜菜切缨机，龙糖 4TW-2 甜菜挖掘机；新疆石河子 145 团的 NGSTQ-2 甜菜切缨机、新 4TW-2 甜菜挖掘机；黑龙江省农垦科学院九三农科所的 4TQ-3 甜菜切缨机、4TW-2 甜菜挖掘机等 20 多种。这些均为分段收获机械，即先切掉甜菜叶缨，挖掘后集条或集堆，配套动力为东方红-

28 或铁牛-55，生产率在 0.33～0.93 公顷/小时。

20 世纪 80 年代末根据生产需要，科研单位又研制出甜菜挖松机。该机特点是将甜菜挖松后，甜菜回归原位，不跑失水分，可随时拔起，随时削缨。例如，中国农业科学院甜菜研究所的农甜 4TWS-2 甜菜挖松机；内蒙古乌盟农机研究所 4TWS-4 甜菜挖松机等。

我国甜菜收获机械的研制工作虽然取得了一定的成绩，但还只是处于发展阶段，研制的甜菜收获机械均为牵引式分段作业机械，中小型居多，清理输送装置简单，水平较国外同类机型低。

56. 机械采收甜菜时应注意什么问题？

机械收获甜菜时机械行走速度要匀，下犁要准，尽量减少损伤率。机械收获的甜菜在清土过程中，表皮损伤较大，不易储藏，应尽量做到随到随交随加工。甜菜挖掘、捡拾、集堆应连续作业，以免块根长时间风吹日晒，失水萎蔫或受冻害，降低品质。甜菜集堆时，应先抖落块根上的泥，根朝里、叶朝外，码成圆堆或长形堆，防止块根大量失水或受冻害。

三、纸筒育苗甜菜

57. 为什么纸筒育苗甜菜比直播甜菜要增产？

甜菜纸筒育苗移栽法是利用特制的纸筒，通过保温苗床育苗，然后将育好的苗移栽到大田中的方法。经实践证明，这是一种能大幅度提高甜菜单产的有效措施。育苗移栽一般比直播田增产30%～40%。纸筒育苗增产原因如下。

(1)增加积温，延长生育期

甜菜一般需要生育期160～180天，但黑龙江省由于无霜期短，所用甜菜品种生育期仅135～150天。采用纸筒育苗方式，黑龙江省可以在4月初育苗，5月上旬移栽，比直播田延长了30天左右的生育期，多利用活动积温400～500℃，解决了黑龙江省生育期短，积温不足的问题。通常积温每增加100℃，每公顷增产块根1吨。

(2)保证合理密度，提高田间保苗率

纸筒育苗，在苗床中人工控制水分、养分、温度，可育成壮苗。移栽时可选择健苗，淘汰弱苗、小苗，并能实现等距移栽，田间保苗率高，从根本上解决了直播田保苗数不足的问题。

(3)增强抗御自然灾害的能力

在风沙地区，直播田苗小，易受风沙灾害；而育苗甜菜移栽时，苗已经较大，气温又高，避免了在直播田可能遭受的风沙、干旱、霜冻的胁迫，躲过了跳甲等害虫的发生期，又能通过土壤消毒有效预防立枯病。

(4)生长中心提前转移，延长了块根糖分增长期

育苗甜菜移栽时已达4片真叶，而直播田尚在子叶期，移栽甜菜达最大叶面积时期较直播甜菜提前，移栽甜菜提前进入块根、糖分增长期，块根旺盛生长时间长，有利于提高块根产量。

(5)耐盐碱能力强

甜菜本身是耐盐碱作物，随着苗龄的增长，耐盐碱能力显著提高。在重盐碱地上移栽甜菜也能保全苗，获得高产。春季育苗移栽，能够利用 5 月份煞浆盐分随水下行的有利时机移栽甜菜，躲过盐害。

(6)经济效益高

纸筒育苗虽然增加了育苗和移栽的工序和成本，但产量得到大幅度提高，具有较高的经济效益。

58. 纸筒育苗甜菜如何确定播种期？

当夜间温度稳定通过－5℃时，为纸筒育苗甜菜的适宜播种期。具体时间为：黑龙江省、吉林省一般在 4 月初，辽宁省一般在 3 月 20 日左右，内蒙古东部地区一般在 4 月 5 日左右，内蒙古西部地区一般在 3 月末至 4 月初。

实践证明，育苗过早或过晚均不利于高产。育苗过早由于气温低，土壤还没有完全化冻，不仅床外取土困难，而且苗床内由于土壤解冻层浅，地温回升慢，苗床温度上升缓慢，不利于种子萌发出苗，使出苗期长，出苗不整齐，易感染立枯病；育苗过早，还使苗床播种期与移栽期间隔过长，苗龄过大，在苗床中生长拥挤，形成徒长苗；过大苗龄的苗根系过长，移栽伤根严重，使畸形根比例增加；若为避免苗龄过大而提前移栽，则外界温度低，移栽苗在大田易受冻害和冷害。如果过晚育苗，一则失去了延长生育期，增加有效积温的效应；二则育苗过晚，外界气温已升高，棚内温度过高易形成徒长苗，不利于培育壮苗。

59. 用来育苗的纸筒是什么样子的？

用来育甜菜苗的纸筒是以木浆为原料制成的，每册纸筒由 1 400 个小纸筒粘在一起构成。一册纸筒未展开时(图 4)标准长度为 39 厘米，宽为 15 厘米或 13 厘米。展开时(图 5)标准长度为 115 厘米，宽 29 厘米，高为 15 厘米或 13 厘米。育苗纸筒质地坚韧，透水、透气性强。在育苗期间能保持 40 天不腐烂，移栽到大田后很快腐烂，不会束缚甜菜块根的膨大生长。移栽前浇水，小纸筒之间的联片胶分离，各个小纸筒相互分开便于移栽。育苗纸筒有两种规格：a. 特 1 号纸筒：每个小纸筒直径 1.9 厘米，高 15 厘米，适合垄作栽培地区或土层较厚的地块采用。b. 1 号纸筒：每个小纸筒直径 1.9 厘米，高 13 厘米，适合平作栽培地区。纸筒用量按 60 册纸筒移栽 1 公顷甜菜计算。

图 4　甜菜育苗纸筒(未展开时)

60. 如何规划纸筒育苗甜菜的苗床?

育苗床宜选择背风向阳、地势平坦、排水良好、距水源较近的地方。苗床面积应根据移栽面积确定，每移栽 1 公顷甜菜需要 35～40 米^2 苗床。育苗棚的式样有以下几种：

①单拱棚：小拱棚宽 1.5 米，高 0.8～1 米，棚架条间距 0.5 米，长度根据育苗量确定，如果长为 10 米，则可育苗 30 册，移栽 0.5 公顷地。

②土砖(坯)棚：用砖或土坯修筑围墙，坐北朝南。南墙高

图 5　甜菜育苗纸筒(展开后)

25～30 厘米，北墙高 50～60 厘米，南北墙相距 1.5 米。东西墙顶部预先留出可开闭的通风口。棚顶每隔 0.5 米横一根木杆做横梁，用泥抹牢。四周围墙上端都应抹成光滑的圆拱形以防扎坏棚膜。

③塑料大棚：用钢筋、竹竿、木杆做棚架。宽度为 6 米，高 2～2.5 米，棚架间距离 0.5～0.8 米，长度根据育苗量确定。

61. 如何选择育苗土？

育苗土最好在上一年封冻前准备好，以防第二年春天解冻晚，耕层取土困难。在土质肥沃、5 年以上未种过甜菜的麦茬、亚麻茬或玉米茬取土，不能选用蔬菜茬土壤。最好选壤土，不能选沙土、黏土、盐碱土、生土或草籽多的土，土壤 pH 以中性至微碱性为宜。

取土时注意取保肥、保水、透气良好、含腐殖质较多的耕层表土，不取耕层以下土壤。按 60 册纸筒（即能够移栽 1 公顷甜菜苗）取 3 500 千克床土准备。将土运至育苗场地以备用。

62. 如何把选好的床土配成营养土？

(1)施用有机肥

播种前，将腐熟的农家肥与育苗土按 1∶10 混合，用 6～8 毫米的筛子过筛。有机肥要求是充分腐熟发酵的有机肥，不能使用未经发酵腐熟的马粪，以防烧苗。

(2)施用化肥

可使用甜菜苗床专用肥，如中甜 1 号甜菜苗床专用肥。每 4 册纸筒用量为 1 袋（5 千克），每公顷 60 册纸筒用 15 袋。如果没有专用肥，可用磷酸二铵、硫酸钾混合施用，用量为 60 册用磷酸二铵 18 千克，硫酸钾 7.5 千克。操作时为了混拌均匀，可将 60 册纸筒所使用的土、有机肥、各种化肥计算、称量好，然后平均分成 10 分，即每 6 册所用土、肥料为一个单位进行掺拌肥料，将肥料分层撒入床土中，翻拌数次。并根据土壤湿度在翻拌中喷洒适量水分，床土以手握成团，落地散开为宜。如果土壤含水量过低，纸筒向苗床抬放时易出现漏土现象；如果土壤含水量过多，往纸筒中装土不便，且墩不实。拌化肥时，应少量、多次，均匀地撒入每 1 个单位床土中，并多次进行翻拌，如果化肥掺拌不匀，局部土壤化肥浓度过高会引起烧苗。

63. 如何进行苗床播种？

进行苗床播种，先要将纸筒展开，固定在墩土板上，然后向纸筒中装入营养土，将营养土墩实后，再将纸筒移入苗床，浇水，播种，覆土。具体步骤如下。

(1)展开纸筒装土

先将纸筒拉条穿过纸筒两边商标与纸筒的间隙，两个人各握两根拉条的一端拉开纸册，放在墩土板上，使拉条两端分别卡在墩土板两端的长钉上，这样整个纸筒就全部伸展开了。然后，在两侧分别放上侧板，使两端拉条卡在侧板缺口处。床土要分 2～3 次装入，充分墩实，第一次装半筒，第二次、第三次均装满。墩土时两人的动作应协调一致，特别是墩土板抬起的高度应一致，否则会将土墩出。最后一次墩土后，纸筒上端要留出 1 厘米左右的空隙以便播种。

机械化程度较高的地区墩土还使用墩土机，使用墩土机时，先将纸筒展开稳固在礅土机上，然后装入配制好的床土，待全册纸筒装满后，墩土 3～4 次，再将纸筒上端墩空部位填满床土，再墩 7～8 次，清除筒上浮土。

(2)放纸筒入苗床

先将置床土整平，使床底处于水平状态。在苗床一侧拉一条细绳作准绳。将已墩好土的、置于搬运板上的纸筒抬到苗床，使长边(115 厘米)的一侧对准准绳，倾斜搬运板，用长 40 厘米、宽 15 厘米的木板紧贴纸册抬起的一侧，用力将纸筒推入苗床，同时迅速撤出搬运板。这样第一册纸筒就放好了，按相同的方法放置其余的纸筒。每放一册纸筒时都要注意与上一册纸筒对齐，贴紧，不能留有空隙。如有空隙要用土填实。所有纸筒摆好后，要沿四周培土，培土高度与纸筒高度相同，并将培土踩实，以防外围纸筒被风吹干。

使用墩土机墩土的，墩完后翻转纸册，并将装满土的纸册抬至播种台。翻转后的纸册，由于凸起板的作用，每个纸筒上部形成 1 厘米左右的空隙。这时用播种板播种，每孔播种 1～2 粒种子。播后检查，对于漏播的小纸筒，人工补播。

(3)播种

当夜间温度稳定通过－5℃时，为纸筒育苗甜菜的适宜播种期。每孔点播 1～2 粒种子。每册纸筒播后检查一遍，防止漏播。

(4)浇水

用墩土板墩土时，先浇水后播种；用墩土机墩土时，先播种，覆土后浇水。浇水要浇足浇透，否则会影响出苗。每册约用水 10 千克，有条件的地方最好用30℃的温水以利种子萌发。

64. 覆土为什么要进行消毒？

为防甜菜苗期立枯病，对覆土要进行消毒处理。每25千克覆土(6册纸筒用)用5%的五氯硝基苯和40%的立枯灵粉各50～70克，混拌均匀后覆盖在种子上面约1厘米厚。经试验证明，经药剂处理覆土后，甜菜的出苗率达95%以上。覆土后要用笤帚轻轻扫平，露出每个小纸筒的边缘以利间苗。

65. 如何科学地进行苗床管理？

苗床管理的中心是调节温度和水分，培育壮苗。

(1)温度管理

播种至出苗：早春播后由于温度较低，为保持温度，晚上可在塑料棚上盖上草帘子、麻袋等防寒物。棚内适宜温度为15～20℃，最高25℃，夜间保持在5℃以上。白天揭去草帘等防寒物，接受日光照射，以提高棚内温度。

出苗至真叶展开：棚内适宜温度为15～20℃，最低0℃以上。当白天棚内温度在20℃以上时，可以通风降温，防止幼苗徒长。

真叶展开以后：重点是炼苗。白天棚内温度控制在15℃以下，夜间在0℃以上。移栽前10天棚膜要昼揭夜盖，移栽前5天昼夜揭膜，使幼苗完全处于外界气温之下进行抗寒锻炼。

(2)水分管理

播种后至一对真叶展开前不宜多浇水，保持床面湿润即可。一对真叶后要控制浇水，只要幼苗不萎蔫就不必浇。浇水过多会导致土温降低，影响幼苗生长，并易感染立枯病。如果中午叶片萎蔫，可浇水。每册纸筒浇4千克水，以早晚浇为好。移栽前一天，浇一次送嫁水，每册纸筒浇水4～5千克，达到纸筒末端土壤湿润为准。移栽前浇送嫁水有利于移栽后幼苗成活。

(3)间苗

苗出齐后要及时间苗，每个小纸筒留苗1株。一般在子叶展开后进行，共进行两次，防止误留双株。用带刃镊子掐去多余的苗，病苗。不能用手拔，以防带出要留的苗或损伤苗根。

(4)扫苗

扫苗是通过接触刺激法防止幼苗徒长。在第一对真叶长出2～3毫米时，于每天露水干后进行，用笤帚轻轻平扫幼苗。最初每天扫1次，按同一个方向扫，每次扫2～3遍，次日后换一个方向扫，真叶展开以后每次可扫3～5遍。扫苗可持续到移栽前。

(5)追肥

在移栽前2～3天，施用送嫁肥，按60册纸筒施用磷酸二铵3千克，硫酸钾0.6千克的用量，将肥料溶化后喷于床面，然后浇清水冲洗幼苗。

66.如何做好炼苗工作？

炼苗要循序渐进，让幼苗有一个逐步适应的过程。在炼苗过程中，要防止温度变化过大，特别是在刚开始通风的时候，如果在短时间内温差变化过大，会使植株生理活动受阻，出现“闪苗”现象。这时叶子呈水浸状，逐渐枯萎死亡。通风降温要在棚内温度尚未达到高温限度时进行，在背风侧或棚顶打开膜，缓慢降温。炼苗一定要掌握在幼苗要求的最低温度以上。

67.幼苗受冻后有何补救措施？

甜菜是比较耐寒的作物，但子叶期的幼苗在－3～－1℃的低温下仍会受冻。受冻后两片子叶呈暗绿色。这时如果能缓慢解冻，则可恢复正常生长；但如果气温或棚温骤然上升，子叶会迅速解冻，呈水浸状，并有水分溢出，这时叶绿素已被破坏，叶片失绿(风干后变白)，叶尖变黑而死亡。真叶期如遇到－5～－3℃的低温，会有部分叶子受冻害，症状与子叶期受冻症状相同。不同幼苗受低温胁迫后的后果并不完全一样，除与低温程度和低温持续的时间长短有关外，还与苗龄、幼苗长势密切相关。苗龄小的苗、弱苗、病苗、徒长苗和未经炼苗的幼苗更易受冻害。

幼苗一旦受冻，要在清晨及早在幼苗上盖 2～3 层报纸，至上午 10 时叶部冻痕褪净时取下，使受害幼苗缓慢解冻。或在早晨适当喷洒一些冷水解冻，并且盖棚遮光，通风，缓慢提高棚温，使幼苗逐渐解冻。

68. 移栽前如何判断甜菜苗是否为壮苗？

移栽时壮苗标准是株高 5～6 厘米，具有 4～5 片真叶，胚轴长 5 毫米以下，粗 1.4 毫米以上。叶柄与叶长之比小于 0.7，叶色浓绿，叶片厚，根白色，无立枯病。从纸筒底部可见多条须根，且有少数根从纸筒下端 1/3 处穿透筒壁，伸出 1～2 厘米。

69. 如何做好移栽工作？

(1)适时移栽

由于各地的气候条件不同，纸筒育苗甜菜的播种期和移栽期也各不相同，确定移栽期必须以气象指标和苗龄为依据。一般在当地日平均气温稳定在 10℃以上，日最低气温稳定在 5℃以上为移栽适期。苗龄一般在 25 天以上，至少长出 2 对真叶。黑龙江省一般在 5 月上、中旬移栽。

(2)移栽前准备

移栽田选地选茬和整地及有机肥施用方法同直播田。

(3)起苗、运苗和选苗

起苗前先铲掉苗床四周培土，然后用平板锹或四股叉插入纸筒底部将纸筒抬起，用车运往田间。在苗数充足的情况下，先将部分较小的苗选出集中移栽到田间地头处，以备将来补苗用。同时淘汰病苗弱苗。

(4)移栽方法

移栽方法有机械移栽和人工移栽。目前以人工移栽为主，有以下几种方法：

①鸭嘴移栽器移栽：手持移栽器，将移栽器垂直插入土内约 15 厘米，这时鸭嘴是闭合的。将纸筒幼苗从上孔中置入，然后用

力握动手柄，使鸭嘴口张开，纸筒下到底部后，拔出移栽器，幼苗自然落入土中，然后浇水、封掩，给纸筒培土并压实。

②水管植穴法：在水车中接上胶管或塑料管当水管，水管的另一端插上 20～30 厘米长的铁管或硬塑管做管头，管头上再塞入一个四棱木塞，可以使水向四周喷出，将充满水的管头垂直插入垄体，等水从穴中冒出后拔出管头，栽植下一穴。另外一人将纸筒苗放入带水的穴内，然后封掩。

③垄上开沟移栽：在土壤墒情好较好的情况下，用犁在移栽垄上开沟，沟深 15～16 厘米，沟内按预定的株距栽入纸筒苗。注意一定要将纸筒扶正、压实，不露纸筒上端。

④穴栽：按预定的株距刨埯，放入纸筒幼苗，浇水，扶正、培土、压实。

移栽株距一般为 25 厘米。无论采用哪一种移栽方式，移栽作业都要轻拿轻放，保持纸筒不破损、不出褶、不折断、不脱土的完好状态。幼苗必须栽直、栽正、不倾斜、不弯曲、植入的纸筒幼苗一定要与土壤紧密接触，无悬空现象。封掩要紧实、严密，不露纸筒。

70. 移栽时为什么提倡按子叶方向定植幼苗？

甜菜的根系由主根、侧根和支根组成。主根由胚根发育而成，主根上产生支根。待根增粗形成块根后，于块根两侧的根沟中形成侧根。成熟植株主根长 2 米多，侧根向四方伸展可达 1 米左右，支根长 50～60 厘米。可见侧根是甜菜根系的重要组成部分，侧根生长的好坏直接关系到甜菜吸收土壤营养物质的数量以及甜菜的茎叶生长和块根产量。

甜菜侧根的方向与子叶展开的方向一致，这种特点要求我们移栽甜菜苗时要使纸筒苗的两片子叶展开方向与垄的方向垂直，最好再采取邻垄交错定植，即两邻垄移栽苗等距交错排列，形成“拐子苗”。这种排列方式使甜菜侧根能够在最大的空间内发育，相对空间比两片子叶顺垄定植增加了很多（因为行距要大于株距），促进了侧根发育，扩大了侧根吸收养分、水分的范围，避免了株间侧根交叉争肥争水的矛盾。相邻垄甜菜植株“拐子苗”排列又合理布局了群体结构,减少了植株个体间争光的矛盾,提高了光能利用率。据试验,这种定植方式比一般定植方式增产8%～10%,提高含糖率0.3度,是一项不增加投入就能增产增糖的好措施。

71. 移栽后还要进行哪些工作?

①灌水:在我国北方春季干旱情况较为普遍,移栽后水分是否充足往往是影响纸筒苗移栽后存活率的关键因素。除移栽时土壤墒情很好或移栽时坐水移栽的以外,一般的地块都应及时灌水。缺水的地方可采取穴灌,每穴灌0.5千克水即可满足需要。

②查田补栽:移栽后3～5天应及时查田,发现缺苗或死苗的要及时补栽。同时对栽植过浅的苗要重新培土、压实。

③中耕:缓过苗后抓紧进行1次中耕,以除草、松土、提高地温、保蓄水分。

④追肥:当幼苗长到7～8片真叶时,结合进行第二次中耕进行追肥。一般追肥用量为:尿素150千克,过磷酸钙150千克,硫酸钾100千克。

四、地膜覆盖甜菜

72. 地膜覆盖有什么作用?

采用地膜覆盖栽培后可以改善土壤和近地面的温度及水分状况,起到提高土壤温度,保持土壤水分,改善土壤性状,提高土壤养分供应状况和肥料利用率,减轻杂草和病虫危害等作用。

(1)地膜覆盖效应

①提高地温、增加积温。地膜覆盖后,由于地膜透光率很高,太阳辐射光能透过地膜传入地表,使地表面的温度升高;由于地膜不透气,地表反射热又被地膜截留。地膜的不透气性,减少了土壤蒸发和空气流动所消耗的热量,使地温增加显著高于裸地栽培。据测定,4 月 15 日到 5 月 20 日 35 天时间里,覆膜甜菜地面温度平均比裸播甜菜高 0.97～5.9℃,5 厘米和 10 厘米土壤积温分别较裸地播种甜菜增加 171.68℃和 138.16℃。

不同土壤耕层增温效应不同,0～10 厘米显著;10 厘米以下,随耕层加深增温效应减弱。气温低时,增温效应明显;气温下降时增温效应好。

甜菜不同生育时期地膜增温效应也不同,幼苗期和丛叶繁茂期,增温效应显著;封垄后田间郁蔽度增加,增温效应减弱;6 月底 7 月初增温效应明显下降;7 月以后还低于裸地甜菜。

②蓄水保墒。由于地膜有良好的不透气性,土壤蒸发的水汽在膜下凝结成水珠,在重力作用下落入土壤表层,有效防止了土壤水分的散失,起到了蓄水保墒的作用。同时由于受地膜增温效应影响,加速了土壤深层水分沿毛细管上升运行,显著地提高了土壤

耕层含水量。据测定，地膜甜菜比裸地甜菜5厘米耕层土壤含水量增加了32.3％，10厘米耕层增加了4.87％。

③改善土壤物理性状，促进养分转化。由于地膜覆盖有增温保墒作用，又由于覆膜避免了雨水冲刷和人畜践踏，有效地防止了土壤板结，使土壤保持疏松状态，改善了土壤物理状况。

由于覆膜改善了土壤水汽热状况，有利于土壤微生物繁衍活动，所以加速了土壤有机质分解。据测定，地膜甜菜0～20厘米耕层土壤有机质含量较裸播甜菜减少0.2～0.49个百分点，全氮增加0.059，速效氮增加23％～50％，速效磷增加了12％～18.8％，速效钾增加25％～27.9％，为甜菜生长提供了良好的营养条件。

④抑制返盐。地膜覆盖栽培，减少了土壤水分蒸发，抑制了土壤盐碱随水上移，降低了耕层土壤盐碱含量。土壤盐渍化程度越高，抑盐作用越显著。不同土壤耕层抑盐作用不同，0～20厘米抑盐效果最好，降低了41.7％，20～40厘米降低了28.3％，40～60厘米下降10.4％。因此，轻盐碱地采用地膜栽培有利于保全苗。

⑤抑制杂草、减轻草害。膜内温度高、湿度大，促使杂草早萌发、早出苗。当膜内温度上升到40℃以上时，杂草在密闭条件下，逐渐变黄枯萎死亡，温度越高枯死越快，特别是对一年生杂草杀灭作用更佳。

⑥减轻甜菜白粉病及象甲危害。据新疆石河子甜菜研究所试验，地膜甜菜白粉病发生较裸地甜菜轻。地膜甜菜白粉病发病率17.7％，病情指数1.45，裸地甜菜发病率34.21％，病情指数3.01，分别减轻了16.51％和1.56。

地膜栽培对防治甜菜象甲有非常明显的效果。据试验，覆膜后，由于改变了甜菜象甲喜温热干燥的生活环境，使象甲体表蜡质在高温影响下受到破坏，导致体内外渗透压失调，象甲生存最长时间4～7天；温度升到40～44.6℃时，可生存1～2天；膜内温度持续在44.6℃以上时，象甲只能生存4～8小时.此外，地膜栽培甜菜出苗时，前期生长发育快，避开了象甲成虫盛发期的危害，即使危害，由于甜菜苗较大，只会肯食部分叶片，不会造成整株毁灭。

(2)地膜栽培对甜菜生长发育的影响

①促进甜菜生长发育。据新疆石河子甜菜研究所试验，4 月上、中旬播种，地膜甜菜 7 天出苗，提早出苗 4 天，地膜甜菜出苗率 70.9%～87.5%，裸地甜菜出苗率 48%～67.4%，提高了 20.1%～32%，而且出苗整齐一致。

由于地膜覆盖的综合效应，促进了甜菜的生长，特别是苗期和叶丛繁茂期尤为显著。5 月上旬测定地膜甜菜株高、百株鲜重都明显增多，幼苗生长量是裸地甜菜的 2.8 倍，干物质增长速度最快的时期，单株绿叶数多 3.1～4.8 片，叶面积指数(是指单位面积上的叶面积)是裸地甜菜的 1.45～2.77 倍。叶丛繁茂期，地膜甜菜干物质积累比裸地甜菜高 2.1 倍。7 月中旬以后，地膜甜菜生长中心逐渐向地下部转移，但仍维持较高的叶面积指数。这对提高地膜甜菜中、后期光合作用，增加块根产量和含糖率都是十分有利的。

②加速甜菜块根糖分增加。地膜甜菜促进了甜菜前期生长发育，提高了光能作用率，加速了干物质的积累，整个生育期块根增长速度均高于裸地甜菜。地膜甜菜加速了甜菜块根增长进程，因而可大幅度增产。

地膜覆盖促进了甜菜生长发育，形成强大的同化器官，生产大量光合产物，除一部分用于植株形态建成外，将比裸地甜菜更多的光合产物输送到地下，以蔗糖形式贮藏于块根中。因此在整个生育过程中，地膜甜菜块根含糖率均比裸地甜菜高，收获期含糖可高 0.4～1.3 度。

地膜覆盖栽培中也相应产生一些不良影响，如多年覆盖地膜，残膜清除不净，造成土壤污染；由于盖膜后有机质分解快，作物利用率高，肥料补充的少，使土地肥力下降；或因覆盖膜的管理不当也会造成早熟不增产，甚至有减产现象。在旱沙地、贫瘠土地、重黏质土地上，不宜采用地膜覆盖栽培。因为旱砂地盖膜后土壤温度在中午时易产生高温，在干旱比较严重的情况下反而会造成减产。在贫瘠土地上，由于覆盖膜后不便追肥，如播种时施用基肥不足，覆膜也不能增产。重黏质土壤在干旱时坷垃多，整地时难以耙碎，盖膜后很难与地面贴紧，刮大风时地膜容易吹破、刮跑。因此，采用地膜覆盖栽培必须掌握一定条件才能达到早熟高产，稳产的目的。

73.覆膜甜菜有几种覆膜方式？分别适合什么情况下采用？

覆膜甜菜有两种播种方式：

(1)先覆膜后打孔(扎眼)播种

在当地适宜播种期前 5～7 天覆膜，然后在适播期进行等距打孔(扎眼)播种。

(2)随播种随覆膜，剪孔放苗

在当地适宜播期，一边播种一边覆膜，播一垄覆一垄，待甜菜子叶出土展开后。将苗上薄膜划一个小口，把幼苗扶出膜外，并用湿土将划口封严。

前一种可以掌握播期主动权，省籽，不烫苗，宜在旱地结合雨水接墒覆膜。一般在 4 月中旬遇雨时即可抢墒覆膜，不再坐水播种。但是要注意播种孔的覆土切忌过厚或厚薄不一，造成出苗不齐，而且播后遇雨要及时破除孔口覆土的板结层。

后一种方法则可在水浇地和墒情好的旱地上应用，可进行机械播种、机械覆膜连续作业，便于抢墒播种。采取这种方式的应及时放苗，避免幼苗被高温灼伤。但是剪孔放苗比较费工，且有时间性要求，放苗晚了，如遇高温则将幼苗烫伤，甚至死亡。若能在播种时注意留出种子沟，使沟底距地膜保持 1～2 厘米的距离，使幼苗在膜下生长 7～10 天，待长出 1 对真叶时再将其露出地面，用湿土封严孔口，既避过晚霜的冻害，又能防止幼苗的高温烫伤。这是地膜栽培成败的关键。放苗时间以 1 对真叶期为宜，按留苗株距每穴留苗2～3株，封好放苗孔。当幼苗4～5片真叶时定苗，每穴留壮苗1株。

需要注意的是，在盐碱地上，应采用随播种随覆膜的方式。因为如果采用先覆膜后播种的方式，定植孔处会随水分蒸发而形成积盐区，不利于甜菜出苗和幼苗生长。在黏重土壤上，也应采用随播种随覆膜的方式，因为如果先覆膜后播种，定植孔不易封闭，而且在降雨后封孔土易板结，给出苗增加困难。

(3)铺膜配置方式

地膜甜菜可以采用60厘米＋30厘米宽窄行、一幅播行的配置方式。地膜甜菜留苗密度可比裸地甜菜稍小些。株距25～30厘米，每公顷留苗7.4万～8.8万株，一般土壤采取平作铺膜，地下水位高的地块可以垄作铺膜，垄高5～10厘米，垄宽50厘米，垄上播双行，行距30厘米。

74.地膜下杂草的发生有何规律？如何防治？

覆膜甜菜由于地膜下高温和氧气量少，某些杂草在发芽出土后即死掉，特别是对一年生杂草防除效果很好。但对多年生杂草如马齿苋、刺菜、旋花等宿根杂草防除效果较差，这些杂草有的还能穿破地膜继续生长。

生产中覆膜质量好坏和膜下杂草的发生有相当密切的关系。覆膜质量好的地膜抑草率可达65％～87％。但如果覆膜不严，膜与地表有空隙，不仅难以烫死杂草，相反由于膜下水、热状况良好，还会使杂草生长更加旺盛，对生产构成很大威胁。

要想防治膜下杂草，首先要提高整地及覆膜质量。务必要使地膜与地表紧贴，两侧用土压牢，以防大风掀膜或坚硬土块磨破地膜。放苗或间、定苗时要封严定植孔。要经常检查地膜，发现破损及时用土盖严，否则会引起膜下草荒。

化学防治方法是结合覆膜喷洒甜菜除草剂进行土壤处理。可用80％杀草敏可湿性粉剂，每公顷用药量为4千克左右，喷药后立即耙入表土 3～4 厘米范围内土层中，对双子叶杂草杀草效果达 90％左右。或用 85％茅草枯可湿性粉剂于播后进行土壤处理，每公顷用药量为 6～10 千克，对稗草、狗尾草等单子叶杂草防除效果达 95％以上。

75.为什么地膜覆盖下甜菜易早衰？如何预防早衰？

在生产中覆膜甜菜常出现早衰现象，主要表现为进入块根糖分增长期以后(8 月份左右)甜菜外围功能叶片颜色由浓绿色或绿色变为黄绿色，叶片提早衰亡；甜菜生长势减弱；田间过早出现开垄状态。

(1)地膜甜菜出现早衰的原因

①土壤中养气含量少，根系活力减弱。地膜阻隔了土壤气体与大气的交换，使土壤中氧气含量不足；由于膜下温度湿度较高，促进了土壤微生物的活动，而微生物活动增强又要消耗大量的土壤氧气；在雨季或土壤灌水过多时，土壤水分处于饱和状态，而地膜又妨碍了土壤水分的正常蒸发，使土壤在较长时间内处于水分过多，氧气过少的状态。这些都直接影响根系的生长，减弱其生理机能及其对水分和养分的吸收利用，导致块根生长减慢，地上部生长势减弱，甜菜出现早衰。

②脱肥。覆膜后由于膜下温度湿度较高，促进了土壤微生物的活动，所以加速了土壤有机质分解；又由于覆膜甜菜生育进程快，生长旺盛，消耗土壤养分多，因此导致后期肥力不足。特别是在连年覆膜的田块，土壤肥力下降更快，更易造成后期脱肥。

③膜下土壤局部干旱。覆膜后雨水不能直接渗入膜下土壤，降水必须通过横向移动才能渗入膜下中心部分苗行位置，使膜下该部分土壤水分补充缓慢，影响地下部生长，这种情况在干旱地区较为普遍。

(2)预防早衰的措施

①调整覆膜方式和地膜覆盖度。将地膜覆盖度控制在地表的

60%～80%,以扩大土壤与空气的接触面积,增加土壤与空气的交换量和水分渗入量。推广一膜覆双行种植方式(小行距 30～40 厘米)。

②选择肥力较高的土壤种植甜菜,并增施有机肥,注意培肥地力。科学施用氮磷钾肥料,加强后期肥水管理,进行适时适量的灌溉。

③适期揭膜,揭膜后加强中耕管理,增加土壤透气性,增强根系活力。

76.地膜甜菜缺苗时如何补苗?

甜菜补苗移栽是实现全面丰产的重要措施之一。方法有三种。

(1)带土移栽

根系不受损伤,缓苗时间短,适于小苗移栽。移苗时要带一个土坨,土坨不要过大。移栽后要踩实土坨周围。

(2)扎孔移栽

可利用纸筒苗和不带土的幼苗(就地拔苗)。具体方法是利用尖铁(木)棍扎孔,孔深 20 厘米,然后将移栽苗放入孔内,覆土按实。遇到春旱严重时,要将外层大叶拧掉,以减少水分蒸发。

(3)切缝移栽

对于缺苗较多,出现断垄现象的地块,还可在垄上用铁锹人工切缝,深 20 厘米,宽 5 厘米,然后将甜菜苗顺口填入缝内,用脚踩实即可。要注意切缝不漏风,苗株不动摇,栽时不埋心。切缝时铁锹不马上拔下来,要将苗放好后,用脚踩着锹面上的土,再将锹拔下来。这种方法灵活方便,速度快。推广纸筒育苗移栽的地方,可采用机械移栽。

77.地膜何时揭开?适时揭膜有何意义?

由于甜菜封垄后,田间郁蔽度增加,增温效应逐渐减弱,到 6

月底7月初时，地温往往低于裸地甜菜，地膜已不起作用。并且因其阻隔水分渗入，会影响灌水质量。在生育中后期，由于膜内温度过大，膜下土壤耕层水、热、气不协调，使根系生活力减弱，吸收养分减少。加上地膜甜菜由于土壤温度过高，往往疯长，相互遮荫，阳光被繁茂的叶冠层截取，下部叶常处于缺光状态，消耗养分，使地膜甜菜含糖率出现下降趋势。

地膜甜菜中后期土壤湿度过大，根系生活力下降，有利于根腐病发生。据新疆石河子甜菜研究所试验，地膜甜菜根腐病发病率17.5％，病情指数13.1，裸地甜菜发病率8.7％，病情指数5.5，分别高8.8％和7.6，褐斑病也较重。

因此，地膜甜菜适时揭膜十分必要，揭膜期在覆膜后70～80天为宜。距试验，适时揭膜比全生育期覆膜增产9.4％，含糖提高0.6度，产糖量增加13.1％；同时揭膜可以减少白色污染，废膜经过加工可再利用。揭膜后，要及时进行中耕、培土、灌水等田间作业，以免土壤失水过快，影响甜菜正常生长。

五、甜菜病虫草害的综合防治

78.甜菜苗期立枯病的发病条件是什么？有什么症状？

甜菜立枯病又名黑脚病、猝倒病，是甜菜苗期的主要病害，在各甜菜产区均有不同程度发生和危害。前期主要影响甜菜保苗率，严重时可造成毁种。甜菜立枯病是由多种病原菌侵染所引起，因此发病条件也因病原菌种类不同而有所差异，一般来说有以下几个方面。

①土壤低温、高湿时发病严重。由于土壤湿度越大，某些致病病原菌越多；而土壤低温又导致出苗缓慢，从而增加病原菌侵染的机会，加重发病。

②土质黏重、易于板结或排水不良的低洼湿地，易发生立枯病。这种土壤中，水分较多，通气不良，幼苗生长受阻，降低了对病原菌的抵抗力。

③整地质量不好或酸性土壤发病重。一方面是由于多种致病菌在酸性土壤内发生较多，而甜菜在微碱性土壤中生长较好；另一方面是整地质量差会影响幼苗生长，进而加重发病。

④种子质量差或采种时就受到病原菌侵染，更易加重立枯病的发生。

⑤重茬、迎茬地发病较重。主要是此类地块病原菌宿存多，从而加重立枯病病害发生。

甜菜立枯病自种子发芽后到 3 对真叶期均可发病，而 1～2 对真叶期发病最重。其主要症状如下：

①种子发芽时就受病原菌侵染，导致幼苗未出土就致死。

②子叶出土后发病,其胚轴出现病斑,后变成深褐色至黑色,使整个下胚轴变黑腐烂,最后幼苗萎蔫枯死。

③真叶期发病枯死。其发病部位最先从幼苗根尖处发病,整个主根系形成褐色干腐,从而使幼苗不能吸收水分和养分而死亡。

④真叶期发病,使后期甜菜块根畸形。这种情况下发病部位在主根,但感病较轻,幼苗仍可恢复生长,致使形成两头粗中间细的畸形根,或主根受损后引发侧根发育形成叉根。

79.如何防治甜菜苗期立枯病?

甜菜立枯病发病因素较多,而主要是土壤和种子带菌所致,尤以土壤带菌为主,因此首先应采用正确的农业技术措施,同时结合相应的化学药剂处理种子,即采取综合防治措施才能收到较好的防治效果。

(1)农业技术措施

①实行合理轮作。避免重、迎茬,一般要求 5 年以上轮作为宜,这样可以减少大多数习居土壤中的某些病原菌,从而减轻立枯病的发生。

②精细整地保墒,适时播种。保证整地质量,创造利于甜菜出苗的土壤环境,促使种子正常发芽、出苗,提高幼苗抗病能力。

③增施农家肥,适当增施磷肥。尤其对于土壤较黏重、易于板结的地块,通过增施农家肥可以有效提高地温,促进土壤微生物活动,使土壤疏松,进而改善土壤理化性状,减轻立枯病发生;通过增施磷肥,可以提高幼苗抗病能力。

④加强田间管理。待幼苗出土后,及时中耕松土,增加土壤通透性,促进幼苗迅速生长;待一对真叶完全展开时及时间苗,保证单株幼苗有充足的光照和养分,以提高幼苗抗病能力。

(2)化学药剂处理种子

①用种子重量 0.8%的 50%福美双可湿性粉剂或 95%的敌克松可湿性粉剂拌种,即每 100 千克种子用药 0.8 千克。

②用种子重量 0.8%的福美双与土菌消的混剂(1∶1)拌种,防效较好。

80. 甜菜褐斑病的症状是什么?哪些条件易引发褐斑病?

褐斑病又名叶斑病,是一种危害较大的甜菜主要叶部病害,在所有甜菜种植区域内均有发生,但因各地区气候条件不同发病程度有显著差异。褐斑病发病部位主要在叶片、叶柄及二年生种株的花梗和种球上。主要危害叶片,在自然条件下只危害成龄叶片,病斑先发生于外层叶片,逐渐向内扩展,幼叶很少发病,发病部位最初呈褐色至紫褐色圆形至不规则形小斑点,后直径可扩大至3~4 毫米圆斑,最后病斑中央呈灰白色、较薄而易碎,周围为褐色至紫色。潮湿时,病斑中央产生灰白色霉状物。后期发生严重时病斑会连接成片,整个叶片干枯死亡。甜菜褐斑病主要发生在甜菜的生育后期。这时温度下降,湿度增大,易造成病害的发生流行。褐斑病可导致甜菜块根产量降低 10%~20%,并降低含糖率1 度。严重发生地块可减产 40%,含糖率下降 2~3 度。

甜菜褐斑病的发生和流行主要受气象因素、病原菌数量及甜菜品种自身的抗病性强弱等因素决定,其发病条件为:

①适温高湿时发病重。甜菜褐斑病病原菌发育的最适温度为25~28℃,在 37℃以上或 5℃以下时停止发育。最适宜其生长的相对湿度为 98%~100%。因此,夏季多雨季节,易于病原菌的萌发生长,促使甜菜褐斑病发生危害。干旱地区发病较轻且危害较小。

②重、迎茬地块发病重。由于此种地块中病原菌能越冬潜伏下来,下一年进行侵染危害。另外,临近上一年发褐斑病的地块种植甜菜时,由于病原菌发生迁移也会造成发病重。

③栽培条件好坏也影响发病程度。土质黏重,排水、通风不良,氮肥施用量过多致使个体生长过于繁茂、通风不良的地块发病

较重。

④甜菜品种的抗病性较低。甜菜不同品种的抗褐斑病性差异较大，该特性主要决定于遗传因素。一般情况下，国外非抗性品种易感病且发病重，我国自育的品种比较注重抗褐斑病性筛选，因此抗病性强、发病轻。

⑤甜菜生育后期易发病。甜菜不同生育时期抗病性强弱也不相同，幼苗、幼叶抗病性强。生育后期的生理成熟叶片易发病。

81.如何防治甜菜褐斑病?

甜菜褐斑病由多种致病因素引起，若要有效防治它，需采用正确的栽培技术措施和化学药剂防治相结合的手段，才能收到良好的防治效果。

(1)合理轮作

选择土质优良、排水好的地块，实行 5 年以上的轮作制度，避免重、迎茬。及时清理田间病叶、残株、减少田间病原菌的残留量。

(2)选用抗病品种

不同甜菜品种对褐斑病抗性有明显差异，事先可通过引种试验进行筛选，选择适宜本区域种植的优质抗病品种。

(3)药剂防治

①70%甲基托布津可湿性粉剂 1 500～2 000 倍液。

②50%多菌灵可湿性粉剂 1 000 倍液。

③40%灭病威胶悬剂 700 倍液或 40%百霜净胶悬剂 600～700 倍液。

④75%百菌清可湿性粉剂 250～300 倍液。

第一次用药可在田间有 10%的植株发病后 3～5 天进行，每公顷用配好的药液 600～750 千克。间隔 15 天左右进行第二次，一般 1～2 次就能有效地控制病害的流行。以上药剂交替使用，可提高防治效果。

82.易引发甜菜根腐病的发病条件有哪些?

甜菜根腐病是甜菜生育期间受多种真菌和细菌侵染而引起块根腐烂的病害,属于土传病害，带菌土壤是主要初侵染源。该病普遍发生时,危害较重,一般可造成块根产量降低 10%~15%,严重时可造成绝产。其发病条件为:

①土壤结构:低洼地块的土壤质地黏重、排水不良、土壤的透气性差,导致根系发育不良,易被病原菌侵染。

②气候条件:温度过高、湿度过大是诱发根腐病发生的主要气候条件。此种情况下,病原菌会大量繁殖,致使甜菜发病严重。

③栽培条件:轮作、换茬周期短,土壤中病原菌残留量大,发病可能性就大。另外,土壤耕作管理粗放,不施有机肥或过量施氮肥,磷、钾肥不足,使植株发育不良，抗病力减弱，易于感病。

④甜菜发育状况:植株生长势弱或甜菜根系早期受伤害,病原菌也容易侵入致使发病。

⑤品种差异:甜菜品种抗病性弱，易被病原菌侵染而发病。

83.如何防治甜菜根腐病?

甜菜根腐病发病原因复杂,受多种病原菌侵染所致,因此防治根腐病尚无有效办法,目前只能采取综合措施来防治,从而减轻病害发生。

①地块选择:选择土壤质地肥沃、排水良好、土质疏松的沙壤土或壤土种植。

②合理轮作:按以前种植甜菜时发病严重程度来决定轮作年限,若原来发病重则轮作年限要相对长些,这样才能尽量减少土壤中宿存的病原菌,从而减轻病害发生。

③耕作栽培管理:深松土壤并及时中耕铲趟,合理施肥,改善土壤理化性质,增加土壤通透性,创造良好的土壤环境,有利于甜菜根系生长发育,提高抗病能力。

④保护根系：及时防治地下害虫，田间管理过程中避免伤害甜菜根系，减少病原菌从伤口入侵的机会。

⑤选用抗病品种：通过区域比较试验，选择出适于当地栽培的抗(耐)根腐病的品种是首选措施。

⑥药剂防治：采用种子消毒或植株根际处理法，即土壤药剂处理。a. 种子消毒：凡是用于防治甜菜苗期立枯病的药剂同时也可不同程度地防治中期的根腐病，可兼顾使用。b. 土壤药剂处理：用 70％土菌消 800 倍液灌根，每株用药液约 150 毫升。或用菌线威(1.5％二硫氰基甲烷)3 500 倍液＋田除(0.5％氨基寡糖素)600 倍液灌根。

84. 什么是甜菜白粉病？如何防治？

甜菜白粉病是由白粉菌侵染引起的，是我国西北甜菜种植区的主要病害。可侵染叶片和种株的花器，一般开始发生于 6 月末至 7 月中旬，首先在外层叶片出现白色绒毛状病斑，然后逐渐形成白粉层，最后病叶变黄干枯而死。通常在气温高、干旱少雨的区域病害发生严重。可通过以下措施进行防治：

(1)农业防治

选用抗(耐)病品种；实行合理轮作，避免重、迎茬；适时浇水防干旱；收获后，及时清除田间病残体，以切断初侵染源，减轻病害发生。

(2)药剂防治

最佳防治时期为发病初期，可用 50％多菌灵可湿性粉剂 1 千克/公顷稀释成 800～1 000 倍液或粉锈宁 750 克/公顷稀释成 500 倍液于早晨或傍晚对准茎叶均匀喷洒，隔 5～7 天喷洒一次，连续喷 2 次；也可用 50％多菌灵可湿性粉剂 1 000 倍液或 75％甲基托布津 500 倍液喷洒，均有良好防治效果。

85.如何防治甜菜黄化毒病?

甜菜黄化毒病是由甜菜黄化病毒引起、主要靠蚜虫传播的一种叶部病害,主要发生病区是我国西北和华北甜菜产区,近几年来,在东北甜菜产区也有发生。其典型症状是叶片早期褪绿黄化,然后叶片增厚、变脆,严重发生时田间一片金黄,在盛夏的中午正常叶片出现下垂,而感病叶片直立。该病害潜伏期较长,从苗期到生长发育中期均可发生,因此,防治期限长,主要通过农艺措施和药剂防治相结合进行防治。

①选用抗病品种:种植适应本地区的丰产、高糖、多抗的甜菜新品种。

②农艺措施:及时清除田间杂草、适时进行田间管理、合理轮作。

③药剂防治:首先要防治蚜虫,以切断病原菌传播的途径,可喷洒 40%氧化乐果乳油 1 000 倍液,或 50%抗蚜威可湿性粉剂 2 000 倍液,或 10%吡虫啉可湿性粉剂 2 000~3 000 倍液。若植株出现黄化毒病症状时,可连续喷洒磷酸二氢钾或 8%菌毒克星可湿性粉剂 500 倍液,每隔 7 天喷 1 次,以促使叶片由黄变绿,减轻危害。

86.如何防治甜菜花叶病毒病?

甜菜花叶病毒病主要是由甜菜花叶病毒侵染引起、靠蚜虫传播的一种病毒性病害。现在甜菜种植区内普遍发生,发生程度随地区性差异较大。通常二年生采种田比一年生原料种植田发病重,我国主要在西北和华北区域发生较重,东北地区亦稍有发生,但危害不大。甜菜花叶病毒病有三种类型:a.花叶型。叶片上有大小不同、形状不一的褪绿色斑纹,边缘淡绿色、中央暗绿色,在光下透视可见显著的斑疤症状。过 1~2 天以后可见叶脉透明,幼叶边缘常变皱。b.卷叶型。叶缘和叶尖向叶背面卷曲。边缘呈黑色焦枯状。c.畸叶型。有的叶片半边大。半边小,或缩短矮化;有的变小,呈剑状;有的叶子扭曲,呈不正常型。具体防治措施如下。

①选用抗病品种。

②农艺措施:铲除杂草,及时拔除病株,采种田和原料田的甜菜要隔离种植,合理施肥和灌水,提高植株抗病性。

③药剂防治:要注意消灭传毒蚜虫,及时喷洒 1 500 倍液的 40%氧化乐果乳油。

87.如何防治甜菜象甲?

象甲又叫象鼻虫,是甜菜苗期主要害虫。通常在甜菜幼苗出土后,其成虫主要咬食子叶和幼嫩的真叶,严重时把叶片吃光或咬断幼茎,造成缺苗断垄。而幼虫在地下咬食甜菜块根,影响块根生长,重则整株枯死。主要防治措施如下:

(1)农业措施

实行大面积轮作,以减少虫源。

(2)防治方法

①轮作倒茬,秋翻冬灌消灭虫源。

②种子处理利用 50%辛硫磷乳油拌种,播种时与药剂同时洒入穴中药剂可用 3%米乐尔。

③药剂防治在成虫出土为害盛期喷洒或浇灌 35%顺丰 2 号乳油 1 000 倍液、4.5%高效顺反氯氰菊酪乳油、50%辛·氰乳油 2 000~3 000 倍液。40%乐果乳油、48%毒死蜱乳油每亩 50~60 毫升兑水 20~30 千克喷雾或灭扫利 2 000 倍液继续喷雾。

④甜菜播种后,立即在地四周挖除虫沟,沟宽 20~30 厘米,沟深 30~40 厘米,沟壁要光,沟中放药毒杀,防止外来象甲掉入后爬出。

88.如何防治大黑金龟子?

大黑金龟子的幼虫为蛴螬,是甜菜苗期主要地下害虫,主要危害作物地下根茎,造成田间缺苗断垄。其种类较多,为多食性害虫。成虫昼伏夜出,具有假死性和趋光性,喜食豆科植物且易在豆田中产卵。在我国甜菜种植区内普遍发生。防治措施为:

①合理轮作与选茬:前茬宜选择麦茬和玉米茬口,慎选豆茬以避开上茬中潜伏的害虫。

②人工捕杀:利用成虫的趋光性,在害虫高发期,夜间使用黑光灯可进行诱杀。

③药剂防治:用 90%敌百虫 1 000 倍液或 50%辛硫磷乳油 1 000 倍液灌根防治。

89.如何防治跳甲?

跳甲属于甜菜苗期主要害虫之一,包括甜菜跳甲和黄条跳甲。甜菜跳甲一年发生 1 代,成虫主要咬食藜科植物。黄条跳甲每年发生 3～4 代,大量取食甜菜幼叶,造成幼苗枯死。跳甲以成虫潜伏在杂草丛中或田间残株落叶处越冬,次年春天待作物幼苗出土后进行危害。防治措施为:

(1)农业防治

彻底清除种植田及其周围的杂草和残株落叶,破坏跳甲越冬场所。播种前深耕土壤,改变幼虫的生活环境条件,同时兼有灭蛹作用。

(2)药剂防治

防治幼虫可选用 5.7%百树得乳油 2 000 倍液、90%敌百虫晶体 800 倍液或 50%辛硫磷乳油 1 000 倍液灌根。也可选用 10%除尽悬浮剂 1 500～2 000 倍液、5.7%百树得乳油 2 000 倍液、2.5%溴氰菊酯乳油 3 000 倍液、20%杀灭菊酯乳油 3 000 倍液、40%乙酰甲胺磷乳油 500～800 倍液、50%马拉硫磷乳油 800 倍液等喷雾防治成虫。

90.如何防治地老虎?

地老虎俗称截虫或切根虫,是甜菜苗期害虫,多发生在定苗前后,以幼虫截食甜菜根颈部,易造成甜菜缺苗断垄。生活习性为昼伏夜出,通常一年发生 2 代,防治措施为:

(1)农业防治

早春清除田间及周围杂草,防止成虫产卵,对已落卵的杂草,应先喷药,再清除,并集中做深埋处理。

(2)人工捕杀

清晨,在刚被咬断的幼苗周围用手轻轻扒开表土,即可捕杀幼虫。

(3)药剂防治

选用 5.7%百树得乳油 1 500 倍液、20%杀灭菊酯乳油、2.5%溴氰菊酯乳油 3 000 倍液、90%晶体敌百虫、50%辛硫磷乳油 800 倍液等,上述药剂及剂量任选其一,喷洒幼苗及周围土壤,以傍晚用药效果为好。

91.如何防治甘蓝夜蛾?

甘蓝夜蛾又称甘蓝夜盗虫,在甜菜种植区均有发生与危害,其幼虫主要取食甜菜叶片,严重时咬食叶柄甚至根头。在我国甜菜种植区一般一年发生 2 代,不同地区发生时间有所差异,均以蛹在土层中越冬。通常第一代幼虫发生在 6 月中、下旬至 7 月上旬,第二代幼虫发生盛期在 8 月下旬至 9 月上旬。若第一代未及时防治或防治不彻底,则第二代会造成严重的危害。主要防治措施有:通过秋季深翻可直接杀死越冬虫蛹,降低来年的虫口基数,以减轻虫害发生。目前主要采用化学药剂防治,当田间 90%以上的卵已孵化,多数幼虫达 2~3 龄时,可喷施下列药剂防治。

①2.5%溴氰菊酯 2 000~2 500 倍液。

②20%杀灭菊酯或20%除虫菊酯2 000～3 000倍液。

③50%辛硫磷乳油800～1 000倍液。

④40%甲胺磷600～800倍液。

⑤90%敌百虫700～1 000倍液或2.5%敌百虫粉剂喷洒，公顷用粉量22.5～30千克。

⑥5%来福灵乳油225～300毫升/公顷，兑水750千克。

上述药剂及剂量任选其一，选择无风天气，于下午3时后喷药为佳，每公顷用600～750千克配好的药液，杀虫率均在90%以上。

92.如何防治蝼蛄？

蝼蛄俗称“拉拉蛄”，以成虫和若虫在土中咬食刚播下的种子和幼根，被害根茎呈乱麻状，最终植株失水枯死，造成田间缺苗断垄。蝼蛄对畜粪、腐烂有机质有较强的趋向性，因此在腐殖质含量多的低洼地、水浇地危害较重；而且有很强的趋光性。防治措施为：

(1)药剂闷种

用35%甲基硫环磷乳油2.0千克，加水100千克，拌甜菜种子100千克，然后闷种24小时后阴干即可播种。

(2)灯火诱杀

成虫发生盛期，利用黑光灯可诱杀蝼蛄，或选择漆黑夜晚用稻草或作物秸秆等点火，蝼蛄见亮火飞到火堆里，将其烧死。

(3)毒饵诱杀

将90%晶体敌百虫1千克用60～70℃适量温水溶解成药液，或50%二嗪农乳油1千克、或50%辛硫磷乳油1千克用水稀释5倍左右，再与30～50千克炒香的麦麸等拌匀，拌时可加适量水，拌潮为宜(以麦麸为例，用手一握成团，手指一戳即散便可)，制成毒饵。每公顷用45～75千克毒饵，于傍晚分成小堆分散施入田间，可诱杀蝼蛄。也可在播种时将毒饵施入播种沟(穴)中诱杀蝼蛄。

(4)粪坑诱杀

在蝼蛄危害较重的地块，每隔3～5米，挖30厘米见方，50厘米深的坑，于傍晚放新鲜牛马粪1～1.5千克，上面盖青草，可诱集蝼蛄，第二天清晨移开盖草进行人工捕杀。

93.如何防治草地螟？

草地螟又称黄绿条螟，甜菜网暝，在我国各甜菜产区均有不同程度发生。初孵幼虫取食叶肉，残留表皮，长大后可将叶片吃成缺刻或仅留叶脉，使叶片呈网状，严重时仅剩叶脉、叶柄。此虫食性杂，应及时清除田间杂草，可消灭部分虫源，秋耕还可消灭部分在土壤中越冬的老熟幼虫。在幼虫为害期化学防治方法如下。

①2.5％溴氰菊酯乳油2 500倍液喷洒，杀虫效果达90％以上。

②20％除虫菊酯乳油2 000倍液喷洒，24小时后杀虫效果达90％以上。

③50％辛硫磷乳油800～1 200倍液喷洒。

④20％杀灭菊酯乳油2 000～3 000倍液喷洒。

上述药剂可选择一种，每公顷用配好的药液600千克左右。成虫发生盛期清除田间杂草和灯光捕杀成虫也能减轻受害程度。

94.为什么甜菜田易发生草荒？

甜菜属矮棵作物，与其他农作物相比种植密度小，且甜菜幼苗期生长缓慢，封垄时间晚，靠自身生长来抑制杂草的能力比其他作物弱，致使甜菜田容易发生草害。又由于甜菜对除草剂敏感，因此，没有有效的长效除草剂防除甜菜整个生育期杂草。而田间杂草适应能力、繁殖能力强、危害持续时间长，生长速度比甜菜快，因而甜菜田易发生草荒。

甜菜田或前茬作物长期使用一种除草剂，很难将田间多种杂草除净。且使次要杂草变成主要杂草，引起田间杂草群落变化。

例如：防除甜菜田阔叶杂草的甜菜宁或甜安宁除草剂，使甜菜田藜、反枝苋、龙葵等阔叶杂草减少，而狗尾草、马唐、田旋花、稗草等杂草的危害日趋加重。

95. 甜菜田容易滋生哪些杂草？

全国甜菜种植区主要杂草分属 24 科近 90 种，其中以禾本科稗草、狗尾草、野燕麦及蓼、藜、苋科普遍而严重发生。

东北甜菜田禾本科杂草主要有稗草、狗尾草、野燕麦、金狗尾草、马唐等。甜菜田一年生阔叶杂草主要有藜、本氏蓼、反枝苋、苘麻、龙葵、苍耳、卷茎蓼（荞麦蔓）、野芝麻、刺蓼、菟丝子等。多年生杂草主要有问荆、刺儿菜、苣荬菜、葎草、田旋花、小蓟等。

新疆甜菜田发生普遍、危害严重的优势种：稗草、灰绿藜、水蓼等；甜菜田常见、危害较重或部分甜菜田危害严重的杂草：有狗尾草、三叶草、反枝苋、锦葵、卷茎蓼、野西瓜苗、野燕麦、龙葵、小康草、田旋花、车前草、羊草、芦苇等；杂草一般在甜菜田可见，但为害较轻的有：野薄荷、野苜蓿、甘草、野油菜、苦苣菜、雀麦、蒲公英、狗牙根等。灌区甜菜地除上述种类外，多年生芦苇、狗牙根等较为普遍。

96. 甜菜田常用除草剂有哪些？

掌握科学施用除草剂方法及合理轮换除草剂，可有效地控制杂草危害。而除草剂的合理混用，可以扩大除草范围，提高除草效果。由于甜菜对除草剂属于敏感性作物，因此，要谨慎选择施用除草剂。其中常用除草剂如下：

(1)甜菜宁

选择性芽后除草剂。

其他名称：凯米丰。

防治对象：对甜菜田一年生阔叶杂草有良好的防除效果，对藜、蓼、龙葵、苘麻、苍耳的防效达 83%～91%。对禾本科杂草、莎草科杂草和未萌发的杂草无效。为扩大杀草谱，可用甜菜宁与甜菜安混合剂，也可与其他防除禾本科杂草除草剂如烯禾定、喹禾灵等混用。

使用时期：甜菜 2～4 叶期，阔叶杂草株高 5 厘米以下或阔叶杂草 2～4 叶期。

用药剂量：用 16％甜菜宁 6 000 毫升/公顷。

注意事项：施药后保持 6 小时无雨，气温 25℃以上时停止施药，选早晚气温低、风小时施药。

(2)甜菜安

选择性芽后除草剂，通过内吸(抑制光合作用)控制阔叶杂草，通常与甜菜宁混用。

防治对象：能有效防除甜菜田一年生阔叶杂草，防除龙葵、灰藜、苘麻、苋等杂草防效大于 90％，对部分禾本科杂草的防效为 65％～80％，对蓼必须在子叶期有效。可与其他防治单子叶杂草的除草剂混用，以扩大杀草谱。

使用时期：在甜菜形成 4 片真叶后，阔叶杂草 2～4 片叶期。

用药剂量：6 000～8 000 毫升/公顷范围内，12 000 毫升/公顷左右浓度可能出现药害。

注意事项：a. 应使用水温高于 8℃的清水，因为混浊水影响药效。正常生长条件下土壤和湿度对其药效无影响。b. 在甜菜 4 叶期前使用有药害，对甜菜生长有抑制作用。c. 施药后应保持 6 小时无雨。气温 25℃以上时停止施药，选早晚气温低、风小时施药。

(3)甜菜宁＋甜菜安

其他名称：甜安宁。

防治对象：防除 2～4 叶期大多数一年生阔叶杂草，对反枝苋、卷茎蓼、马齿苋、龙葵、苍耳等杂草有特效。

使用时期：甜菜 4 叶期后，阔叶杂草 2～4 叶期。

用药剂量：6 000～9 000 毫升/公顷。

注意事项：同甜菜安。

(4)乙氧呋草黄

广谱选择性除草剂。经与其他农药混合具有协同效应,使整体药效提高,用量减少。

其他名称:甜菜呋、甜菜净、乙呋草黄。

防治对象:对甜菜田的部分阔叶杂草如藜、蓼、苘麻等,有较好的防治效果,还防除看麦娘、野燕麦、早熟禾、狗尾草等一年生禾本科杂草,对甜菜安全。

使用时期:甜菜苗后、杂草 2～4 叶期。

用药剂量:20%乙氧呋草黄乳油 6 000～8 000 毫升/公顷(制剂)喷雾。

注意事项:a. 在干旱和杂草叶龄偏大时,会降低防效。建议在杂草 4 叶期前施药,喷液量的确定要考虑气候条件,如干旱可适当增大喷液量。b. 对蜜蜂、鸟和家蚕为低毒,对鱼中毒。施药器械不得在河塘等水域内清洗,以免污染水源,并注意对蜜蜂的影响。

(5)稀禾定

在禾本科与双子叶植物间选择性很高,对阔叶作物安全。为选择性强的内吸传导型茎叶处理除草剂。除草剂活性较烯草酮低 1 倍。受害杂草 3 天停止生长,2～3 周后死亡。

其他名称:拿捕净。

防治对象:稗草、野燕麦、狗尾草、金狗尾草、马唐、芦苇、牛筋草、白茅、狗牙根等一年生和多年生禾本科杂草。

使用时期:甜菜苗后 4～5 叶期,禾本科杂草 3～5 叶期。

用药剂量:12.5%拿捕净机油乳剂或 20%拿捕净乳油防治一年生禾本科杂草,2～3 叶期 1 000 毫升/公顷防除;4～5 叶期用 1 500 毫升/公顷防除;6～7 叶期用 2 000 毫升/公顷防除。20%拿捕净中加入 2 000～2 500 毫升柴油能提高药效,可减少 20%～30%用药量。如果防治多年生禾本科杂草 3～5 叶期,则用 12.5%拿捕净机油乳剂或 20%拿捕净乳油 3 000～5 000 毫升/公顷防除。

注意事项:在干旱条件下,拿捕净机油乳剂用常量也能获得稳定的药效。降雨基本不影响药效,可与甜菜宁或杀草敏混用。

(6)烯草酮

是一种选择性很强的内吸传导型茎叶处理剂,除草剂活性较稀禾定高1倍,耐雨刷能力强于稀禾定,施药后杂草死亡时间较长,3～5天杂草叶仍呈绿色,不要急于再施除草剂,杂草植株会在2～3周内枯死。

其他名称:收乐通,赛乐特。

防治对象:防治禾本科杂草,防治的杂草有稗草、狗尾草、马唐、野燕麦、芦苇、白茅等。对狗尾草、马唐、牛筋草、看麦娘敏感性略差。

使用时期:甜菜苗后、禾本科杂草3～5叶期,多年生杂草分蘖后施用。

用药剂量:用12%烯草酮525～600毫升/公顷防除一年生禾本科杂草;如果防治芦苇等多年生禾本科杂草,杂草在40厘米以下,用12%烯草酮1 050～1 200毫升/公顷防除。

注意事项:a.烯草酮是茎叶除草剂,掌握施药适期很关键。杂草叶龄3～5叶期,生长旺盛且易于喷洒到杂草叶面时施药。b.气候条件对药效的影响:杂草通过叶面的气孔和角质层吸收药剂,干旱、高温、低温等条件下气孔大量关闭,角质层加厚,这些都不利于杂草对药剂的吸收。空气相对湿度65%以上施药效果好,夏季宜选择早晚施药。c.注意喷雾效果,避免重喷、漏喷或超范围施用,务必喷匀喷透,喷出的药液雾滴细小,容易粘着在叶面而不滚落,从而提高了杂草对药剂的吸收利用率。d.欧盟规定烯草酮用于甜菜,必须注意施撒区域内应采取措施保护水生生物、鸟类和哺乳类动物的安全。

(7)精稳杀得

是一类内吸传导型选择性茎叶处理除草剂,是除去了稳杀得非活性部分的精制品。

其他名称：精吡氟禾草灵。

防治对象：防治一年生及多年生禾本科杂草，有稗草、牛筋、马唐、狗尾草、野燕麦、旱熟禾、金狗尾草、狗牙根、白茅、芦苇等杂草。

使用时期：甜菜苗后，禾本科杂草 3～6 叶期。

用药剂量：15％精稳杀得 750～1 000 毫升/公顷用来防治 3～5 叶期的一年生禾本科杂草；防治多年生禾本科杂草如狗牙根、芦苇等每公顷用 2 000 毫升左右。

注意事项：在土壤水分、空气相对湿度、温度较高时有利于杂草对精稳杀得的吸收和传导。长期干旱无雨、低温和空气相对湿度低于 65％时不宜施药。一般选早晚施药，上午 10 时至下午 3 时不应施药。施药前要注意天气预报，施药后应 2 小时内无雨。

(8)高效盖草能

是一种苗后内吸传导型的选择性茎叶处理除草剂，喷洒落入土壤中的药剂易被杂草根部吸收，也能起杀草作用。与盖草能相比，高效盖草能在同等剂量下比盖草能活性高，药效稳定，受低温、雨水等不利环境条件影响小，喷施药后，一般在夏天 1 周见效。

其他名称：高效氟吡甲禾灵。

防治对象：对从出苗到分蘖、抽穗初期的一年生和多年生禾本科杂草，防除稗草、狗尾草、马唐、野燕麦、牛筋草、千金子、旱熟禾、看麦娘、黑麦草和匍匐冰草、偃麦草、假高粱、芦苇、狗牙根等，对阔叶杂草和莎草科无效。

使用时期：甜菜苗后、最好在禾本科杂草出齐时施药，在杂草 3～5 叶期施用效果最好。

用药剂量：10.8％高效盖草能 375～525 毫升/公顷用来防治 3～5 叶期一年生禾本科杂草，如用来防治 3～5 叶期的多年生禾本科杂草，用量为 600～900 毫升/公顷。单用喷液量用低量，与阔叶除草剂混用时用高量。

注意事项：a. 施药后 1 小时下雨，不会影响药效。b. 注意风向、风速，风速超过每秒 4 米应停止作业；避免发生飘移危害造成邻近地块禾本科作物受害，以及因飘移和挥发导致药效降低。c.与阔叶除草剂混用时，高效盖草能因拮抗作用而药效降低，而阔叶除草剂会因高效盖草能的助剂而增效。通常可通过增高高效盖草能的用量和降低阔叶除草剂的用量来克服，如欲与阔叶除草剂混用，应先进行试验，确定高效盖草能和阔叶除草剂的用量。d.避免药液流入池塘、河流、湖泊，以防毒死鱼、虾，污染水源。e.本品易燃，要远离火源、食品、饲料。空容器或废液要焚烧或深埋地下。

(9)精噁唑禾草灵

为选择性内吸芽后除草剂，作用迅速，施药后2～3天停止生长，5～6天心叶失绿变紫色，分生组织变褐色，叶片逐渐枯死，是选择性极强的茎叶处理剂。

其他名称：威霸、骠马。

防治对象：防除野燕麦、看麦娘、狗尾草、燕麦、黑麦草、早熟禾、稗草、马唐等禾本科杂草。

使用时期：甜菜苗后、禾本科杂草3～5叶期。

用药剂量：用6.9％精噁唑禾草灵750～900毫升/公顷防除禾本科杂草。

注意事项：a.威霸浓乳剂黏度大，附着力强，易粘在杂草叶面上，配药时一定要先加少量水充分搅均匀后再倒入喷雾器中，混合好以后再喷雾。b.最高不超过900毫升/公顷，超过可能产生药害。c.对水生生物毒性中等，勿使药剂流入池塘、地下水等水源处。d.若施药3小时后遇雨不必补喷。

(10)精喹禾灵

是一种选择性、内吸传导型、茎叶处理低毒除草剂。该药剂对一年生杂草在24小时内可传遍全株，使其坏死。一年生杂草受药后，2～3天心叶变黄，停止生长，4～7天茎叶呈坏死状，10天内整株枯死。多年生杂草受药后，药剂迅速向地下根茎组织传导，使之失去再生能力。

其他名称：精禾草克。

防治对象：防除稗草、马唐、牛筋草、看麦娘、狗尾草、野燕麦、狗牙根、芦苇、白茅等一年生和多年生禾本科杂草。

使用时期：甜菜苗后，禾本科杂草 3～5 叶期。

用药剂量：5%乳油 600～900 毫升/公顷防除一年生禾本科杂草；如果需要防除多年生禾本科杂草，在杂草 4～6 片叶时，用 5%乳油 1 950～3 000 毫升/公顷，进行茎叶喷雾处理。

注意事项：a. 精喹禾灵在阔叶作物的任何时期都可使用。对一年生和多年生禾本科杂草，在任何生育期间都有防效，耐雨水冲刷。b. 在土壤水分、空气相对湿度、温度较高时有利于杂草对精禾草克的吸收和传导。长期干旱无雨、低温和空气相对湿度低于 65%时不宜施药。一般选早晚施药，上午 10 时至下午 3 时不应施药。施药前要注意天气预报，施药后应 2 小时内无雨。长期干旱如近期有雨，待雨过后田间土壤水分和湿度改善后再施药，或有灌水条件的在灌水后施药，虽然施药时间拖后，但药效比雨前或灌水前施药的好。c. 施药时注意风速、风向，不要使药液飘移到小麦、玉米、水稻等禾本科作物田，以免造成药害。

(11)异丙甲草胺

是广谱性播后苗前除草剂。活性、安全性比精异丙甲草胺低，一般选用金都尔(精异丙甲草胺)。

其他名称：都尔。

防治对象：稗草、狗尾草、金狗尾草、牛筋草、野黍、早熟禾、黑麦草、鸭跖草、菟丝子、柳叶刺蓼、酸模叶蓼、萹蓄、马齿苋、反枝苋、猪毛菜、藜等有较好的药效。但对铁苋菜等防治效果差。

使用时期：播后苗前施药，做封闭处理。

用药剂量：72%都尔乳油 1 500 毫升/公顷左右，兑水 600～700 升均匀喷雾，覆膜作物田施药后必须立即覆膜。残效期一般为 30～35 天，所以一次施药需结合人工或其他除草措施，才能有效控制作物全生育期杂草危害。

注意事项:a.活性、安全性比精异丙甲草胺低,使用浓度偏高时易产生药害,施药时要慎重。b.药效易受气温和土壤肥力条件的影响。温度偏高时和砂质土壤用药量宜低;反之,气温较低时和黏质土壤用药量可适当偏高。

(12)金都尔

是除去异丙甲草胺中的非活性体,而得到精制的活性体,其活性、安全性比72%异丙甲草胺提高1倍以上。

其他名称:精异丙甲草胺。

防治对象:防除一年生禾本科杂草及部分阔叶杂草。

使用时期:播后苗前施药,做封闭处理。

用药剂量:96%精异丙甲草胺乳油用量不超过900～1 350毫升/公顷,如果北方春季低温且雨水较勤,建议用量不超过900毫升/公顷。土壤喷雾,避免发生药害。残效期一般为30～35天,所以一次施药需结合人工或其他除草措施,才能有效控制作物全生育期杂草危害。

注意事项:干旱不利于药效发挥,最好是在降雨或灌溉前施用,若土壤过于干旱或预报短期内不会降雨,则于施药后浅层混土2～3厘米。

97.从食品安全的角度看,使用除草剂应注意什么问题?

农药引发的人畜中毒、农产品农药残留超标和环境污染等事件引起全国人民高度重视,人们更加关注环境保护和农业的可持续发展问题,高效低毒农药的研发及应用,将成为农业可持续发展的重要组成部分。加强农药安全规范管理及使用,合理轮换、合理混用除草剂,不得超过标准规定的最高用药量和最多使用次数;使用农药时要做好防护,防止农药漂移对其他作物产生药害和空气污染,喷施农药及清洗农机械时,注意防止污染水源、地下水和环境，否则生物会通过食物链和生物富集现象受到污染；有些除草剂对鱼类、贝类等水生生物和家蚕、蜜蜂有毒，因此，施药期间应避免对周围蜂群的影响，如在蜜源作物花期、蚕室和桑园附近禁用；同时远离水产养殖区施药，禁止在河塘等水体中清洗施药器具。要积极发展现代农业，推进无公害农产品、绿色食品、有机农产品快速发展，提升农产品质量安全水平，保护环境和人类健康。

六、甜菜的收获、贮藏、加工与营销

98.如何确定甜菜的工艺成熟期？

工艺成熟期：根重和含糖量达到制糖要求，非糖物质含量少，纯度达到80％以上；多数叶子由深绿变成浅绿，大部分外围叶子由绿变黄，少部分枯萎，叶面有光泽，块根的日增长量显著降低。工艺成熟期是生产中收获甜菜的时期。

不同地区或同一地区的不同地块上，由于种植甜菜的土壤、地势、甜菜品种、栽培技术和当地气象条件等因素的不同，甜菜的工艺成熟期也不一致。首先，无霜期长的地区比无霜期短的地区工艺成熟期晚；其次，地势低洼的地块或土质黏重的地块工艺成熟期要推迟；第三，甜菜生育后期降水多，气温高，昼夜温差小的年份工艺成熟期晚；第四，相同条件下，丰产型品种工艺成熟期晚，标准型次之，高糖型成熟早；最后，采用纸筒育苗或地膜覆盖方式的甜菜比直播甜菜工艺成熟早。在生产中，要依据不同情况来判断甜菜的工艺成熟期，在工艺成熟期收获加工的甜菜出糖率是最高的。

甜菜收获过早，由于块根尚未达到最高重量，糖分积累尚未全部完成，致使块根产量低，含糖率低，非糖有害物质含量相对增加，结果是减少了农民收入，降低了产糖率，影响了蔗糖结晶，使糖厂效益下降，于农民和制糖企业都是不利的。如果收获过晚，甜菜易受冻害，降低工艺品质，不耐贮藏。东北甜菜区适宜收获期为9月下旬至10月上旬，华北甜菜区适宜收获期为10月上、中旬，西北甜菜区适宜收获期为10月中、下旬。

99.甜菜收获后如何进行切削?

甜菜的茎叶含糖量很低,不能加工制糖;甜菜的根头含糖量较低,且非糖有害物质多,不仅制糖价值低,而且这些物质在制糖时影响蔗糖的结晶,降低出糖率。因此,收获时要将甜菜茎叶、部分青头和根尾去掉,并清除附着在块根上的泥土,以提高产糖率。

当前的切削方法主要有两种:

(1)机械切削

一般是在挖掘前,用切缨机进行一刀平切。切削标准为:叶缨不散,切削部位从根头生长点算起其厚度不超过 2 厘米,漏切率不超过 2%;切掉的茎叶堆放整齐,便于运输。目前,黑龙江省已研制成功 4TQ-2 型甜菜切顶集条机和 4TQ-3 型甜菜切缨机,切削质量都比较好。

(2)人工切削

有一刀平切削和多刀梯形切削两种,多数地方是采取二者结合的办法。即对青顶比较小的甜菜采取一刀平切削;对青顶比较大的甜菜则采取多刀梯形切削法。一刀平切削法的具体标准是:在根头第一排叶痕上 1.5 厘米处横切一刀,削掉甜菜根头及着生的叶子,并除掉根头上干枯的叶柄和直径 1 厘米以下的根尾、叉根。多刀梯形切削法是用刀从块根根头最下排叶痕处,像削铅笔似地向上斜削 5～6 刀,厚度 2～3 毫米,使根头露白。不能削得过多过厚造成浪费,也不能留青头太多,否则收购时将按杂质扣除。无论是一刀平切削还是多刀梯形切削,都要在切削前用刀背刮掉块根上的泥土,削掉直径不足 1 厘米的根尾和叉根,切削过程中应尽量少伤或不伤块根皮肉,以免感染病菌,造成腐烂而妨碍保藏。比较起来,一刀平切法省工、效率高、刀伤面小、不易腐烂,便于保藏。

100. 甜菜起收后如不及时运走，如何在田间进行临时贮藏？

甜菜最好能随收获，随切削，随运走，这样损失最小。甜菜切削后如不能及时送交糖厂，应在田间进行临时贮藏，以减少产量和质量损失并防止冻害。据调查，切削后的甜菜如不加覆盖，由于风吹日晒，水分蒸发，第一昼夜损失重量 8.8%，第二昼夜损失重量 5.18%，第三昼夜损失重量 2.55%。

甜菜保藏有两种类型：一是临时暖藏，即指在暖藏期能够送交的甜菜要进行临时暖藏，在堆外盖上一层湿土，将堆温控制在零上 1～8℃，使甜菜保持新鲜状态。二是较长时间的冻藏，一般是糖厂进行，通过埋土在前期起到保鲜作用，气温下降后甜菜要冻实，块根细胞死亡，呼吸作用停止，防止糖分损失，也可防止冻化的产生，堆温要控制在零下 12℃以下。上述两种类型的埋堆方法均有两种方式。

①圆堆保藏：圆堆的规格，一般直径 1.5～2 米，高 1.5 米，贮藏量一般每堆 1～2 吨。堆上部覆土厚度为 10 厘米左右，堆下部覆土厚度为 15 厘米左右。

②长堆保藏：长堆底宽 1.5～2 米，顶宽 0.5～1 米，高 1～1.5 米，长 5～10 米，甜菜保藏量一般为 5～10 吨。覆土厚度 10 厘米。

上述两种保藏堆均应选择地势高燥、靠近地边、便于排水和运输的地方。堆底有挖坑和不挖坑两种，挖坑深度为 20～30 厘米。挖坑可以缓和堆温变化和节省盖堆用土，但费工较多。一般均采用不挖坑方法贮藏，只要将切削好的甜菜先堆成圆(长)形堆，将堆面稍加平整，即可覆土。如果埋藏地块地势低洼，且秋雨较大，则要在堆的周围挖一条宽 20 厘米、深 10 厘米的排水沟，防止雨水泡堆，影响甜菜品质。

101.贮藏甜菜时如何防止块根腐烂?

(1)贮藏堆内不能混入甜菜叶子和杂草等物

收获时甜菜茎叶和杂草所含水分较多,把这些茎叶和杂草埋入甜菜堆内很容易腐烂,进而会引起甜菜块根的腐烂,对甜菜保藏十分有害。因此,贮藏堆中严禁混入甜菜茎叶及杂草。

(2)堆内不能混有受伤块根、冻化块根

因为受伤块根呼吸强度猛增,产生大量热量,同时伤口处易受病菌感染,从而引起全堆块根的腐烂。冻化块根呼吸强度增加,且解冻后渗出很多水分,过多的水分是导致块根腐烂的原因之一。因此,不同的块根应分别贮藏。

(3)贮藏堆中设立通风把

块根收获后仍有呼吸作用,且在一定范围内呼吸作用随温度的升高而增强,而呼吸作用要放出热量,不利于块根的安全贮藏。因此,在贮藏堆中每隔一定距离设置通风把可以起到通风散热的作用。

102.怎样青贮甜菜茎叶?

甜菜茎叶青贮一般采用圆形地下式青贮窖或砖石砌成的地下壕的办法。窖、壕要选在地势高、地下水位低、土层厚实、易排水的地方。最好能邻近畜舍,以方便取料。

青贮窖的大小,一般深 2～3 米,直径 3～3.5 米,窖上覆土厚 1.0～1.5 米。青贮窖应在甜菜收获前挖好,铲平四壁,夯实窖底,稍加干燥。甜菜茎叶入窖前晒晾 1～2 天,使含水量降至 75%～70%;同时清除茎叶内混杂的泥土、杂物及腐烂茎叶。

装窖前,先在窖底铺一层 5～10 厘米厚的麦秸或干草,窖四壁夹以高粱或玉米秸,既可保温也可防窖壁泥土脱落混入饲料。装窖时,每装 60～70 厘米厚应夯实 1 次,使茎叶压紧无空隙,当茎叶高出地面 60 厘米左右时,再充分夯实。装完窖后,在茎叶上盖

10 厘米麦秸或干草，再一遍夯压，然后覆土封严。先覆 40～50 厘米，压实后，再覆土 40～50 厘米。过几天覆土下沉后，再次填土夯实，覆土厚度以保证青贮茎叶不受冻，不透气，不漏雨为原则。

装窖一定要选择晴天，做到当日装窖，当日封窖。如果遇雨，应立即停止装窖，盖好窖口，防止雨水流入窖内。晴天后，使茎叶风干，水分达到 70%～75%再装窖。装时，一定要夯实，防止空气流通，以防各种好气性腐败细菌的繁殖，造成茎叶腐烂。一般甜菜茎叶经三四个月的青贮发酵，即可开窖用来喂牲畜。优质的青贮茎叶饲料呈现淡绿色，质地松软，有酒的芳香气味。

103. 甜菜制糖需要经过哪几道工序？

甜菜的制糖加工一般需经原料预处理、渗出、清净、蒸发、结晶、分蜜、干燥和包装等工序。

甜菜在加工前要经过输送、除杂、洗涤等预处理。预处理后，甜菜被送入切丝机，把甜菜切成丝后，送入渗出器内，逆向通入热水，从甜菜丝中提取糖和其他可溶性固体，这一过程叫渗出（即以水为溶剂将菜丝中糖分提取出来的过程称渗出）。得到的含糖水溶液叫渗出汁，提取糖分后的菜丝叫废粕。渗出汁呈暗褐色，微酸性（pH 6.0～6.5），易起泡沫。除含有 12%～16%的蔗糖外，还含有 2%左右的多种非糖成分。这些非糖成分会影响制糖工艺中蔗糖的结晶，因此必须除去，除去非糖成分的这一过程叫作清净。渗出汁通过首端的除渣板输出，用泵送到清净工序，以尽可能地清除非糖分。方法是将从渗出器提取的糖汁加石灰乳处理，然后充入二氧化碳，经混合沉淀后过滤，以去除非糖物质。然后糖汁再进一步用二氧化硫脱色。清净后的糖汁再经蒸发、结晶和分蜜而制得砂糖。

104. 非糖有害物质包括什么？它对制糖工业有何影响？

甜菜块根中，干物质只占 25%左右，其中蔗糖含量约为干物质总量的14％～21％，平均为17.5％，其他属非糖物质。在非糖中物质中有些化合物，它们在制糖过程中能产生胶体物质，它们吸附蔗糖颗粒，形成可溶性化合物，影响蔗糖结晶，降低出糖率。这些物质包括有害氮(氨基酸、甜菜碱、硝酸盐)，有害灰分(钾盐、钠盐)，果胶质，转化糖(葡萄糖、果糖)。据测定：1份有害氮能影响25份蔗糖结晶，1份有害灰分能损失5份蔗糖。果胶质在制糖加工澄清过程中，不能渗出沉淀，因而妨碍蔗糖的结晶，并形成妨碍过滤的残渣，影响甜菜加工。转化糖加深了糖汁的颜色，并与氨基酸作用产生可溶性胶体物质，也妨碍蔗糖结晶。

甜菜块根纯度也是衡量甜菜非糖有害物质多少的指标。块根中的蔗糖量占全部可溶性干物质总量的百分率称为纯度。纯度越高则非糖物质越少。目前我国要求加工用的块根纯度应在80％以上，优良品质甜菜在成熟时纯度可达到85％～86％。纯度决定着甜菜品质，因此努力提高甜菜的纯度是育种工作和栽培工作的一项重要任务。

105. 哪些栽培措施可以降低甜菜中非糖有害物质的含量?

在所有的非糖有害物质中，对制糖影响最大的是有害氮。有害氮是可以通过栽培措施来降低的，具体方法如下。

①在增施氮肥后相应增施钾肥可以降低有害氮含量。

②丰产型品种的有害氮含量低于高糖型品种。

③从块根大小和有害氮的关系来看，同一品种中，在一定范围内，随着块根增大，根中糖分减少，而有害氮含量增加。因此，在栽培上不能盲目追求大块根。

④在一定范围内，随着种植密植增加，有害氮含量减少。因此要合理密植。

⑤块根收获过早或过晚受冻，有害氮含量都多于工艺成熟期收获的甜菜块根，所以要适时收获以提高块根品质。

106.如何进行甜菜生产成本核算?

我们以2010年新疆维吾尔自治区乌什县甜菜生产为例,说明一下甜菜生产成本的核算。2010年乌什县种植甜菜6 800亩,种植品种为美国BT218。

(1)亩生产费用成本

2010年每亩地种子费用85.80元、化肥费用200.00元、机械作业费70.00元、地膜费用40.00元、灌水费用40.00元,土地租赁费200.00元,贷款利息费20.00元,田间管理费(人工费)180.00元,销售费40.00元,农药费30.00元,固定资产折旧费10.00元。总计每亩成本费用735.80元(不包括人工费180.00元)。

(2)亩产值

2010年甜菜平均亩单产4 500千克,甜菜销售价格为0.347元/千克。2010年总产值为1 591.50元,其中:主产品产值1 561.50元,副产品产值30.00元。

(3)亩收益分析

用亩产值1 591.50元减去亩成本费用735.80元,每亩收益855.7元(含人工费180.00元)。

107.为什么说组织甜菜的产业化生产是发展甜菜的根本出路?

以前由于甜菜生产多是散户经营,种植面积分散,构不成规模,技术推广滞后,经营管理粗放。散户经营时,甜菜价格浮动大,有时农民增产不增收,极大地损害了农民的利益,也损伤了农民的生产积极性,导致近年来甜菜种植面积减少,接连而来的是周围的糖厂因“吃不饱”也效益锐减。产业化水平低和效益不高是制约甜菜生产发展的突出问题。据此,要想促进甜菜制糖业的长足发展,加速甜菜产业化进程,充分发挥“龙头”企业优势,不断开拓市场、占领市场是势在必行的。企业是带动行业发展的龙头,龙头企业具备开拓市场、占领市场的能力，应围绕龙头企业建设甜菜产业化示范基地。实践证明，农户找到龙头企业也就找到了市场。

实践证明，以“公司＋基地＋农户”为模式的产业化经营，突破了原有社区和地域划分局限，丰富了为农户服务的内容，扩大了服务的领域，能够更加有效地实现资源的优化配置。只有实行产业化经营，才能实现规模种植，集约化经营，机械化作业，甜菜种植才能实现丰产高糖，最终实现企业增效、农民增收的目的。产业化经营不但是企业降本增效的重要途径，同时也是工农双赢体制的重大创新。

108. 如何建立健全甜菜产业的营销机制？

建立健全甜菜产业的营销机制，同时保障农民和制糖企业双方的利益，最根本的途径是建立以“公司＋基地＋农户”为模式的产业化经营，实行订单式甜菜生产，完善甜菜收购价格机制，保障农民利益，调动农民种植甜菜的积极性。甜菜收购价格机制反映的是制糖企业与农民的利益关系，体现种植甜菜的比较收益水平，直接影响双方的供求关系和农民的积极性。目前，甜菜收购价格是参照上一年的食糖市场价格情况制定的。食糖市场价格的不稳定，造成甜菜收购价格的波动。上制糖期食糖价格高时，企业略微调高本期甜菜收购价格，农民并不能从本期较高的食糖价格中获取较为合理的收益；上制糖期食糖价格低时，企业调低甜菜收购价格，农民很快感受到收益的下降。应完善甜菜收购价格与食糖市场价格实行挂钩联动机制，在保障基本经济收益的同时，使农民在较高的食糖价格中享有合理利益，提高种植甜菜的比较收益，调动农民的积极性，稳固双方的供求关系。

鼓励引导企业采取为农户供应良种、赊销生产资料、开展防疫灭病、技术培训与指导、信息咨询等服务，与农户建立紧密型利益联结关系，确保农民有稳定的销售渠道，龙头企业有稳定的原料供应基地。即“龙头（公司）＋基地＋农户”的甜菜产业化模式，以订单(产销合同)为纽带,用法律手段将企业和农户结合为一体,办成"产、加、销"一条龙的现代化农业生产体系。订单包括农户种植甜菜面积、交售数量、质量及接受企业农业技术人员对种植甜菜的指导,使用企业提供的种子、农药、专用化肥等;企业履行执行甜菜收购价格,及时兑现甜菜款以及提供优惠条件等义务,这样从根本上解决买卖甜菜难、产销脱节的矛盾。

109. 进行甜菜的产业化生产需要及时获取哪些方面的信息?

①市场供求信息。产业化生产必须密切注意市场供求信息才能做到有目的、有计划地组织生产,避免盲目性,与市场供求相吻合。

②产品价格信息。市场上产品价格处于一个动态的变化之中,市场价格的浮动标志着行业的动态,因此随时掌握市场价格才能随时了解市场对产品的需求。

③农业生产资料供应信息。产业化生产离不开大量的生产资料做支撑,种子、化肥、农药和育苗设备的及时供应是产业化生产的保证。

④新技术信息。生产中会不断出现新的技术措施,及时掌握有用的最新技术并在生产中运用使其发挥出经济效益是产业化生产的一个重要方面。

以上信息可以通过签约龙头企业,专业合作社,农业信息网,电视、广播、报纸等多种途径获取。

110. 甜菜生产的农村专业合作社应为农民提供哪些方面的服务?

(1)为农民提供产销服务平台

做宣传动员和效益对比工作,把甜菜作为一项农业订单,帮助农民分析当前的农作物市场行情，引导农民科学调整种植结构，稳妥定生产，杜绝以往押宝式、跟风式的种地习惯。组织联系一些糖厂为农户提供种子、纸筒、农药以及技术指导等服务，并保证按事先定好的价格进行收购。合作社为厂家保证种植面积并负责收购。在条件允许的情况下可以为农民联系赊销化肥，最大限度地解决了农民春耕资金紧张的难题。

(2)为农民提供技术服务平台

组织科研院所、农业院校与合作社对接，甜菜技术人员深入到种植甜菜的农民之中，在田间地头进行技术指导，解决农民生产中遇到的技术问题。发展甜菜产量高、甜菜含糖率高、农民收入高的高产高糖的优良品种，实施甜菜纸筒育苗种植，采用科学栽培技术，使甜菜生长期延长，达到甜菜高产、高糖、高收入。真正使农民增收、企业增效、财政增收、增加社会效益。

(3)为农民提供金融服务平台

引进银行，组织银行与合作社对接，采取以农户为主体，合作社担保的方式，为农民提供全年总量控制、动态管理发放的贷款，破解农村经济发展的资金瓶颈，为农民解决春耕资金紧张的难题。

(4)为农民提供网络服务平台

与中国农民专业合作网对接，将合作社信息免费在网上发布，使农产品直接销到国内大型企业，为农民提供更多的合作项目。

111. 甜菜按质论价的收购标准是什么？

甜菜按质论价是甜菜产业化生产的重要环节，国外甜菜按质论价实行较早，我国甜菜按质论价目前尚无统一标准，各糖厂相关鉴定标准如下。

(1)切削标准

将根头上的叶痕全部削去，至根头上看不到青色为止。同时切掉直径1厘米以下的尾根。

(2)杂质标准

甜菜个体和群体中含有的土、石、砂、草、甜菜的茎、叶,未按规定修削的青顶,不足1厘米粗的尾根、叉根及100克下的小甜菜块根均属杂质。

(3)外观标准

不萎蔫,不腐烂,不冻化,不破碎,无病,不抽薹。甜菜不怕冻,就怕冻了再化。国家标准规定:除腐烂块根不收外,下列块根不得超过规定:冻化块根不得超过2%、抽薹块根不得超过1%、破碎块根不得超过2%,萎蔫块根不得超过3%。罹病块根不得超过1%,并且其中三项指标总和不得超过5%。不超不扣,超过时按超过部分扣除。

(4)块根重量

甜菜块根不是越大越好,也不是越小越好,应该是高产高糖的质和量的高度统一为好。单株重以500~700克最好。每公顷产量达52.5~60.0吨,即可获得高产高糖。

(5)含糖率

新疆维吾尔自治区根据国家标准规定:全疆甜菜块根糖度为16%。按糖计价,以每吨470元计算,块根糖度每升高或下降一度,每吨甜菜增、减47元。

送交糖料甜菜按批(一车为一个批,机动车包括挂车)进行检质验收。每个批经检验后按块根的糖度和净重结算。

(6)根汁纯度

将1千克甜菜切成丝,压出200毫升根汁进行化验,根汁的干物质中糖分应在82%以上为好,即根汁中的非糖分宜在18%以下。

参考文献

[1] 曲文章.中国甜菜学[M].哈尔滨:黑龙江人民出版社,2003.

[2] 伊尚武,陈连江,许群.甜菜丰产栽培实用技术[M].北京:台海出版社,2001.

[3] 蔡葆,闫新元,李玉海,等.甜菜生产实用技术问答[M].北京:金盾出版社,2006.

[4] 蔡葆.甜菜高产栽培技术[M].北京:金盾出版社,1992.

[5] 李静.新疆奎屯垦区甜菜病虫害防治技术[J].种子世界,2009(3):44-45.

[6] 鲁兆新.甜菜主要病害及其防治[J].中国甜菜糖业,1999(4):53-59.

[7] 鲁兆新,史淑芝,罗成飞,等.长残留除草剂对甜菜的危害及对策[J].中国甜菜糖业,2008(4):47-49.

[8] 秦海秀,吴春祥.甜菜病虫害防治研究现状[J].种子世界,2008(12):31.

[9] 姚建虎,赵济航.焉耆垦区甜菜病虫害的发生规律及综合防治[J].新疆农垦科技,2006(6):28-29.

[10] 陈连江,陈丽.我国甜菜产业现状及发展对策[J].中国糖料,2010(4):62-68.

[11] 王桂艳,鞠平.世界糖业基本情况[J].中国甜菜糖业,2000(4):35-37.

[12] 阮平南,王建忠.我国甜菜糖业发展现状与对策[J].中国甜菜糖业,2005(3):32-35.

[13] 蔡葆,张文彬.中国甜菜糖业发展的策略[J].中国甜菜糖业,2003(3):24-29.

[14] 贺玉昌.糖厂怎样评价甜菜[J].农村科技,1999(1):3.

[15] 王红旗.我国甜菜育种工作回顾与展望Ⅰ.成绩与不足[J].中国糖料,2001(2):32-38.

[16] 张春来.甜菜良种繁育的若干问题浅析[J].中国甜菜,1993(1):41-46.

[17] 王燕飞,张立明,杨洪泽,等.谈新疆甜菜育种方向及品种合理配置[J].2003(3):42-45.

[18] 郑洪,于泳,蔡葆.甜菜良种繁育体系创新的商讨[J].中国糖料,2003(4):55-58.

[19] 卢秉福,张祖立.甜菜生产机械化的研究进展及发展趋势[J].农机化研究,2007(1):60.